"十二五"职业教育国家规划教材
经全国职业教育教材审定委员会审定

高等职业院校
电气自动化专业"十二五"规划教材

电力电子技术

（第2版）

Power Electronics (2nd Edition)

◎ 徐立娟 主编

◎ 冯凯 雷翔霄 副主编

人民邮电出版社
北京

精品系列

图书在版编目（CIP）数据

电力电子技术 / 徐立娟主编. -- 2版. -- 北京：
人民邮电出版社，2014.9（2022.7重印）
高等职业院校电气自动化专业"十二五"规划教材
ISBN 978-7-115-34017-7

Ⅰ. ①电… Ⅱ. ①徐… Ⅲ. ①电力电子技术—高等职
业教育—教材 Ⅳ. ①TM1

中国版本图书馆CIP数据核字（2014）第 019090 号

内 容 提 要

本书以5个电力电子技术应用最广泛的实际案例为载体，由浅入深地介绍了电力电子技术中的常
用电力电子器件（晶闸管、双向晶闸管、可关断晶闸管、大功率晶体管、功率场效应晶体管、绝缘门
极晶体管）的工作原理及特性，电力电子电路（单相和三相可控整流电路、交流调压电路、逆变电路、
直流斩波电路）的工作原理，晶闸管触发电路（单结晶体管触发电路、锯齿波触发电路、集成触发器
及数字触发器），新型电力电子器件和光伏发电中的电力电子技术等内容。

本书可供高等职业技术学院、高等专科学校、职工大学的电气工程类专业、应用电子类专业、机
电一体化专业选用，也可供工程技术人员参考，并可作为培训教材。

◆ 主　　编　徐立娟
　　副 主 编　冯　凯　雷翔霄
　　责任编辑　李育民
　　责任印制　焦志炜
◆ 人民邮电出版社出版发行　　北京市丰台区成寿寺路11号
　　邮编　100164　电子邮件　315@ ptpress. com. cn
　　网址　http://www.ptpress.com.cn
　　三河市中晟雅豪印务有限公司印刷
◆ 开本：787×1092　1/16
　　印张：18.5　　　　　　　2014年9月第2版
　　字数：435千字　　　　　2022年7月河北第15次印刷

定价：39.80 元
读者服务热线：**(010) 81055256**　印装质量热线：**(010) 81055316**
反盗版热线：**(010) 81055315**

Forward
第2版
前　言

本书是根据高职学生所从事的相关电力电子技术岗位（群）所需能力结构与知识结构，将基础内容和专业内容整合在一起，形成以工作过程为导向的模块化结构编写的。全书以5个电力电子技术应用最广泛的实际案例（调光灯、同步电机励磁电源、开关电源、中频感应加热电源和变频器）为载体，设计了单相半波整流调光灯电路、单相桥式全控整流调光灯电路、单相交流调压调光灯电路、同步电机励磁电源电路、开关电源电路、中频感应加热电源电路、变频器逆变电路7个项目，另外设计了一个认识新型电力电子器件和光伏发电中的电力电子技术的拓展项目，通过8个教学项目介绍电力电子技术的相关知识。本书特点如下。

1. 采用模块化结构，每个模块的内容既是独立的又都有其明确的教学目的，并针对各自教学目的的要求展开相关知识的介绍和项目实施，使教材内容更加符合学生的认知规律，易于激发学生的学习兴趣，同时有利于学生掌握与生产技术有关的必要的基本技能和动手能力。

2. 在内容的承载方式上，增加了直观的图形、波形，力求图文并茂，从而提高了本书的可读性。

3. 本书面向工程现场，增加了电力电子装置的安装、调试、维护及故障处理内容。

4. 根据科学技术发展，合理更新内容，尽可能多地在书中充实新知识、新技术、新设备和新材料等方面的内容，力求使本书具有较鲜明的时代特征。

5. 在编写本书过程中，编者努力贯彻国家关于职业资格证书与学生证书并重、职业资格证书制度与国家就业制度相衔接的政策精神，参考了有关行业的职业技能鉴定规范及中高级维修电工等级考核标准。本书在内容上注重基本知识和基本技能，理论分析以定性为主，突出概念，理论联系实际，以求实用。

本书参考学时为72学时，建议采用理论实践一体化教学，各项目的参考学时见学时分配表。

项目	任务	课 程 内 容	学时	教学形式与学时分配		
				理论	实践	总结提升
项目一 单相半波整流 调光灯电路	任务一	晶闸管及其导通关断条件测试	2	0.5	1	0.5
	任务二	单结晶体管及单结晶体管触发电路测试	4	2	1	1
	任务三	单相半波可控整流电路调试	4	1	2	1

续表

项目二 单相桥式全控整流调光灯电路	任务一	锯齿波同步触发电路调试	2	0.5	1	0.5
	任务二	西门子TCA785集成触发电路调试	2	0.5	1	0.5
	任务三	单相桥式全控整流电路调试	4	1	2	1
项目三 单相交流调压调光灯电路	任务一	双向晶闸管及其测试	2	0.5	1	0.5
	任务二	单相交流调压电路调试	2	0.5	1	0.5
项目四 同步电机励磁电源电路	任务一	三相集成触发电路调试	4	1	2	1
	任务二	三相半波可控整流电路调试	6	2	2	2
	任务三	三相桥式全控整流电路调试	8	2	3	3
	任务四	三相桥式全控有源逆变电路调试	6	2	2	2
项目五 开关电源电路	任务一	GTR、MOSFET、IGBT、GTO及其测试	4	2	2	
	任务二	DC/DC变换电路调试	4	1.5	2	0.5
项目六 中频感应加热电源电路	任务一	认识中频感应加热电源	1	1		
	任务二	数字移相触发电路	2	0.5	1	0.5
	任务三	中频感应加热电源主电路调试	5	2	2	1
项目七 变频器逆变电路	任务一	认识变频器	2	1	1	
	任务二	脉宽调制型逆变电路调试	4	1.5	2	0.5
项目八★ 拓展项目	任务一	认识新型电力电子器件	2	2		
	任务二	光伏发电中的电力电子技术	2	2		
合计			72	27	29	16

　　本书由长沙民政职业技术学院的徐立娟主编，漯河职业技术学院冯凯老师和长沙民政职业技术学院的雷翔霄老师副主编，其中绪论、项目一、项目二、项目三、项目五、项目六中的任务三、项目七由徐立娟老师编写，项目四由冯凯老师编写，项目八由雷翔霄老师编写，项目六中的任务一和任务二由河南工业职业技术学院的吴会敏编写，参加编写的人员还有河南工业职业技术学院的刘艺柱，长沙民政职业技术学院的邱俊、朱志伟、王宏彦、陈杰、刘定良、欧亚军。

　　在编写过程中，参阅了许多同行专家们的论著文献，在此一并真诚致谢。

　　限于编者的学识水平及实践经验，书中难免有很多疏漏及错误，敬请使用本书的老师和读者批评指正。

编　者
2014 年 4 月

Content

目 录

绪 论

一、什么是电力电子技术

电力电子技术是建立在电子学、电力学和控制学三个学科基础上的一门边缘学科，它横跨"电子"、"电力"和"控制"三个领域，主要研究各种电力电子器件，以及由电力电子器件所构成的各种电路或变流装置，以完成对电能的变换和控制。它运用弱电（电子技术）控制强电（电力技术），是强弱电相结合的新学科。电力电子技术是目前最活跃、发展最快的一门学科。随着科学技术的发展，电力电子技术又与现代控制理论、材料科学、电机工程、微电子技术等许多领域密切相关，已逐步发展成为一门多学科互相渗透的综合性技术学科。

二、电力电子技术的发展

电力电子技术的发展是以电力电子器件为核心发展起来的。

从 20 世纪 50 年代中期到 70 年代末，以大功率硅二极管、双极型功率晶体管和晶闸管应用为基础（尤其是晶闸管）的电力电子技术发展比较成熟。20 世纪 70 年代末以来，两个方面的发展对电力电子技术引起了巨大的冲击。一是微机的发展对电力电子装置的控制系统、故障检测、信息处理等起了重大作用，今后还将继续发展；二是微电子技术、光纤技术等渗透到电力电子器件中，开发出更多的新一代电力电子器件。其中除普通晶闸管向更大容量（6 500V、3 500A）发展外，门极可关断晶闸管（GTO）电压已达 4 500V，电流已达 2 500～3 000A；双极型晶体管也向着更大容量发展，20 世纪 80 年代中后期，其工业产品最高电压达 1 400V，最大电流达 400A，工作频率比晶闸管高得多，采用达林顿结构时电流增益可达 75～200。随着光纤技术的发展，美国和日本于 1981～1982 年间相继研制成光控晶闸管并用于直流输电系统。这种光控管与电触发的晶闸管相比，简化了触发电路，提高了绝缘水平和抗干扰能力，可使变流设备向小型、轻量方向发展，既降低了造价，又提高了运行的可靠性。同时，场控电力电子器件也得到发展，如功率场效应晶体管（Power MOSFET）和功率静电感应晶体管（SIT）已达千伏级和数十至数百安级的电压、电流等级，中小容量的工作频率可达兆赫级。由场控和双极型合成的新一代电力电子器件，如绝缘栅双极型晶体管（IGT 或 IGBT）和 MOS 控制晶闸管（MCT）也正在兴起，容量也已相当大。这些新器件均具有门极关断能力，且工作频率可以大大提高，使电力电子电路更加简单，使电力电子装置的体积、重量、效率、性能等各方面指标不断提高，它将使电力电子技术发展到一个更新的阶段。与此同时，电力电子器件、电力电子电路和电力电子装置的计算机模拟和仿真技术也在不断发展。

三、电力电子技术的主要功能

电力电子技术的功能是以电力电子器件为核心，通过对不同电路的控制来实现对电能的转换和控制。其基本功能如下。

（1）可控整流。将交流电变换为固定或可调的直流电，亦称为 AC/DC 变换。

（2）逆变。把直流电变换为频率固定或频率可调的交流电，亦称为 DC/AC 变换。其中，把直流电能变换为 50Hz 的交流电反送交流电网称为有源逆变，把直流电能变换为频率固定或频率可调的交流电供给用电器则称为无源逆变。

（3）交流调压与周波变换。把交流电压变换为大小固定或可调的交流电压称为交流调压。把固定或变化频率的交流电变换为频率可调的交流电称为变频（周波变换）。交流调压与变频亦称为 AC/AC 变换。

（4）直流斩波。把固定的直流电变换为固定或可调的直流电，亦称为 DC/DC 变换。

（5）无触点功率静态开关。用于接通或断开交直流电流通路，可以取代接触器、继电器。

上述变换功能通称为变流。故电力电子技术通常也称为变流技术。实际应用中，可将上述各种功能进行组合。

四、电力电子技术的应用

电力电子技术的应用领域相当广泛，遍及庞大的发电厂设备到小巧的家用电器等几乎所有电气工程领域。容量可在 1GW 至几 W 不等，工作频率也可由几赫兹至 100MHz。

（1）一般工业。工业中大量应用各种交直流电动机。直流电动机有良好的调速性能，为其供电的可控整流电源或直流斩波电源都是电力电子装置。近年来，由于电力电子变频技术的迅速发展，使得交流电动机的调速性能可与直流电动机相媲美，交流调速技术大量应用并占据主导地位。大至数千千瓦的各种轧钢机，小到几百瓦的数控机床的伺服电动机都广泛采用电力电子交直流调速技术。一些对调速性能要求不高的大型鼓风机等近年来也采用了变频装置，以达到节能的目的。还有一些不调速的电动机为了避免启动时的电路冲击而采用了软启动装置，这种软启动装置也是电力电子装置。

电化学工业大量使用直流电源，电解铝、电解食盐水等都需要大容量整流电源。电镀装置也需要整流电源。

电力电子技术还大量用于冶金工业中的高频或中频感应加热电源、淬火电源等场合。

（2）交通运输。电气化铁道中广泛采用电力电子技术。电力机车中的直流机车采用整流装置，交流机车采用变频装置。直流斩波器也广泛用于铁道车辆。在未来的磁悬浮列车中，电力电子技术更是一项关键技术。除牵引电动机传动外，车辆中的各种辅助电源也都离不开电力电子技术。

电动汽车的电机靠电力电子装置进行电力变换和驱动控制，其蓄电池的充电也离不开电力电子装置。一辆高级汽车中需要许多控制电机，它们也要靠变频器和斩波器驱动并控制。

飞机、船舶需要很多不同要求的电源，因此航空和航海都离不开电力电子技术。

如果把电梯也算做交通运输工具，那么它也需要电力电子技术。以前的电梯大都采用直流调速系统，而现在交流调速已成为主流。

（3）电力系统。电力电子技术在电力系统中有着非常广泛的应用。据估计，发达国家在用户最终使用的电能中，有60%以上的电能至少经过一次以上的电力电子变流装置的处理。电力系统在通向现代化的进程中，电力电子技术是关键技术之一。可以毫不夸张地说，如果离开电力电子技术，电力系统的现代化就是不可实现的。

直流输电在长距离、大容量输电时有很大的优势，其送电端的整流站和受电端的逆变站都采用晶闸管变流装置。近年发展起来的柔性交流输电也是依靠电力电子装置才得以实现。

无功补偿和谐波抑制对电力系统有重要的意义。晶闸管控制电抗器（TCR）、晶闸管投切电容器（TSC）都是重要的无功补偿装置。近年来出现的静止无功发生器（SVG）、有源电力滤波器（APF）等新型电力电子装置具有更为优越的无功功率和谐波补偿的性能。在配电网系统，电力电子装置还可用于防止电网瞬时停电、瞬时电压跌落、闪变等，以进行电能质量控制，改善供电质量。

在变电所中，给操作系统提供可靠的交直流操作电源，给蓄电池充电等都需要电力电子装置。

（4）电子装置用于电源。各种电子装置一般都需要不同电压等级的直流电源供电。通信设备中的程控交换机所用的直流电源采用全控型器件的高频开关电源。大型计算机所需的工作电源、微型计算机内部的电源也都采用高频开关电源。在各种电子装置中，以前大量采用线性稳压电源供电，由于开关电源体积小、重量轻、效率高，现在已逐步取代了线性电源。因为各种信息技术装置都需要电力电子装置提供电源，所以可以说信息电子技术离不开电力电子技术。

（5）家用电器。种类繁多的家用电器，小至一台调光灯具、高频荧光灯具，大至通风取暖设备、微波炉以及众多电动机驱动设备都离不开电力电子技术。

电力电子技术广泛用于家用电器使得它和我们的生活变得十分贴近。

（6）新能源。随着经济的快速增长和社会的全面进步，我国的能源供应和环境污染问题越来越突出，开发和利用新型能源的需求更加迫切，电力电子技术作为新型能源发电技术的发展及前景，紧密联系着社会的进步与需求。电力电子技术在新型能源发电系统中也被广泛应用，包括风力发电、太阳能光伏发电、燃料电池等。

（7）其他。不间断电源（UPS）在现代社会中的作用越来越重要，用量也越来越大。目前，UPS在电力电子产品中已占有相当大的份额。

以前电力电子技术的应用偏重于中、大功率。现在，在1kW以下，甚至几十瓦以下的功率范围内，电力电子技术的应用也越来越广，其地位也越来越重要。这已成为一个重要的发展趋势，值得引起人们的注意。

总之，电力电子技术的应用范围十分广泛。从人类对宇宙和大自然的探索，到国民经济的各个领域，再到我们的衣食住行，到处都能感受到电力电子技术的存在和巨大魅力。

五、本教材的教学建议

（1）教学内容选取。不同学校可根据不同专业、就业方向和课时来选择其中一个或几个项目作为教学内容，如弱电类专业（如电子技术等）可选择项目一、项目二、项目三、项目五作为教学内容。

（2）教学形式。可采用理论实践一体化教学。

（3）任务实施的组织形式。任务实施可按照如下步骤进行。

①　下达任务书，学生先预习相关内容。

②　指导教师集中介绍任务实施的目的和内容、实施本项目所需设备和仪器、任务实施步骤、提醒学生实施过程中注意事项，要求学生熟悉所使用的设备、仪器的功能与使用方法。

③　根据任务内容和教学条件将学生分组实施，小组成员应分工明确，协调操作，提高动手能力。

④　任务实施过程中，按照任务单要求做好记录，完成后请指导教师检查数据、记录的波形，整理好连接线、仪器、工具，保持现场干净整齐。

⑤　任务完成后，学生以小组为单位介绍实施过程解决的问题，分享成功的经验。

⑥　任务实施结束后，学生利用课余时间对记录的波形和数据进行整理，分析实施过程中出现的现象，写出实施总结来组织和实施。

项目一

| 单相半波整流调光灯电路 |

调光灯是一种最简单的电力电子装置,在日常生活中应用非常广泛,其种类也很多,旋动调光旋钮便可以调节灯泡的亮度。图 1-1(a)所示是常见的调光台灯,图 1-1(b)所示为晶闸管相控调光灯电路原理图。

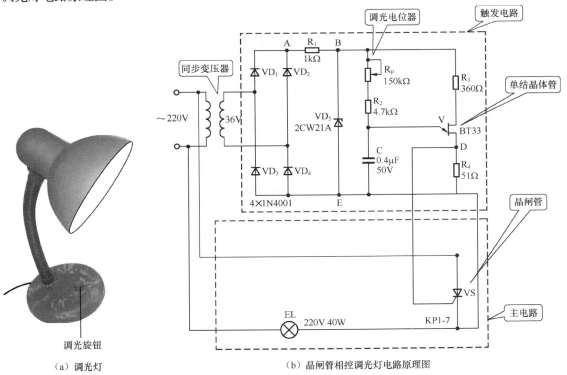

（a）调光灯

（b）晶闸管相控调光灯电路原理图

图1-1　调光灯及电路原理图

调光灯是通过改变流过灯泡的电流,来实现调光的。调光可以是连续调光,也可以是步进调光。常用的方法有可变电阻调光法、调压器调光法、脉冲占空比调光法、晶闸管相控调光法、脉冲调频调光法等。晶闸管相控调光是通过控制晶闸管的导通角,改变输出电压的大小,从而实现调光。由于这种调光方法具有体积小、价格合理和调光功率控制范围宽的优点,是目前使用最为广泛的调光方法。同时，晶闸管相控调光电路也是中级维修电工职业资格考核内容。

　　本项目介绍单相半波整流和单结晶体管触发电路构成的调光灯电路，包括晶闸管及其导通关断条件测试、单结晶体管及单结晶体管触发电路测试、单相半波可控整流电路调试 3 个任务。

任务一　晶闸管及其导通关断条件测试

一、任务描述与目标

　　晶闸管（Thyristor）是一种开关元件，具有可控单向导电性，即和一般的二极管一样单向导电，但与一般二极管不同的是，导通时刻是可以控制的，被广泛应用于可控整流、调光、调压、调速、无触点开关、逆变及变频等方面。

　　在实际晶闸管的使用过程中，我们除了能确定晶闸管的管脚和对其好坏进行判断外，还要掌握其导通关断条件。本次任务的目标如下。

- 认识晶闸管的外形结构。
- 能根据外形，判断晶闸管的 3 个端子。
- 明白晶闸管型号的含义。
- 会判断器件的好坏并能说明原因。
- 通过晶闸管导通关断测试，掌握晶闸管工作原理。
- 会根据电路要求选择晶闸管，初步具备成本核算意识。
- 在小组实施项目过程中培养团队合作意识。

二、相关知识

（一）晶闸管结构及导通关断条件

1. 晶闸管结构

　　晶闸管是一种大功率 PNPN 4 层半导体元件，具有 3 个 PN 结，引出 3 个极，阳极 A、阴极 K、门极（控制极）G，其外形及符号如图 1-2 所示，各管脚名称（阳极 A、阴极 K、门极 G）标于图中。图 1-2（g）所示为晶闸管的图形符号及文字符号。

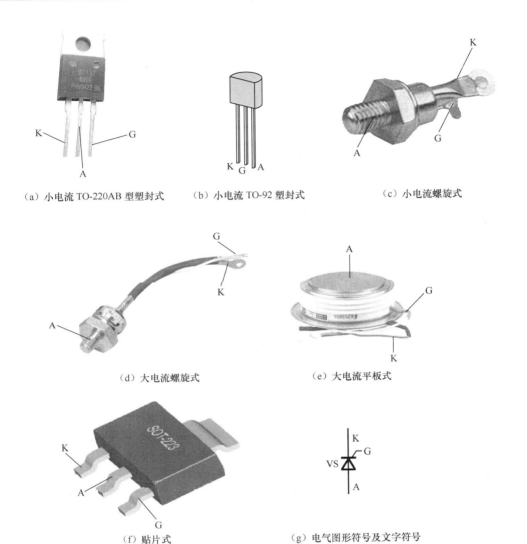

（a）小电流 TO-220AB 型塑封式　　　（b）小电流 TO-92 塑封式　　　（c）小电流螺旋式

（d）大电流螺旋式　　　（e）大电流平板式

（f）贴片式　　　（g）电气图形符号及文字符号

图1-2　晶闸管的外形及符号

晶闸管的内部结构和等效电路如图1-3所示。

2. 晶闸管管脚判别

普通晶闸管的外形如图 1-2 所示。螺栓式和平板式
晶闸管从外观上判断，3 个电极形状各不相同，无需做
任何测量就可以识别。小电流 TO-220AB 型塑封式和贴
片式晶闸管面对印字面、引脚朝下，则从左向右的排列
顺序依次为阴极 K、阳极 A 和门极 G。小电流 TO-92 型
塑封式晶闸管面对印字面、引脚朝下，则从左向右的排
列顺序依次为阴极 K、门极 G 和阳极 A。小功率螺栓式

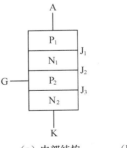

（a）内部结构　　　（b）以 3 个 PN 结等效

图1-3　晶闸管的内部结构及等效电路

晶闸管的螺栓为阳极 A，门极 G 比阴极 K 细。对于大功率螺栓式晶闸管来说，螺栓是晶闸管的阳极
A（它与散热器紧密连接），门极和阴极则用金属编制套引出，像一根辫子，粗辫子线是阴极 K，细

辫子线是门极 G。平板式晶闸管中间金属环是门极 G，用一根导线引出，靠近门极的平面是阴极，另一面则为阳极。

3. 普通晶闸管测试方法

（1）阳极和阴极间电阻正反向电阻测量。

① 万用表挡位置于欧姆挡 $R \times 100$，将红表笔接在晶闸管的阳极，黑表笔接在晶闸管的阴极观察指针摆动情况，如图 1-4 所示。

② 将黑表笔接晶闸管的阳极，红表笔接晶闸管的阴极观察指针摆动情况，如图 1-5 所示。

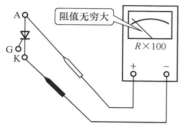

图1-4　测量阳极和阴极间反向电阻

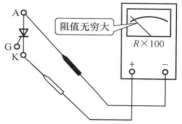

图1-5　测量阳极和阴极间正向电阻

结果：正反向阻值均很大。

原因：晶闸管是 4 层 3 端半导体器件，在阳极和阴极之间有 3 个 PN 结，无论加何电压，总有 1 个 PN 结处于反向阻断状态，因此正反向阻值均很大。

（2）门极和阴极间正反向电阻测量。

① 将红表笔接晶闸管的阴极，黑表笔接晶闸管的门极观察指针摆动情况，如图 1-6 所示。

② 将黑表笔接晶闸管的阴极，红表笔接晶闸管的门极观察指针摆动情况，如图 1-7 所示。

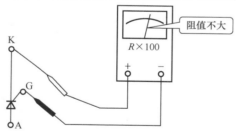

图1-6　测量门极和阴极间正向电阻

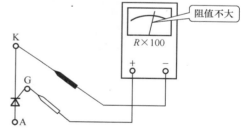

图1-7　测量门极和阴极间反向电阻

理论结果：当黑表笔接控制极，红表笔接阴极时，阻值很小；当红表笔接控制极，黑表笔接阴极时，阻值较大。

实测结果：2 次测量的阻值均不大。

原因：在晶闸管内部控制极与阴极之间反并联了 1 个二极管，对加到控制极与阴极之间的反向电压进行限幅，防止晶闸管控制极与阴极之间的 PN 结反向击穿。

4. 晶闸管导通关断条件

晶闸管在工作过程中，它的阳极（A）和阴极（K）与电源和负载连接，组成晶闸管的主电路，晶闸管的门极 G 和阴极 K 与控制晶闸管的控制电路（在电力电子技术中叫触发电路）连接，如图 1-8 所示。

晶闸管的导通条件是：阳极加正向电压、门极加适当正向电压。

关断条件是：流过晶闸管阳极的电流小于维持电流。

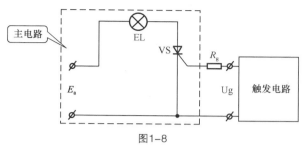

图1-8

（二）晶闸管的阳极伏安特性

晶闸管的阳极与阴极间电压和阳极电流之间的关系，称为阳极伏安特性。其伏安特性曲线如图1-9所示。

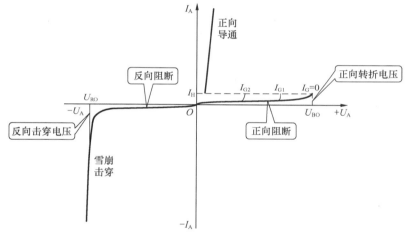

图1-9　晶闸管阳极伏安特性

图中第 I 象限为正向特性，当 $I_G=0$ 时，如果在晶闸管两端所加正向电压 U_A 未增到正向转折电压 U_{BO} 时，晶闸管都处于正向阻断状态，只有很小的正向漏电流。当 U_A 增到 U_{BO} 时，则漏电流急剧增大，晶闸管导通，正向电压降低，其特性和二极管的正向伏安特性相仿，称为正向转折或"硬开通"。多次"硬开通"会损坏管子，晶闸管通常不允许这样工作。一般采用对晶闸管的门极加足够大的触发电流的方法使其导通，门极触发电流越大，正向转折电压越低。

晶闸管的反向伏安特性如图 1-9 中第Ⅲ象限所示，它与整流二极管的反向伏安特性相似。处于反向阻断状态时，只有很小的反向漏电流，当反向电压超过反向击穿电压 U_{BO} 时，反向漏电流急剧增大，造成晶闸管反向击穿而损坏。

（三）晶闸管主要参数

在实际使用的过程中，往往要根据实际的工作条件进行管子的合理选择，以达到满意的技术经济效果。正确地选择管子主要包括 2 个方面，一方面要根据实际情况确定所需晶闸管的额定值；另一方面根据额定值确定晶闸管的型号。

晶闸管的各项额定参数在晶闸管生产后，由厂家经过严格测试而确定，使用者只需要能够正确地选择管子就可以了。表 1-1 列出了晶闸管的一些主要参数。

表 1-1　　　　　　　　　晶闸管的主要参数

型号	通态平均电流（A）	通态峰值电压（V）	断态正反向重复峰值电流（mA）	断态正反向重复峰值电压（V）	门级触发电流（mA）	门级触发电压（V）	断态电压临界上升率（V/μs）	推荐用散热器	安装力（kN）	冷却方式
KP5	5	≤2.2	≤8	100～2 000	<60	<3		SZ14		自然冷却
KP10	10	≤2.2	≤10	100～2 000	<100	<3	250～800	SZ15		自然冷却
KP20	20	≤2.2	≤10	100～2 000	<150	<3		SZ16		自然冷却
KP30	30	≤2.4	≤20	100～2 400	<200	<3	50～1 000	SZ16		强迫风冷、水冷
KP50	50	≤2.4	≤20	100～2 400	<250	<3		SL17		强迫风冷、水冷
KP100	100	≤2.6	≤40	100～3 000	<250	<3.5		SL17		强迫风冷、水冷
KP200	200	≤2.6	≤0	100～3 000	<350	<3.5		L18	11	强迫风冷、水冷
KP300	300	≤2.6	≤50	100～3 000	<350	<3.5		L18B	15	强迫风冷、水冷
KP500	500	≤2.6	≤60	100～3 000	<350	<4	100～1 000	SF15	19	强迫风冷、水冷
KP800	800	≤2.6	≤80	100～3 000	<350	<4		SF16	24	强迫风冷、水冷
KP1000	1 000			100～3 000				SS13		
KP1500	1 000	≤2.6	≤80	100～3 000	<350	<4		SF16	30	强迫风冷、水冷
KP2000								SS13		
	1 500	≤2.6	≤80	100～3 000	<350	<4		SS14	43	强迫风冷、水冷
	2 000	≤2.6	≤80	100～3 000	<350	<4		SS14	50	强迫风冷、水冷

1. 晶闸管的电压定额

（1）断态重复峰值电压 U_{DRM}。在图 1-9 所示的晶闸管的阳极伏安特性中，我们规定，当门极断开，晶闸管处在额定结温时，允许重复加在管子上的正向峰值电压为晶闸管的断态重复峰值电压，用 U_{DRM} 表示。它是由伏安特性中的正向转折电压 U_{BO} 减去一定裕量，成为晶闸管的断态不重复峰值电压 U_{DSM}，然后再乘以 90%而得到的。至于断态不重复峰值电压 U_{DSM} 与正向转折电压 U_{BO} 的差值，则由生产厂家自定。这里需要说明的是，晶闸管正向工作时有两种工作状态：阻断状态（简称断态）、导通状态（简称通态）。参数中提到的断态和通态一定是正向的，因此，"正向"两字可以省去。

（2）反向重复峰值电压 U_{RRM}。相似于 U_{DRM}，一般规定，当门极断开，晶闸管处在额定结温时，允许重复加在管子上的反向峰值电压为反向重复峰值电压，用 U_{RRM} 表示。它是由伏安特性中的反向击穿电压 U_{RO} 减去一定裕量，成为晶闸管的反向不重复峰值电压 U_{RSM}，然后再乘以 90%而得到的。至于反向不重复峰值电压 U_{RSM} 与反向转折电压 U_{RO} 的差值，则由生产厂家自定。一般晶闸管若承受反向电压，它一定是阻断的。因此参数中"阻断"两字可省去。

（3）额定电压 U_{TN}。将 U_{DRM} 和 U_{RRM} 中的较小值按百位取整后作为该晶闸管的额定值。例如，一晶闸管实测 $U_{DRM}=812V$，$U_{RRM}=756V$，将两者较小的 756V 按表 1-1 取整得 700V，该晶闸管的额定电压为 700V。

在晶闸管的铭牌上，额定电压是以电压等级的形式给出的，通常标准电压等级规定为：电压在

1 000V 以下，每 100V 为一级，1 000～3 000V，每 200V 为一级，用百位数或千位和百位数表示级数。电压等级见表 1-2。

表 1-2　　　　　　　　　　　　　晶闸管标准电压等级

级别	正反向重复峰值电压（V）	级别	正反向重复峰值电压（V）	级别	正反向重复峰值电压（V）
1	100	8	800	20	2 000
2	200	9	900	22	2 200
3	300	10	1 000	24	2 400
4	400	12	1 200	26	2 600
5	500	14	1 400	28	2 800
6	600	16	1 600	30	3 000
7	700	18	1 800		

在使用过程中，环境温度的变化、散热条件以及出现的各种过电压都会对晶闸管产生影响，因此在选择管子的时候，应当使晶闸管的额定电压是实际工作时可能承受的最大电压的 2～3 倍，即

$$U_{TN} \geqslant （2～3）U_{TM}$$

（4）通态平均电压 $U_{T（AV）}$。在规定环境温度、标准散热条件下，元件通以额定电流时，阳极和阴极间电压降的平均值，称通态平均电压（一般称管压降），其数值按表 1-3 分组。从减小损耗和元件发热来看，应选择 $U_{T（AV）}$ 较小的管子。实际当晶闸管流过较大的恒定直流电流时，其通态平均电压比元件出厂时定义的值（见表 1-3）要大，约为 1.5V。

表 1-3　　　　　　　　　　　　　晶闸管通态平均电压分组

组别	A	B	C	D	E
通态平均电压（V）	$U_T \leqslant 0.4$	$0.4 < U_T \leqslant 0.5$	$0.5 < U_T \leqslant 0.6$	$0.6 < U_T \leqslant 0.7$	$0.7 < U_T \leqslant 0.8$
组别	F	G	H	I	
通态平均电压（V）	$0.8 < U_T \leqslant 0.9$	$0.9 < U_T \leqslant 1.0$	$1.0 < U_T \leqslant 1.1$	$1.1 < U_T \leqslant 1.2$	

2. 晶闸管的电流定额

（1）额定电流 $I_{T（AV）}$。由于整流设备的输出端所接负载常用平均电流来表示，晶闸管额定电流的标定与其他电器设备不同，采用的是平均电流，而不是有效值，又称为通态平均电流。所谓通态平均电流是指在环境温度为 40℃ 和规定的冷却条件下，晶闸管在导通角不小于 170° 的电阻性负载电路中，当不超过额定结温且稳定时，所允许通过的工频正弦半波电流的平均值。将该电流按晶闸管标准电流系列取值（见表 1-1），称为晶闸管的额定电流。

但是决定晶闸管结温的是管子损耗的发热效应，表征热效应的电流是以有效值表示的，其两者的关系为

$$I_{TN} = 1.57 I_{T（AV）}$$

如额定电流为 100A 的晶闸管，其允许通过的电流有效值为 157A。

由于电路不同、负载不同、导通角不同，流过晶闸管的电流波形不一样，从而它的电流平均值和有效值的关系也不一样，晶闸管在实际选择时，其额定电流的确定一般按以下原则：管子在额定电流时的电流有效值大于其所在电路中可能流过的最大电流的有效值，同时取 1.5～2 倍的余量，即

$$1.57I_{T(AV)} = I_T \geq （1.5 \sim 2） I_{TM}$$

所以　　　　　　　　　　　　　　$$I_{T(AV)} \geq （1.5 \sim 2） \frac{I_{TM}}{1.57}$$

（2）维持电流 I_H。在室温下门极断开时，元件从较大的通态电流降到刚好能保持导通的最小阳极电流称为维持电流 I_H。维持电流与元件容量、结温等因素有关，额定电流大的管子维持电流也大，同一管子结温低时维持电流增大，维持电流大的管子容易关断。同一型号的管子其维持电流也各不相同。

（3）擎住电流 I_L。在晶闸管加上触发电压，当元件从阻断状态刚转为导通状态就去除触发电压，此时要保持元件持续导通所需要的最小阳极电流，称擎住电流 I_L。对同一个晶闸管来说，通常擎住电流比维持电流大数倍。

（4）断态重复峰值电流 I_{DRM} 和反向重复峰值电流 I_{RRM}。I_{DRM} 和 I_{RRM} 分别是对应于晶闸管承受断态重复峰值电压 U_{DRM} 和反向重复峰值电压 U_{RRM} 时的峰值电流。它们都应不大于表 1-1 中所规定的数值。

（5）浪涌电流 I_{TSM}。I_{TSM} 是一种由于电路异常情况（如故障）引起的并使结温超过额定结温的不重复性最大正向过载电流。用峰值表示，见表 1-1。浪涌电流有上下 2 个级，这些不重复电流定额用来设计保护电路。

3. 门极参数

（1）门极触发电流 I_{GT}。室温下，在晶闸管的阳极、阴极加上 6V 的正向阳极电压，管子由断态转为通态所必需的最小门极电流，称为门极触发电流 I_{GT}。

（2）门极触发电压 U_{GT}。产生门极触发电流 I_{GT} 所必需的最小门极电压，称为门极触发电压 U_{GT}。为了保证晶闸管的可靠导通，常常采用实际的触发电流比规定的触发电流大。

4. 动态参数

（1）断态电压临界上升率 du/dt。du/dt 是在额定结温和门极开路的情况下，不导致从断态到通态转换的最大阳极电压上升率。实际使用时的电压上升率必须低于此规定值（见表 1-1）。

限制元件正向电压上升率的原因是，在正向阻断状态下，反偏的 J_2 结相当于一个结电容，如果阳极电压突然增大，便会有一充电电流流过 J_2 结，相当于有触发电流。若 du/dt 过大，即充电电流过大，就会造成晶闸管的误导通。所以在使用时，采取保护措施，使它不超过规定值。

（2）通态电流临界上升率 di/dt。di/dt 是在规定条件下，晶闸管能承受而无有害影响的最大通态电流上升率。其允许值见表 1-1。

如果阳极电流上升太快，则晶闸管刚一开通时，会有很大的电流集中在门极附近的小区域内，造成 J_2 结局部过热而使晶闸管损坏。因此，在实际使用时要采取保护措施，使其被限制在允许值内。

（四）晶闸管命名及型号含义

1. 国产晶闸管的命名及型号含义

国产晶闸管（可控硅）的型号有部颁新标准（JB1144—75）KP 系列和部颁旧标准（JB1144—71）3CT 系列。

KP 系列的型号及含义如下。

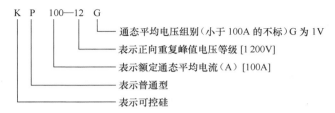

K P 100—12 G
通态平均电压组别（小于 100A 的不标）G 为 1V
表示正向重复峰值电压等级 [1 200V]
表示额定通态平均电流（A）[100A]
表示普通型
表示可控硅

3CT 系列的型号及含义如下。

3 表示 3 个电极、C 表示 N 型硅材料、T 表示可控硅元件，3CT501 表示额定电压为 500V、额定电流为 1A 的普通晶闸管；3CT12 表示额定电压为 400V、额定电流为 12A 的普通晶闸管。

2. 国外晶闸管的命名及型号含义

"SCR"（Semiconductor Controlled Rectifier）是晶闸管（单向可控硅）的统称。在这个命名前提下，各个生产商有其自己产品命名方式。

最早的 MOTOROLA（摩托罗拉）半导体公司取第一个字 M 代表其摩托罗拉，CR 代表单向，因而组合成单向晶闸管 MCR 的第一代命名，代表型号有 MCR100-6、MCR100-8、MCR22-6、MCR16M、MCR25M 等。

PHILIPS（飞利浦）公司则沿袭了 BT 字母来对晶闸管的命名，如 BT145-500R、BT148-500R、BT149D、BT150-500R、BT151-500R、BT152-500R、BT169D、BT258-600R 等。

日本三菱公司在晶闸管器件命名上，则去掉了 SCR 的第一个字母 S，以 CR 直接命名，代表型号有 CR02AM、CR03AM 等。

意法 ST 半导体公司对晶闸管的命名，型号前缀字母为 X、P、TN、TYN、TS、BTW，如 X0405MF、P0102MA、TYN412、TYN812、TYN825、BTW67-600、BTW69-1200 等。

美国泰科（TECCOR）以型号前缀字母 S 来对晶闸管命名，例如 S8065K、S6006D、S8008L、S8025L 等。

三、任务实施

（一）晶闸管测试

1. 所需仪器设备

（1）不同型号晶闸管 2 个。

（2）万用表 1 块。

2. 测试前准备

（1）课前预习相关知识。

（2）清点相关材料、仪器和设备。

（3）填写任务单测试前准备部分。

3. 操作步骤及注意事项

（1）观察晶闸管外形。观察晶闸管外形，从外观上判断 3 个管脚，记录晶闸管型号，说明型号的含义。将数据记录在任务单测试过程记录中。

请勿将晶闸管掉落地上，以免摔坏或踩坏。

（2）晶闸管测试。用万用表判断晶闸管3个管脚，并与观察判断的管脚对照。用万用表测试AK间正向电阻极间电阻 R_{AK}、AK间反向电阻 R_{KA}、KG间正向电阻 R_{KG}、KG间反向电阻 R_{GK}，将数据记录在任务单测试过程记录中并判断晶闸管好坏。

正确使用万用表；测试时需小心，勿掰断管脚。

（3）操作结束后，按要求整理操作台，清扫场地，填写任务单收尾部分。

（4）将任务单交老师评价验收。

4. 晶闸管测试任务单（见附表1）

5. 任务实施标准

序号	内　　容	配分	等级	评 分 细 则	得　分
1	认识器件	10	10	能从外形认识晶闸管，错误1个扣5分	
2	型号说明	10	10	能说明型号含义，错误1个扣5分	
3	晶闸管测试	50	20	万用表使用，挡位错误1次扣5分	
			10	测试方法，错误扣10分	
			20	测试结果，每错1个扣5分	
4	晶闸管好坏判断	10	10	判断错误1个扣5分	
5	现场整理	20	20	经提示后能将现场整理干净扣10分 不合格，本项0分	
合计					

（二）晶闸管导通关断条件测试

1. 所需仪器设备

（1）DJDK-1型电力电子技术及电机控制实验装置（含DJK01电源控制屏、DJK06给定及实验器件、DJK07新器件特性实验、DJK09单相调压与可调负载）1套。

（2）导线若干。

2. 测试前准备

（1）课前预习晶闸管相关知识，熟悉测试接线图。晶闸管导通关断条件测试电路接线图，如图1-10所示。

（2）清点相关材料、仪器和设备。

（3）填写任务单测试前准备部分。

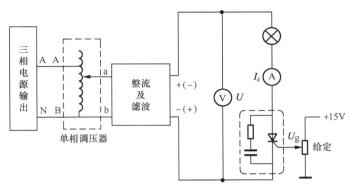

图1-10 晶闸管导通关断条件测试接线图

3. 操作步骤及注意事项

（1）通电前。

① 按照接线图接线，将晶闸管阳极电压接反向电压，即晶闸管阳极接整流滤波"-"，阴极接整流滤波"+"，在任务单测试前准备相应处记录。

② DJK06 上的给定电位器 R_{P1} 沿逆时针旋到底，S_2 拨到"接地"侧，单相调压器逆时针调到底，在任务单测试前准备相应处记录。

③ 将 DJK01 的电源钥匙拧向开，按启动按钮。将单相调压器输出由小到大缓慢增加，监视电压表的读数，使整流输出 U_o=40V，停止调节单相调压器。在任务单测试前准备相应处记录。

在整个测试过程中，不能调节单相调压器，整流输出电压不得超过40V。

④ 打开 DJK06 的电源开关，按下控制屏上的"启动"按钮，调节给定电位器 R_{P1}，使门极电压约为 5V，在任务单测试前准备相应处记录。

（2）导通条件测试。

改变阳极电压接线时，请先关闭电源。测试结果在任务单导通条件测试相应处记录。

① 晶闸管阳极接反向电压，门极接反向电压（给定 S_1 拨到"负给定"，S_2 拨到"给定"），观察灯泡是否亮。

② 晶闸管阳极接反向电压，门极电压为零（S_2 拨到"零"），观察灯泡是否亮。

③ 晶闸管阳极接反向电压，门极接正向电压（给定 S_1 拨到"正给定"，S_2 拨到"给定"），观察灯泡是否亮。

④ 晶闸管阳极接正向电压，门极接反向电压，观察灯泡是否亮。

⑤ 晶闸管阳极接正向电压，门极电压为零，观察灯泡是否亮。

⑥ 晶闸管阳极接正向电压，门极接正向电压，观察灯泡是否亮。

⑦ 根据实验测试结果，总结晶闸管导通条件。

（3）关断条件测试。将测试结果在任务单关断条件测试相应处记录。

首先晶闸管阳极接正向电压，门极接正向电压，使晶闸管导通，灯泡亮。

　　① 晶闸管阳极接正向电压，门极电压为零，观察灯泡是否熄灭。

　　② 晶闸管阳极接正向电压，门极电压为反向电压，观察灯泡是否熄灭。

　　③ 断开门极电压，通过缓慢调节调压器来减小阳极电压，调节过程中观察电流表读数，当电流表由某值突然降到零时，并观察灯泡是否熄灭。此时若再升高阳极电压，灯泡不再发亮，说明晶闸管已经关断，请在任务单的关断条件测试中记录这个时候电流表的读数。

　　　　　调压器的调节要缓慢，调节过程中要注意电压表和电流表的变化。

　　④ 根据实验测试结果，总结晶闸管关断条件。

　　（4）操作结束后，拆除接线，按要求整理操作台，清扫场地，填写任务单收尾部分。

　　　　　拆线前请确认电源已经断开。

　　（5）将任务单交老师评价验收。

　　4. 晶闸管导通关断条件测试任务单（见附表 2）

　　5. 任务实施标准

序号	内　　容	配分	等级	评 分 细 则	得　分
1	接线	10	10	接错 1 根扣 2 分	
2	导通条件测试	30	15	测试过程错误 1 处扣 5 分	
			10	参数记录，每缺 1 项扣 2 分	
			5	无结论扣 5 分，结论错误酌情扣分	
3	关断条件测试	30	15	测试过程错误 1 处扣 5 分	
			10	参数记录，每缺 1 项扣 2 分	
			5	无结论扣 5 分，结论不准确酌情扣分	
4	操作规范	20	20	违反操作规程 1 次扣 10 分	
				元件损坏 1 个扣 10 分	
				烧保险 1 次扣 5 分	
5	现场整理	10	10	经提示后将现场整理干净扣 5 分	
				不合格，本项 0 分	
合计					

▎四、总结与提升 ▎

（一）晶闸管好坏的判断

　　将万用表欧姆挡置于 $R \times 10$ 或 $R \times 100$ 挡，测量阳极-阴极之间和阳极-门极之间正反向电阻，正常值都应在几百千欧以上；门极—阴极之间正向电阻约数十欧姆到数百欧姆，反向电阻较正向电阻略大。测量时，如发现任何两个极短路或门极对阴极断路，说明晶闸管已经损坏。

（二）晶闸管导通关断原理

由晶闸管的内部结构可知，它是 4 层（$P_1N_1P_2N_2$）3 端（A、K、G）结构，有 3 个 PN 结，即 J_1、J_2、J_3。因此可用 3 个串联的二极管等效（见图 1-3）。当阳极 A 和阴极 K 两端加正向电压时，J_2 处于反偏状态，$P_1N_1P_2N_2$ 结构处于阻断状态，只能通过很小的正向漏电流；当阳极 A 和阴极 K 两端加反向电压时，J_1 和 J_3 处于反偏状态，$P_1N_1P_2N_2$ 结构也处于阻断状态，只能通过很小的反向漏电流，所以晶闸管具有正反向阻断特性。

晶闸管的 $P_1N_1P_2N_2$ 结构又可以等效为 2 个互补连接的晶体管，如图 1-11 所示。晶闸管的导通关断原理可以通过等效电路来分析。

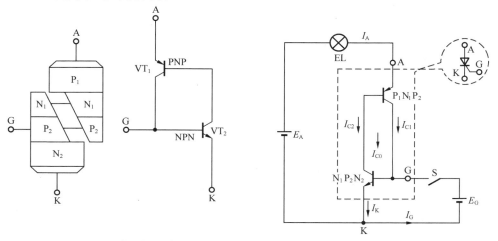

（a）以互补三极管等效   （b）晶闸管工作原理等效电路

图 1-11 晶闸管工作原理的等效电路

当晶闸管加上正向阳极电压，门极也加上足够的门极电压时，则有电流 I_G 从门极流入 $N_1P_2N_2$ 管的基极，经 $N_1P_2N_2$ 管放大后的集电

$$I_G \uparrow \rightarrow I_{B2} \uparrow \rightarrow I_{C2}(=\beta_2 I_{B2}) \uparrow = I_{B1} \uparrow \rightarrow I_{C1}(=\beta_1 I_{B1}) \uparrow$$

极电流 I_{C2} 又是 $P_1N_1P_2$ 管的基极电流，再经 $P_1N_1P_2$ 管的放大，其集电极电流 I_{C1} 又流入 $N_1P_2N_2$ 管的基极，如此循环，产生强烈的正反馈过程，使 2 个晶体管快速饱和导通，从而使晶闸管由阻断迅速地变为导通。导通后晶闸管两端的压降一般为 1.5 V 左右，流过晶闸管的电流将取决于外加电源电压和主回路的阻抗。晶闸管一旦导通后，即使 $I_G=0$，但因 I_{C1} 的电流在内部直接流入 $N_1P_2N_2$ 管的基极，晶闸管仍将继续保持导通状态。若要晶闸管关断，只有降低阳极电压到零或对晶闸管加上反向阳极电压，使 I_{C1} 的电流减少至 $N_1P_2N_2$ 管接近截止状态，即流过晶闸管的阳极电流小于维持电流，晶闸管方可恢复阻断状态。

（三）晶闸管的选择

【例 1-1】根据图 1-1（b）调节灯电路中的参数，确定本模块中晶闸管的型号。

提示：该电路中，调光灯两端电压最大值为 $0.45U_2$，其中 U_2 为电源电压。

解：第一步，单相半波可控整流调光电路晶闸管可能承受的最大电压。

$$U_{TM} = \sqrt{2}U_2 = \sqrt{2} \times 220\text{V} \approx 311\text{V}$$

第二步，考虑 2~3 倍的余量。

$$（2～3）U_{TM}=（2～3）311V=622～933V$$

第三步，确定所需晶闸管的额定电压等级。

因为电路无储能元器件，因此选择电压等级为 7 的晶闸管就可以满足正常工作的需要了。

第四步，根据白炽灯的额定值计算出其阻值的大小。

$$R_d = \frac{220^2}{40}\Omega = 1\,210\Omega$$

第五步，确定流过晶闸管电流的有效值。

在单相半波可控整流调光电路中，当 $\alpha=0°$ 时，流过晶闸管的电流最大，且电流的有效值是平均值的 1.57 倍。由前面的分析可以得到流过晶闸管的平均电流为

$$I_d = 0.45\frac{U_2}{R_d} = 0.45\times\frac{220}{1\,210}A = 0.08A$$

由此可得，当 $\alpha=0°$ 时流过晶闸管电流的最大有效值为

$$I_{TM} = 1.57I_d = 1.57\times0.08A = 0.128A$$

第六步，考虑 1.5~2 倍的余量。

$$（1.5～2）I_{TM} =（1.5～2）0.128A \approx 0.193A～0.256A$$

第七步，确定晶闸管的额定电流 $I_{T（AV）}$。

$$I_{T(AV)} \geqslant 0.283A$$

因为电路无储能元器件，因此选择额定电流为 1A 的晶闸管就可以满足正常工作的需要了。

由以上分析可以确定晶闸管应选用的型号为 KP1-7。

五、习题与思考

1. 晶闸管导通的条件是什么？导通后流过晶闸管的电流由什么决定？晶闸管的关断条件是什么？如何实现？晶闸管导通与阻断时其两端电压各为多少？

2. 调试图 1-12 所示晶闸管电路，在断开负载 R 测量输出电压 U_d 是否可调时，发现电压表读数不正常，接上 R 后一切正常，请分析为什么？

3. 说明晶闸管型号 KP100-8E 代表的意义。

4. 晶闸管的额定电流和其他电气设备的额定电流有什么不同？

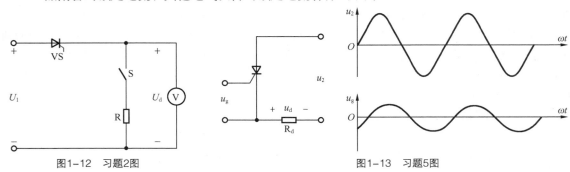

图1-12　习题2图　　　　　　　　　　图1-13　习题5图

5. 画出图 1-13 所示电路电阻 R_d 上的电压波形。

6. 型号为 KP100-3、维持电流 $I_H = 3mA$ 的晶闸管，使用在图 1-14 所示的 3 个电路中是否合理？

为什么（不考虑电压、电流裕量）？

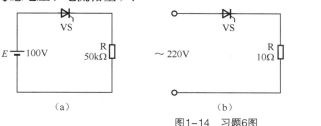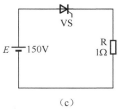

图1-14 习题6图

7. 某晶闸管元件测得 $U_{DRM} = 840V$，$U_{RRM} = 980V$，试确定此晶闸管的额定电压是多少？

8. 有些晶闸管触发导通后，触发脉冲结束时它又关断是什么原因？

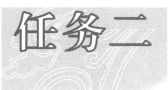

单结晶体管及单结晶体管触发电路测试

一、任务描述与目标

前面已知要使晶闸管导通，除了加上正向阳极电压外，还必须在门极和阴极之间加上适当的正向触发电压与电流。为门极提供触发电压与电流的电路称为触发电路。对晶闸管触发电路来说，首先触发信号应该具有足够的触发功率（触发电压和触发电流），以保证晶闸管可靠导通；其次触发脉冲应有一定的宽度，脉冲的前沿要陡峭；最后触发脉冲必须与主电路晶闸管的阳极电压同步并能根据电路要求在一定的移相范围内移相。

单结晶体管触发电路具有结构简单、调试方便、脉冲前沿陡、抗干扰能力强等优点，广泛应用于 50 A 以下中、小容量晶闸管的单相可控整流装置中。本次任务的目标如下。

● 观察单结晶体管，认识其外形结构、端子及型号。

● 会选用和检测单结晶体管。

● 掌握单结晶体管的基本参数，初步具备成本核算意识。

● 掌握单结晶体管的特性，能利用其特性分析单结晶体管触发电路的工作原理。

● 学会单结晶体管触发电路调试技能。

● 在小组合作实施项目过程中培养与人合作的精神。

二、相关知识

（一）单结晶体管的结构及测试方法

1. 单结晶体管的结构

单结晶体管的原理结构如图 1-15（a）所示，图中 e 为发射极，b_1 为第一基极，b_2 为第二基极。

由图可见，在一块高电阻率的 N 型硅片上引出 2 个基极 b_1 和 b_2，2 个基极之间的电阻就是硅片本身的电阻，一般为 2～12kΩ。在 2 个基极之间靠近 b_1 的地方利用合金法或扩散法掺入 P 型杂质并引出电极，成为发射极 e。它是一种特殊的半导体器件，有 3 个电极，只有 1 个 PN 结，因此称为"单结晶体管"，又因为管子有 2 个基极，所以又称为"双极二极管"。

单结晶体管的等效电路如图 1-15（b）所示，2 个基极之间的电阻 $r_{bb}=r_{b1}+r_{b2}$，在正常工作时，r_{b1} 是随发射极电流大小而变化，相当于一个可变电阻。PN 结可等效为二极管 VD，它的正向导通压降常为 0.7V。单结晶体管的图形符号如图 1-15（c）所示。触发电路常用的国产单结晶体管的型号主要有 BT31、BT33、BT35，其外形与引脚排列如图 1-15（d）所示，其实物图、引脚如图 1-12 所示。

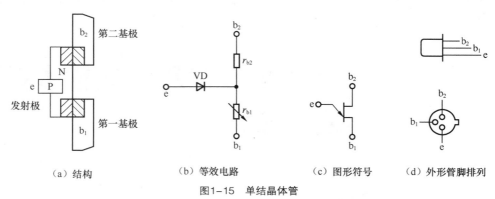

（a）结构　　　　　（b）等效电路　　　（c）图形符号　　（d）外形管脚排列

图1-15　单结晶体管

2. 单结晶体管的电极判定

在实际使用时，可以用万用表来测试管子的 3 个电极，方法如下。

（1）测量 e-b_1 和 e-b_2 间反向电阻。

① 万用表置于电阻挡，将万用表红表笔接 e 端，黑表笔接 b_1 端，测量 e-b_1 两端的电阻，测量结果如图 1-17 所示。

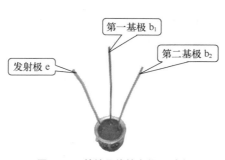

图1-16　单结晶体管实物及引脚

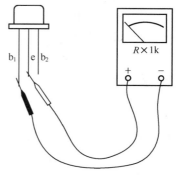

图1-17　测量e-b_1间反向电阻

② 将万用表黑表笔接 b_2 端，红表笔接 e 端，测量 b_2-e 两端的电阻，测量结果如图 1-18 所示。结果：两次测量的电阻值均较大（通常在几十千欧）。

（2）测量 e-b_1 和 e-b_2 间正向电阻。

① 将万用表黑表笔接 e 端，红表笔接 b_1 端，再次测量 b_1-e 两端的电阻，测量结果如图 1-19 所示。

② 将万用表黑表笔接 e 端，红表笔接 b_2 端，再次测量 b_2-e 两端的电阻，测量结果如图 1-20 所示。

结果：两次测量的电阻值均较小（通常在几千欧），且 $R_{b1} > R_{b2}$。

（3）测量 b_1-b_2 间正反向电阻。

① 将万用表红表笔接 b_1 端，黑表笔接 b_2 端，测量 b_2-b_1 两端的电阻，测量结果如图 1-21 所示。

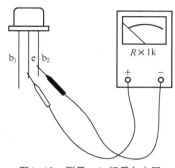

图1-18　测量 e-b_2 间反向电阻

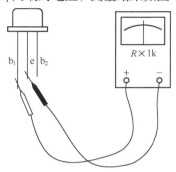

图1-19　测量 e-b_1 间正向电阻

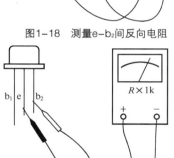

图1-20　测量 e-b_2 间正向电阻

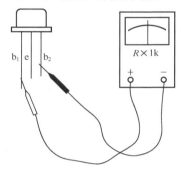

图1-21　测量 b_2-b_1 两端的电阻

② 将万用表黑表笔接 b_1 端，红表笔接 b_2 端，再次测量 b_1-b_2 两端的电阻，测量结果如图 1-22 所示。结果：b_1-b_2 间的电阻 R_{BB} 为固定值。

由以上的分析可以看出，用万用表可以很容易地判断出单结晶体管的发射极，只要发射极对了，即使 b_1、b_2 接反了，也不会烧坏管子，只是没有脉冲输出或者脉冲幅度很小，这时只要将 2 个引脚调换一下就可以了。

3. 单结晶体管的测试

我们可以通过测量管子极间电阻或负阻特性的方法来判定它的好坏。其具体操作步骤如下。

（1）测量 PN 结正、反向电阻大小。将万用表置于 $R \times 100$ 挡或 $R \times 1k$ 挡，黑表笔接 e，红表笔分别接 b_1 或 b_2 时，测得管子 PN 结的正向电阻一般应为几千欧至几十千欧，要比普通二极管的正向电阻稍大一些。再将红表笔接 e，黑表笔分别接 b_1 或 b_2，测得 PN 结的反向电阻，正常时指针偏向无穷大（∞）。一般讲，反向电阻与正向电阻的比值应大于 100 为好。

（2）测量基极电阻 R_{BB}。将万用表的红、黑表笔分别任意接基极 b_1 和 b_2，测量 b_1-b_2 间的电阻应在 $2 \sim 12k\Omega$ 范围内，阻值过大或过小都不好。

（3）测量负阻特性。单结晶体管负阻特性测试电路如图 1-23 所示。在管子的基极 b_1、b_2 之间外接 10V 直流电源，将万用表置于 $R \times 100$ 挡或 $R \times 1k$ 挡，红表笔接 b_1，黑表笔接 e，因这时接通了仪表内部电池，相当于在 e-b_1 之间加上 1.5V 正向电压。由于此时管子的输入电压（1.5V）远低于峰点电压 U_p，管子处于截止状态，且远离负阻区，所以发射极电流 I_e 很小（微安级），仪表指针应偏向左侧，表明管子具有负阻特性。如果指针偏向右侧，即 I_e 相当大（毫安级），与普通二极管伏安特性类似，则表明被测管子无负阻特性，当然不宜使用。

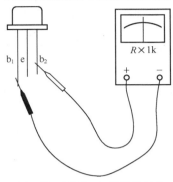

图1-22　测量 b_1-b_2 两端的电阻

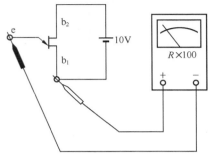

图1-23　单结晶体管负阻特性测试电路

（二）单结晶体管伏安特性及主要参数

1. 单结晶体管的伏安特性

当 2 个基极 b_1 和 b_2 间加某一固定直流电压 U_{BB} 时，发射极电流 I_E 与发射极正向电压 U_E 之间的关系曲线称为单结晶体管的伏安特性 $I_E = f(U_E)$，试验电路图及特性如图 1-24 所示。

当开关 S 断开，I_{BB} 为 0，加发射极电压 U_E 时，得到如图 1-24（b）①所示伏安特性曲线，该曲线与二极管伏安特性曲线相似。

（1）截止区——aP 段。当开关 S 闭合，电压 U_{BB} 通过单结晶体管等效电路中的 r_{b1} 和 r_{b2} 分压，得 A 点相应电压 U_A，可表示为

$$U_A = \frac{r_{b1} U_{BB}}{r_{b1} + r_{b2}} = \eta U_{BB}$$

式中，η——分压比，是单结晶体管的主要参数，η 一般为 0.3～0.9。

当 U_E 从零逐渐增加，但 $U_E < U_A$ 时，单结晶体管的 PN 结反向偏置，只有很小的反向漏电流。当 U_E 增加到与 U_A 相等时，$I_E = 0$，即如图 1-24（b）所示特性曲线与横坐标交点 b 处。进一步增加 U_E，PN 结开始正偏，出现正向漏电流，直到当发射结电位 U_E 增加到高出 ηU_{BB} 一个 PN 结正向压降 U_D 时，即 $U_E = U_P = \eta U_{BB} + U_D$ 时，等效二极管 VD 才导通，此时单结晶体管由截止状态进入到导通状态，并将该转折点称为峰点 P。P 点所对应的电压称为峰点电压 U_P，所对应的电流称为峰点电流 I_P。

（2）负阻区——PV 段。当 $U_E > U_P$ 时，等效二极管 VD 导通，I_E 增大，这时大量的空穴载流子从发射极注入 A 点到 b_1 的硅片，使 r_{b1} 迅速减小，导致 U_A 下降，因而 U_E 也下降。U_A 的下降，使 PN 结承受更大的正偏，引起更多的空穴载流子注入到硅片中，使 r_{b1} 进一步减小，形成更大的发射极电流 I_E，这是一个强烈的增强式正反馈过程。当 I_E 增大到一定程度，硅片中载流子的浓度趋于饱和，r_{b1} 已减小至最小值，A 点的分压 U_A 最小，因而 U_E 也最小，得曲线上的 V 点。V 点称为谷点，谷点所对应的电压和电流称为谷点电压 U_V 和谷点电流 I_V。这一区间称为特性曲线的负阻区。

（3）饱和区——VN 段。当硅片中载流子饱和后，欲使 I_E 继续增大，必须增大电压 U_E，单结晶体管处于饱和导通状态。

改变 U_{BB}，器件由等效电路中的 U_A 和特性曲线中 U_P 也随之改变，从而可获得一族单结晶体管伏安特性曲线，如图 1-24（c）所示。

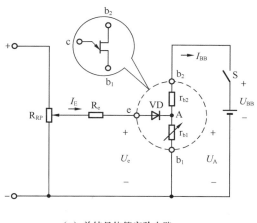

（a）单结晶体管实验电路

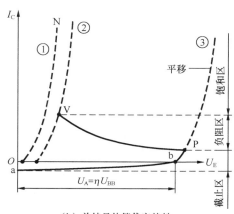

（b）单结晶体管伏安特性

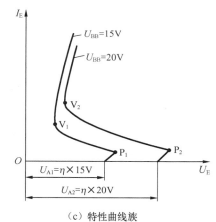

（c）特性曲线族

图1-24　单结晶体管伏安特性

2．单结晶体管的主要参数

单结晶体管的主要参数有基极间电阻 r_{BB}、分压比 η、峰点电流 I_P、谷点电压 U_V、谷点电流 I_V 及耗散功率等。国产单结晶体管的型号主要有 BT31、BT33、BT35 等，BT 表示特种半导体管，其主要参数如表 1-4 所示。

表 1-4　　　　　　　　　　　单结晶体管的主要参数

参数名称		分压比η	基极电阻R_{BB}（kΩ）	峰点电流I_P（μA）	谷点电流I_V（mA）	谷点电压U_V（V）	饱和电压U_{ES}（V）	最大反压U_{B2Emax}（V）	发射极反向漏电流I_{E0}（μA）	耗散功率P_{max}（mW）
测试条件		$U_{BB}=20$V	$U_{BB}=3$V $I_E=0$	$U_{BB}=0$	$U_{BB}=0$	$U_{BB}=0$	$U_{BB}=0$ $I_E=I_{Emax}$		U_{B2E} 为最大值	
BT 33	A	0.45～0.9	2～4.5	< 4	> 1.5	< 3.5	< 4	≥30	< 2	300
	B							≥60		
BT 33	C	0.3～0.9	>4.5～12			< 4	< 4.5	≥30		
	B							≥60		

续表

参数名称		分压比 η	基极电阻 R_{BB}（kΩ）	峰点电流 I_P（μA）	谷点电流 I_V（mA）	谷点电压 U_V（V）	饱和电压 U_{ES}（V）	最大反压 U_{B2Emax}（V）	发射极反向漏电流 I_{E0}（μA）	耗散功率 P_{max}（mW）
测试条件		U_{BB}=20V	U_{BB}=3V I_E=0	U_{BB}=0	U_{BB}=0	U_{BB}=0	U_{BB}=0 I_E=I_{Emax}	U_{B2E} 为最大值		
BT 35	A	0.45～0.9	2～4.5	< 4	> 1.5	< 3.5	< 4	≥30	< 2	500
	B					> 3.5		≥60		
	C	0.3～9	>4.5～12			> 4	< 4.5	≥30		
	D							≥60		

（三）单结晶体管自激振荡电路

利用单结晶体管的负阻特性和电容的充放电，可以组成单结晶体管自激振荡电路。单结晶体管自激振荡电路的电路图和波形图如图 1-25 所示。

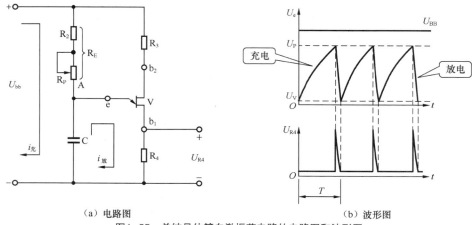

（a）电路图　　　　　　　　　　　　　（b）波形图

图1-25　单结晶体管自激振荡电路的电路图和波形图

设电容器初始电压为零，电路接通以后，单结晶体管是截止的，电源经电阻 R_2、R_P 对电容 C 进行充电，电容电压从零起按指数充电规律上升，充电时间常数为 R_EC；当电容两端电压达到单结晶体管的峰点电压 U_P 时，单结晶体管导通，电容开始放电，由于放电回路的电阻很小，因此放电很快，放电电流在电阻 R_4 上产生了尖脉冲。随着电容放电，电容电压降低，当电容电压降到谷点电压 U_V 以下，单结晶体管截止，接着电源又重新对电容进行充电……如此周而复始，在电容 C 两端会产生一个锯齿波，在电阻 R_4 两端将产生一个尖脉冲波，如图 1-25（b）所示。

（四）单结晶体管触发电路

图 1-26 所示为单结晶体管触发电路。

上述单结晶体管自激振荡电路输出的尖脉冲可以用来触发晶闸管，但不能直接用作晶闸管的触发电路，还必须解决触发脉冲与主电路同步的问题。

1. 同步电路

（1）什么是同步。触发信号和电源电压在频率和相位上相互协调的关系称同步。例如，在单相半波可控整流电路中，触发脉冲应出现在电源电压正半周范围内，而且每个周期的 α 角相同，确保电路输出波形不变，输出电压稳定。

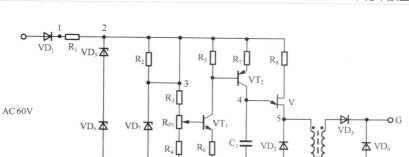

图1-26　单结晶体管触发电路

（2）同步电路组成。同步电路由同步变压器、VD₁半波整流、电阻R₁及稳压管组成。同步变压器一次侧与晶闸管整流电路接在同一相电源上，交流电压经同步变压器降压、单相半波整流后再经过稳压管稳压削波形成一梯形波电压，作为触发电路的供电电压。梯形波电压零点与晶闸管阳极电压过零点一致，从而实现触发电路与整流主电路的同步。

2．脉冲移相与形成

（1）电路组成。脉冲移相与形成电路实际上就是单结晶体管自激振荡电路。脉冲移相由R₇及等效可变电阻VT₂和电容C组成，脉冲形成由单结晶体管、温补电阻R₈、脉冲变压器原边绕组组成。

（2）工作原理。梯形波通过R₇及等效可变电阻VT₂向电容C₁充电，当充电电压达到单结晶体管的峰值电压U_P时，单结晶体管V导通，电容通过脉冲变压器原边放电，脉冲变压器副边输出脉冲。同时由于放电时间常数很小，C₁两端的电压很快下降到单结晶体管的谷点电压U_V，使V关断，C₁再次充电，周而复始，在电容C₁两端呈现锯齿波形，在脉冲变压器副边输出尖脉冲。在一个梯形波周期内，V可能导通、关断多次，但只有输出的第一个触发脉冲对晶闸管的触发时刻起作用。充电时间常数由电容C₁和等效电阻等决定，调节R_{P1}改变C₁的充电的时间，控制第一个尖脉冲的出现时刻，实现脉冲的移相控制。

3．各主要点波形

单结晶体管触发电路的调试以及在今后的使用过程中的检修主要是通过几个点的典型波形来判断元器件是否正常。单结晶体管触发电路的各点波形如图1-27所示。

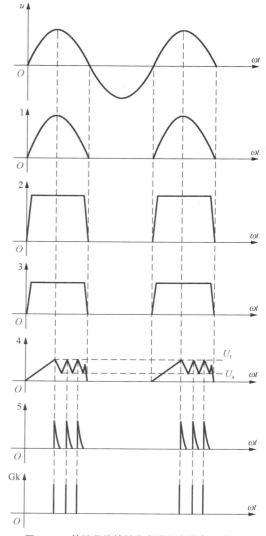

图1-27　单结晶体管触发电路各点的电压波形

三、任务实施

（一）单结晶体管测试

1. 所需仪器设备

（1）单结晶体管2个。

（2）万用表1块。

2. 测试前准备

（1）课前预习相关知识。

（2）清点相关材料、仪器和设备。

（3）填写任务单测试前准备部分。

3. 操作步骤及注意事项

（1）观察单结晶体管外形。观察单结晶体管外形，从外观上判断3个管脚，记录单结晶体管型号，说明型号的含义。将数据记录在任务单测试过程记录中。

> 请勿将单结晶体管掉落地上，以免摔坏或踩坏。

（2）单结晶体管测试。用万用表$R \times 1k$的电阻挡测量单结晶体管的发射极（e）和第一基极（b_1）、第二基极（b_2）以及第一基极（b_1）、第二基极（b_2）之间正反向电阻，将数据记录在任务单测试过程记录中并判断单结晶体管好坏。

> 正确使用万用表；测试时需小心，勿掰断管脚。

（3）操作结束后，按要求整理操作台，清扫场地，填写任务单收尾部分。

（4）将任务单交老师评价验收。

4. 单结晶体管测试任务单（见附表3）

5. 任务实施标准

序号	内　容	配分	等级	评 分 细 则	得　分
1	认识器件	10	10	能从外形认识单结晶体管，错误1个扣5分	
2	型号说明	10	10	能说明型号含义，错误1个扣5分	
3	单结晶体管测试	50	20	万用表使用，挡位错误1次扣5分	
			10	测试方法，错误扣10分	
			20	测试结果，每错1个扣5分	
4	单结晶体管好坏判断	10	10	判断错误1个扣5分	

续表

序号	内　　容	配分	等级	评分细则	得　分
5	现场整理	20	20	现场整理干净，仪表及桌椅摆放整齐	
			10	经提示后能将现场整理干净	
			0	不合格	
合计					

（二）单结晶体管触发电路调试

1．所需仪器设备

（1）DJDK-1 型电力电子技术及电机控制实验装置（DJK01 电源控制屏、DJK03-1 晶闸管触发电路）一套。

（2）示波器 1 台。

（3）螺丝刀 1 把。

（4）万用表 1 块。

（5）导线若干。

2．测试前准备

（1）课前预习单结晶体管触发电路相关知识。

（2）清点相关材料、仪器和设备。

（3）填写任务单测试前准备部分。

3．操作步骤及注意事项

（1）接线。单结晶体管触发电路调试接线如图 1-28 所示。将 DJK01 电源控制屏的电源选择开关打到"直流调速"侧，使输出线电压为 200V，用两根导线将交流电压（A、B）接到 DJK03-1 的"外接 220V"端。

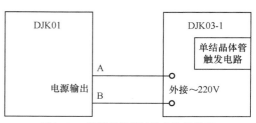

图1-28　单结晶体管触发电路接线图

电源选择开关不能打到"交流调速"侧工作；A、B 接"外接 220V"端，严禁接到触发电路中其他端子。

（2）单结晶体管触发电路调试。

主电路电压为 200V，测试时防止触电。

① 按下电源控制屏的"启动"按钮，打开 DJK03-1 电源开关，这时挂件中所有的触发电路都开始工作。

② 用示波器观察单结晶体管触发电路各点波形。用示波器观察单结晶体管触发电路的同步电压（～60V 上面端子）和 1、2、3、4、5 五个测试孔的波形，调节电位器 R_{P1}，观察 1、2、

3、4、5 点波形的变化。当第 4 点、第 5 点没有波形时，调节 R_{P1}，波形就会出现，注意观察波形随 R_{P1} 变化的规律，并在任务单的调试过程记录中记录 4 点波形最密和最疏（输出至少要有一个脉冲）时 2 组数据。

　　③ 用示波器观察单结晶体管触发电路 G、K 两端波形，并记录任务单的调试过程记录中。

　　（3）操作结束后，拆除接线，按要求整理操作台，清扫场地，填写任务单收尾部分。

　　　拆线前请确认电源已经断开。

　　（4）将任务单交老师评价验收。

　　4. 单结晶体管触发电路调试任务单（见附表 4）

　　5. 任务实施标准

序号	内　容	配分	等级	评 分 细 则	得　分
1	接线	5	5	接线错误 1 根扣 5 分	
2	示波器使用	20	20	使用错误 1 次扣 5 分	
3	单结晶体管触发电路波形测试	45	15	测试过程错误 1 处扣 5 分	
			15	参数记录，每缺 1 项扣 2 分	
			15	无分析总结扣 15 分，分析总结错误或不全酌情扣分	
4	操作规范	20	20	违反操作规程 1 次扣 10 分 元件损坏 1 个扣 10 分 烧保险 1 次扣 5 分	
5	现场整理	10	10	经提示后将现场整理干净扣 5 分 不合格，本项 0 分	
合计					

四、总结与提升

（一）单结晶体管触发电路的移相范围

1. 移相范围

　　移相范围是指一个周期内触发脉冲的移动范围，一般用电角度来表示。单结晶体管触发电路一个周期内有时有多个脉冲，只有第一个脉冲触发晶闸管导通，因此，单结晶体管触发电路的脉冲可移动的范围是第一个脉冲离纵轴最近时的电角度到最远时的电角度。如图 1-29（a）为最小控制角 α_1，（b）为最大控制角 α_2，移相范围为 $\alpha_1 \sim \alpha_2$。

2. 控制角 α 的确定方法

　　（1）调节垂直控制区（VERTICAL）的"SCAL"和水平控制区（HORIZONTAL）的"SCAL"，使示波器波形显示窗口显示的波形便于观察（调好后不要再随意调节）。

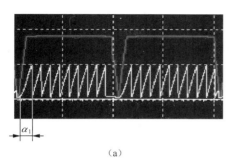

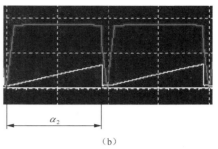

图1-29　单结晶体管触发电路移相范围

（2）根据波形的一个周期 360° 对应网格数，可估算波形的控制角。如观察图 1-30 波形，可以估计，这个波形对应的是大概控制角为 45° 的波形。

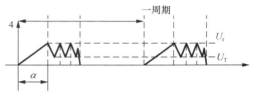

图1-30　波形图上确定控制角α的方法

（二）单结晶体管构成的其他触发电路

图 1-31 所示为单结晶体管触发电路，该电路是从图 1-1（b）中分解出来的，是由同步电路和脉冲移相与形成 2 部分组成的。

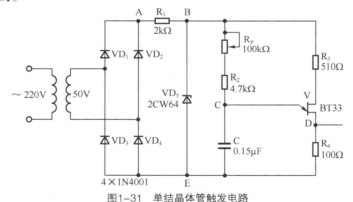

图1-31　单结晶体管触发电路

1. 同步电路

（1）同步电路组成。同步电路由同步变压器、桥式整流电路 $VD_1 \sim VD_4$、电阻 R_1 及稳压管组成。

（2）工作原理。同步变压器一次侧与晶闸管整流电路接在同一相电源上，交流电压经同步变压器降压、单相桥式整流后再经过稳压二极管稳压削波，形成一梯形波电压，作为触发电路的供电电压。

2. 脉冲移相与形成

（1）电路组成。脉冲移相与形成电路实际上就是上述单结晶体管自激振荡电路。脉冲移相由电阻 R_E（R_P 和 R_2 组成）和电容 C 组成，脉冲形成由单结晶体管、温补电阻 R_3、输出电阻 R_4 组成。

（2）工作原理。改变自激振荡电路中电容 C 的充电电阻的阻值，就可以改变充电的时间常数，图中用电位器 R_P 来实现这一变化，例如

$R_P \uparrow \rightarrow \tau_C \uparrow \rightarrow$ 出现第一个脉冲的时间后移 $\rightarrow \alpha \uparrow \rightarrow U_d \downarrow$。

3. 各主要点波形

（1）桥式整流后脉动电压的波形（见图 1-31 中"A"点）。由电子技术的知识我们可以知道"A"点波形为由 $VD_1 \sim VD_4$ 4 个二极管构成的桥式整流电路输出波形，如图 1-32 所示。

（2）削波后梯形波电压波形（见图 1-31 中"B"点）。该点波形是经稳压管削波后得到的梯形波，如图 1-33 所示。

（3）电容电压的波形（见图 1-31 中"C"点）。由于电容每半个周期在电源电压过零点从零开始充电，当电容两端的电压上升到单结晶体管峰点电压时，单结晶体管导通，触发电路送出脉冲，电容的容量和充电电阻 R_E 的大小决定了电容两端的电压从零上升到单结晶体管峰点电压的时间，波形如图 1-34 所示。

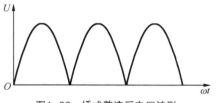

图1-32　桥式整流后电压波形　　　　　图1-33　削波后电压波形

（4）输出脉冲的波形（见图 1-31 中"D"点）。单结晶体管导通后，电容通过单结晶体管的 eb_1 迅速向输出电阻 R_4 放电，在 R_4 上得到很窄的尖脉冲。波形如图 1-35 所示。

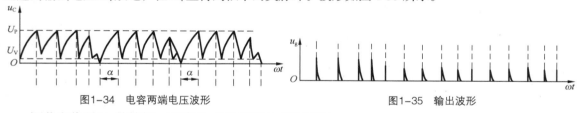

图1-34　电容两端电压波形　　　　　　图1-35　输出波形

调节电位器 R_P 的旋钮，观察 D 点的波形的变化范围。

（三）触发电路元件的选择

（1）充电电阻 R_E 的选择。改变充电电阻 R_E 的大小，就可以改变自激振荡电路的频率，但是频率的调节有一定的范围，如果充电电阻 R_E 选择不当，将使单结晶体管自激振荡电路无法形成振荡。

充电电阻 R_E 的取值范围为

$$\frac{U - U_V}{I_V} < R_E < \frac{U - U_P}{I_P}$$

其中　　U——加于图 1-31 中 B-E 两端的触发电路电源电压；

　　　　U_V——单结晶体管的谷点电压；

　　　　I_V——单结晶体管的谷点电流；

　　　　U_P——单结晶体管的峰点电压；

　　　　I_P——单结晶体管的峰点电流。

（2）电阻 R_3 的选择。电阻 R_3 是用来补偿温度对峰点电压 U_P 的影响，通常取值范围为 200～600Ω。

（3）输出电阻 R_4 的选择。输出电阻 R_4 的大小将影响输出脉冲的宽度与幅值，通常取值范围为 50～100Ω。

（4）电容 C 的选择。电容 C 的大小与脉冲宽窄和 R_E 的大小有关，通常取值范围为 0.1～1μF。

五、习题与思考

1. 简述单结晶体管的测试方法。

2. 单结晶体管触发电路中，削波稳压管两端并接一只大电容，可控整流电路能工作吗？为什么？

3. 单结晶体管自激振荡电路是根据单结晶体管的什么特性组成工作的？振荡频率的高低与什么因素有关？

4. 用分压比为 0.6 的单结晶体管组成振荡电路，若 $U_{BB} = 20V$，则峰点电压 U_P 为多少？如果管子的 b_1 脚虚焊，电容两端的电压为多少？如果是 b_2 脚虚焊（b_1 脚正常），电容两端电压又为多少？

5. 单结晶体管触发电路中，触发脉冲移相范围是多少？请说明原因。

任务三　单相半波可控整流电路调试

一、任务描述与目标

单相半波可控整流调光灯主电路实际上就是负载为电阻性的单相半波可控整流电路，电阻负载的特点是负载两段电压波形和电流波形相似，其电压、电流均允许突变。调光灯在调试及修理过程中，电路工作原理的掌握、输出波形 u_d 和晶闸管两端电压 u_T 波形的分析是非常重要的。本次任务的目标如下。

● 会分析单相半波可控整流电路的工作原理。

● 能安装和调试调光灯电路。

● 能根据测试波形或相关点电压电流值对电路现象进行分析。

● 在电路安装与调试过程中，培养职业素养。

● 在小组实施项目过程中培养团队合作意识。

二、相关知识

（一）单相半波可控整流电路结构

1. 电路结构

半波整流可控整流电路是变压器的次级绕组与负载相接，中间串联一个晶闸管，利用晶闸管的可控单向导电性，在半个周期内通过控制晶闸管导通时间来控制电流流过负载的时间，另半个周期被晶闸管所阻，负载没有电流。电路结构如图 1-36 所示。

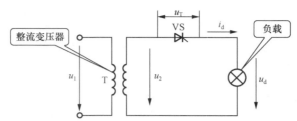

图1-36　单相半波可控整流电路图

整流变压器（调光灯电路可直接由电网供电，不采用整流变压器）具有变换电压和隔离的作用，其一次和二次电压瞬时值分别用 u_1 和 u_2 表示，电流瞬时值用 i_1 和 i_2 表示，电压有效值 U_1 和 U_2 表示，电流有效值 I_1 和 I_2 表示。晶闸管两端电压用 u_T 表示，晶闸管两端电压最大值用 U_{TM} 表示。流过晶闸管的电流瞬时值 i_T 表示，有效值用 I_T 表示，平均值用 I_{dT} 表示。负载两端电压瞬时值用 u_d 表示，平均值用 U_d 表示，有效值用 U 表示，流过负载电流瞬时值 i_d 表示，平均值用 I_d 表示，有效值用 I 表示。

2．分析整流电路几个名词术语

（1）控制角 α。控制角 α 也叫触发角或触发延迟角，是指晶闸管从承受正向电压开始到触发脉冲出现之间的电角度。晶闸管承受正向电压开始的时刻要根据晶闸管具体工作电路来分析，单相半波电路中，晶闸管承受正向电压开始时刻为电源电压过零变正的时刻，如图1-37所示。

（2）导通角 θ。导通角 θ 是指晶闸管在一个周期内处于导通的电角度。单相半波可控整流电路电阻性负载时，$\theta = 180° - \alpha$，如图1-37所示。不同电路或者同一电路不同性质的负载，导通角 θ 和控制角 α 的关系不同。

（3）移相。移相是指改变触发脉冲出现的时刻，即改变控制角 α 的大小。

（4）移相范围。移相范围是指一个周期内触发脉冲的移动范围，它决定了输出电压的变化范围。单相半波可控整流电路电阻性负载时，移相范围为180°。不同电路或者同一电路不同性质的负载，移相范围不同。

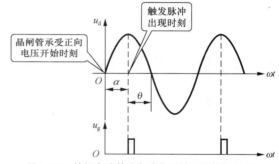

图1-37　单相半波整流电路电阻性负载控制角 α 和导通角 θ 计算方法

（二）单相半波可控整流电路电阻负载工作原理

1．控制角 $\alpha = 0°$ 时

在 $\alpha = 0°$ 时即在电源电压 u_2 过零变正点，晶闸管门极触发脉冲出现，如图1-38所示。在电源电压零点开始，晶闸管承受正向电压，此时触发脉冲出现，满足晶闸管导通条件晶闸管导通，负载上得到输出电压 u_d 的波形是与电源电压 u_2 相同形状的波形；当电源电压 u_2 过零点，流过晶闸管电流为0（晶闸管的维持电流很小，一般为几十毫安，理论分析时假设为0），晶闸管关断，负载两端电压 u_d 为零；在电源电压 u_2 负半周内，晶闸管承受反向电压不能导通，直到第二周期 $\alpha = 0°$ 触发电路再次施加触发脉冲时，晶闸管再次导通。

图1-38是 $\alpha = 0°$ 时实际电路中输出电压和晶闸管两端电压的理论波形。

图1-38（a）所示为 $\alpha = 0°$ 时负载两端（输出电压）的理论波形。

图1-38（b）所示为 $\alpha = 0°$ 时晶闸管两端电压的理论波形图。在晶闸管导通期间，忽略晶闸管的管压降，$u_T = 0$，在晶闸管截止期间，管子将承受全部反向电压。

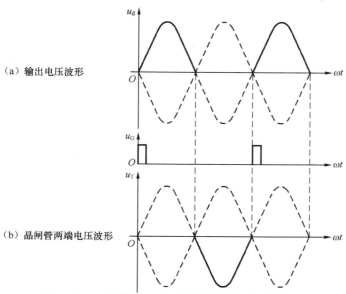

（a）输出电压波形

（b）晶闸管两端电压波形

图1-38 $\alpha=0°$ 时输出电压和晶闸管两端电压的理论波形

2. 控制角 $\alpha=30°$ 时

改变晶闸管的触发时刻，即控制角 α 的大小可改变输出电压的波形，图 1-39（a）所示为 $\alpha=30°$ 的输出电压的理论波形。在 $\alpha=30°$ 时，晶闸管承受正向电压，此时加入触发脉冲晶闸管导通，负载上得到输出电压 u_d 的波形是与电源电压 u_2 相同形状的波形；同样当电源电压 u_2 过零时，晶闸管也同时关断，负载上得到的输出电压 u_d 为零；在电源电压过零点到 $\alpha=30°$ 之间的区间上，虽然晶闸管已经承受正向电压，但由于没有触发脉冲，晶闸管依然处于截止状态。

图 1-39（b）所示为 $\alpha=30°$ 时晶闸管两端的理论波形图。其原理与 $\alpha=0°$ 相同。

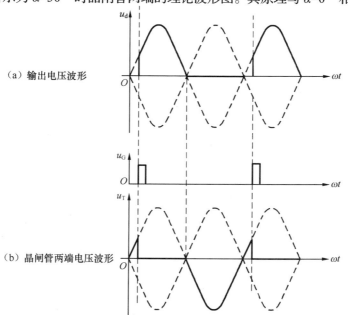

（a）输出电压波形

（b）晶闸管两端电压波形

图1-39 $\alpha=30°$ 时输出电压和晶闸管两端电压的理论波形

图 1-40 所示为 $\alpha=30°$ 时实际电路中用示波器测得的输出电压和晶闸管两端电压波形，可与理论波形对照进行比较。

将示波器探头的测试端和接地端接于白炽灯两端，调节旋钮"t/div"和"v/div"，使示波器稳定显示至少一个周期的完整波形，并且使每个周期的宽度在示波器上显示为 6 个方格（即每个方格对应的电角度为 60°），调节电路，使示波器显示的输出电压的波形对应于控制角 α 的角度为 30°，如图 1-40（a）所示，可与理论波形对照进行比较。

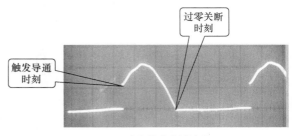

（a）输出电压波形

将 Y_1 探头接于晶闸管两端，测试晶闸管在控制角 α 的角度为 30° 时两端电压的波形，如图 1-40（b）所示，可与理论波形对照进行比较。

3. 控制角为其他角度时

继续改变触发脉冲的加入时刻，我们可以分别得到控制角 α 为 60°、90°、120° 时输出电压和管子两端的波形，如图 1-41、图 1-42、图 1-43、图 1-44、图 1-45、图 1-46 所示分别为理论波形和实测波形。其原理请自行分析。

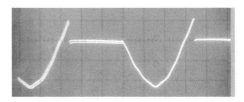

（b）晶闸管两端电压波形

图1-40　$\alpha=30°$ 时输出电压和晶闸管两端电压的实测波形

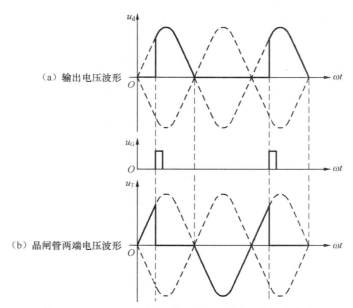

（a）输出电压波形

（b）晶闸管两端电压波形

图1-41　$\alpha=60°$ 时输出电压和晶闸管两端电压的理论波形

由以上的分析和测试可以得出以下结论。

① 在单相半波整流电路中，改变 α 大小即改变触发脉冲在每周期内出现的时刻，则 u_d 和 i_d 的波形变化，输出整流电压的平均值 U_d 大小也随之改变，α 减小，U_d 增大，反之，U_d 减小。这种通过对触发脉冲的控制来实现控制直流输出电压大小的控制方式称为相位控制方式，简称相控方式。

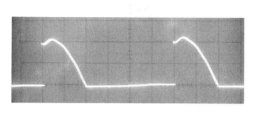

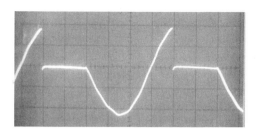

（a）输出电压波形　　　　　　　　　　　　　（b）晶闸管两端电压波形

图1-42　$\alpha=60°$ 时输出电压和晶闸管两端电压的实测波形

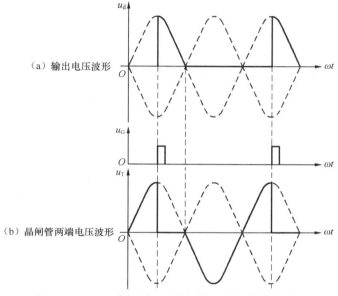

（a）输出电压波形

（b）晶闸管两端电压波形

图1-43　$\alpha=90°$ 时输出电压和晶闸管两端电压的理论波形

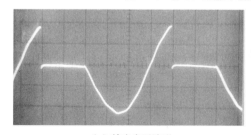

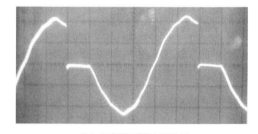

（a）输出电压波形　　　　　　　　　　　　　（b）晶闸管两端电压波形

图1-44　$\alpha=90°$ 时输出电压和晶闸管两端电压的实测波形

② 单相半波整流电路理论上移相范围 0°～180°。在本项目中若要实现移相范围达到 0°～180°，则需要改进触发电路以扩大移相范围。

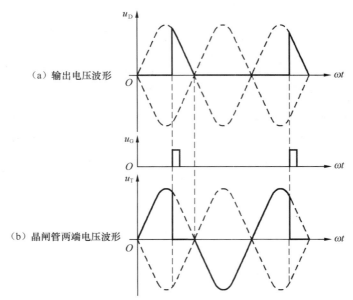

图1-45 $\alpha=120°$ 时输出电压和晶闸管两端电压的理论波形

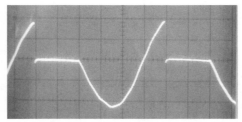

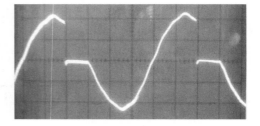

（a）输出电压波形　　　　　　　　　　　（b）晶闸管两端电压波形

图1-46 $\alpha=120°$ 时输出电压和晶闸管两端电压的实测波形

（三）单相半波可控整流电路电感性负载工作原理

1. 电感性负载的特点

为了便于分析，在电路中把电感 L_d 与电阻 R_d 分开，如图 1-47 所示。

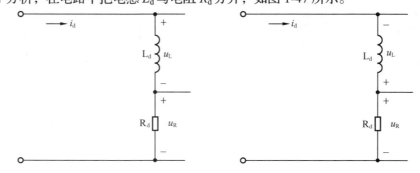

（a）电流 i_d 增大时 L_d 两端感应电动势方向　　　（b）电流 i_d 减小时 L_d 两端感应电动势方向

图1-47 电感线圈对电流变化的阻碍作用

我们知道，电感线圈是储能元件，当电流 i_d 流过线圈时，该线圈就储存有磁场能量，i_d 愈大，线圈储存的磁场能量也愈大。当 i_d 减小时，电感线圈就要将所储存的磁场能量释放出来，试图维持原有的电流方向和电流大小。电感本身是不消耗能量的。众所周知，能量的存放是不能突变的，可见当流过电感线圈的电流增大时，L_d 两端就要产生感应电动势，即 $u_L = L_d \dfrac{di_d}{dt}$，其方向应阻止 i_d 的增大，如图 1-47（a）所示。反之，i_d 要减小时，L_d 两端感应的电动势方向应阻碍的 i_d 减小，如图 1-47（b）所示。

2. 不接续流二极管时工作原理

（1）电路结构。单相半波可控整流电路电感性负载电路如图 1-48 所示。

（2）工作原理。图 1-49 所示为电感性负载无续流二极管某一控制角 α 时输出电压、电流的理论波形，从波形图上可以看出以下几点。

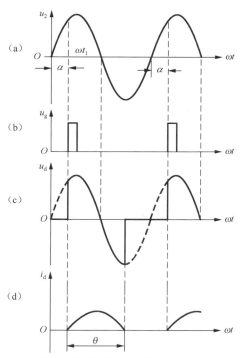

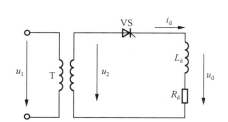

图1-48　单相半波可控整流电路电感性负载电路图　　图1-49　电感性负载不接续流二极管时输出电压及电流波形

① 在 $0\sim\omega t_1$ 期间：晶闸管阳极电压大于零，此时晶闸管门极没有触发信号，晶闸管处于正向阻断状态，输出电压和电流都等于零。

② 在 ωt_1 时刻：门极加上触发信号，晶闸管被触发导通，电源电压 u_2 施加在负载上，输出电压 $u_d=u_2$。由于电感的存在，在 u_d 的作用下，负载电流 i_d 只能从零按指数规律逐渐上升。

③ 在 π 时刻：交流电压过零，由于电感的存在，流过晶闸管的阳极电流仍大于零，晶闸管会继续导通，此时电感储存的能量一部分释放变成电阻的热能，同时另一部分送回电网，电感的能量全部释放完后，晶闸管在电源电压 u_2 的反压作用下而截止。直到下一个周期的正半周，即 $2\pi + \alpha$ 时刻，晶闸管再次被触发导通。如此循环，其输出电压、电流波形如图 1-49 所示。

结论：由于电感的存在，使得晶闸管的导通角增大，在电源电压由正到负的过零点也不会关断，使负载电压波形出现部分负值，其结果使输出电压平均值 U_d 减小。电感越大，维持导电时间越长，输出电压负值部分占的比例愈大，U_d 减少愈多。当电感 L_d 非常大时（满足 $\omega L_d >> R_d$，通常 $\omega L_d > 10R_d$

即可），对于不同的控制角 α，导通角 θ 将接近 $2\pi-2\alpha$，这时负载上得到的电压波形正负面积接近相等，平均电压 $U_d\approx0$。可见，不管如何调节控制角 α，U_d 值总是很小，电流平均值 I_d 也很小，没有实用价值。

实际的单相半波可控整流电路在带有电感性负载时，都在负载两端并联有续流二极管。

3. 接续流二极管时工作原理

（1）电路结构。为了使电源电压过零变负时能及时地关断晶闸管，使 u_d 波形不出现负值，又能给电感线圈 L_d 提供续流的旁路，可以在整流输出端并联二极管，如图 1-50 所示。由于该二极管是为电感负载在晶闸管关断时提供续流回路，故称续流二极管。

（2）工作原理。图 1-51 所示为电感性负载接续流二极管某一控制角 α 时输出电压、电流的理论波形。

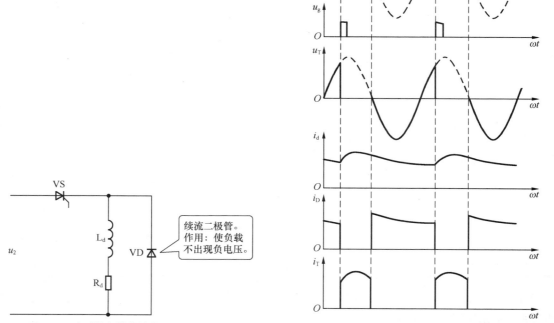

图1-50 电感性负载接续流二极管时的电路　　图1-51 电感性负载接续流二极管时输出电压及电流波形

从波形图上可以看出以下几点。

① 在电源电压正半周（ $0\sim\pi$ 区间），晶闸管承受正向电压，触发脉冲在 α 时刻触发晶闸管导通，负载上有输出电压和电流。在此期间续流二极管 VD 承受反向电压而关断。

② 在电源电压负半波（ $\pi\sim2\pi$ 区间），电感的感应电压使续流二极管 VD 承受正向电压导通续流，此时电源电压 $u_2<0$，u_2 通过续流二极管使晶闸管承受反向电压而关断，负载两端的输出电压仅为续流二极管的管压降。如果电感足够大，续流二极管一直导通到下一周期晶闸管导通，使电流 i_d 连续，且 i_d 波形近似为一条直线。

三、任务实施

（一）单相半波可控整流电路电阻性负载调试

1. 所需仪器设备

（1）DJDK-1 型电力电子技术及电机控制实验装置（含 DJK01 电源控制屏、DJK02 晶闸管主电路、DJK03-1 晶闸管触发电路、DJK06 给定及实验器件）1 套。

（2）示波器 1 台。

（3）螺丝刀 1 把。

（4）万用表 1 块。

（5）导线若干。

2. 测试前准备

（1）课前预习相关知识。

（2）清点相关材料、仪器和设备。

（3）填写任务单测试前准备部分。

3. 操作步骤及注意事项

（1）接线。

① 触发电路接线。将 DJK01 电源控制屏的电源选择开关打到"直流调速"侧，使输出线电压为 200V，用两根导线将 200V 交流电压（A、B）接到 DJK03-1 的"外接 220V"端。

② 主电路接线。将 DJK01 电源控制屏的三相电源输出 A 接 DJK02 三相整流桥路中 VS_1 的阳极，VS_1 阴极接 DJK02 直流电流表"+"，直流电流表的"-"接 DJK06 给定及实训器件中灯泡的一端，灯泡的另一端接 DJK01 电源控制屏的三相电源输出 B。将 VS_1 阴极接 DJK02 直流电压表"+"，直流电压表"-"接三相电源输出 B。

③ 触发脉冲连接。将单结晶体管触发电路 G 接 VS_1 的门极，K 接 VS_1 的阴极，如图 1-52 所示。

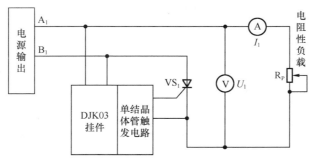

图1-52　单相半波可控整流电路电阻性负载调试接线图

电源选择开关不能打到"交流调速"侧工作；A、B 接"外接 220V"端，严禁接到触发电路中其他端子。把 DJK02 中"正桥触发脉冲"对应控制 VS_1 的触发脉冲 G_1、K_1 的开关打到"断"的位置。

（2）单结晶体管触发电路调试。

主电路电压为 200V，测试时防止触电。

① 按下电源控制屏的"启动"按钮，打开 DJK03-1 电源开关，电源指示灯亮，这时挂件中所有的触发电路都开始工作。

② 用示波器分别测试单结晶体管触发电路的同步电压（～60V 上面端子）和 1、2、3、4、5 五个测试孔的波形，调节电位器 R_{P1}，观察波形的周期变化及输出脉冲波形的移相范围，并在任务单的调试过程记录中记录。

（3）调光灯电路调试。

① 观察灯泡亮度的变化。按下电源控制屏的"启动"按钮，打开 DJK03-1 电源开关，用螺丝刀条件调节 DJK03-1 单结晶体管触发电路的移相电位器 R_{P1}，观察电压表、电流表的读数以及灯泡亮度的变化。

② 观察负载两端波形并记录输出电压大小。调节电位器 R_{P1}，观察并记录 $\alpha=0°$、30°、60°、90°、120°、150°、180° 时的 u_d、u_T 波形，并测量直流输出电压 U_d 和电源电压 U_2 值，记录于表中。

（4）操作结束后，拆除接线，按要求整理操作台，清扫场地，填写任务单收尾部分。

拆线前请确认电源已经断开。

（5）将任务单交老师评价验收。

4. 单相半波可控整流电路电阻性负载调试任务单（见附表5）

5. 任务实施标准

序号	内　容	配分	等级	评 分 细 则	得　分
1	接线	15	10	接线错误 1 根扣 5 分	
2	示波器使用	15	20	使用错误 1 次扣 5 分	
3	单结晶体管触发电路调试	10	5	调试过程错误 1 处扣 5 分	
			5	没观察记录触发脉冲移相范围扣 5 分	
4	调光灯电路调试	30	15	测试过程错误 1 处扣 5 分	
			15	参数记录，每缺 1 项扣 2 分	
5	操作规范	20	20	违反操作规程 1 次扣 10 分	
				元件损坏 1 个扣 10 分	
				烧保险 1 次扣 5 分	
6	现场整理	10	10	经提示后将现场整理干净扣 5 分	
				不合格，本项 0 分	
合计					

（二）单相半波可控整流电路电感性负载调试

1．所需仪器设备

（1）DJDK-1 型电力电子技术及电机控制实验装置（含 DJK01 电源控制屏、DJK02 晶闸管主电路、DJK03-1 晶闸管触发电路、DJK06 给定及实验器件、D42 三相可调电阻）1 套。

（2）示波器 1 台。

（3）螺丝刀 1 把。

（4）万用表 1 块。

（5）导线若干。

2．测试前准备

（1）课前预习相关知识。

（2）清点相关材料、仪器和设备。

（3）填写任务单测试前准备部分。

3．操作步骤及注意事项

（1）单相半波可控整流电路电感性负载接线。

① 触发电路接线。将 DJK01 电源控制屏的电源选择开关打到"直流调速"侧，使输出线电压为 200V，用两根导线将 200V 交流电压（A、B）接到 DJK03-1 的"外接 220V"端。

② 主电路接线。将 DJK01 电源控制屏的三相电源输出 A 接 DJK02 三相整流桥路中 VS_1 的阳极，VS_1 阴极接 DJK02 直流电流表"+"，直流电流表的"−"接 DJK02 平波电抗器的"*"，电抗器的 700mH 接 D42 负载电阻的一端，负载电阻的另一端接 DJK01 电源控制屏的三相电源输出 B；将 VS_1 阴极接 DJK02 直流电压表"+"，直流电压表"−"接三相电源输出 B；DJK06 中二极管阳极接直流电压表"−"，开关的一端接电流表的"−"。

③ 触发脉冲连接。将单结晶体管触发电路 G 接 VS_1 的门极，K 接 VS_1 的阴极。如图 1-53 所示。

 电源选择开关不能打到"交流调速"侧工作；A、B 接"外接 220V"端，严禁接到触发电路中其他端子；把 DJK02 中"正桥触发脉冲"对应控制 VS_1 的触发脉冲 G_1、K_1 的开关打到"断"的位置；负载电阻调到最大值；二极管极性不能接反；调试前将与二极管串联的开关拨到"断"。

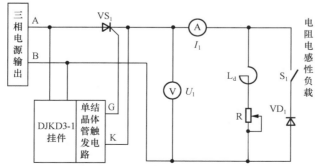

图1-53　单相半波可控整流电路电感性负载调试接线图

（2）单相半波可控整流电路电感性负载不接续流二极管调试（与二极管串联的开关拨到"断"）。

主电路电压为 200V，测试时防止触电。改变 R 的电阻值过程中，注意观察电流表，电流表读数不要超过 1A。

① 按下电源控制屏的"启动"按钮，打开 DJK03-1 电源开关，电源指示灯亮，这时挂件中所有的触发电路都开始工作。

② 用示波器测试单结晶体管触发电路的同步电压和 1、2、3、4、5 五个测试孔的波形，调节电位器 R_{P1}，观察波形的周期变化及输出脉冲波形的移相范围，并在任务单的调试过程记录中记录。

③ 观察负载两端波形并记录输出电压大小。调节电位器 R_{P1}，使控制角 α =30°、60°、90°、120°时（在每一控制角时，可保持电感量不变，改变 R 的电阻值，注意电流不要超过 1A），观察最理想的 u_d 波形，并在任务单的调试过程记录中记录此时输出电压 u_d 波形和输出电压 U_d 值。

（3）单相半波可控整流电路电感性负载接续流二极管调试

① 将与二极管串联的开关拨到"通"。

② 观察负载两端波形并记录输出电压大小。调节电位器 R_{P1}，使控制角 α =30°、60°、90°、120°时（在每一控制角时，可保持电感量不变，改变 R 的电阻值，注意电流不要超过 1A），观察最理想的 u_d 波形，并在任务单的调试过程记录中记录此时输出电压 u_d 波形和输出电压 u_d 值。

（4）操作结束后，拆除接线，按要求整理操作台，清扫场地，填写任务单收尾部分。

拆线前请确认电源已经断开。

（5）将任务单交老师评价验收。

4. 单相半波可控整流电路电感性负载调试任务单（见附表6）

5. 任务实施标准

序号	内容	配分	等级	评分细则	得分
1	接线	15	15	每接错 1 根扣 5 分 二极管接反扣 10 分	
2	示波器使用	10	10	使用错误 1 次扣 5 分	
3	不接 VD 电路调试	15	5	调试过程错误 1 处扣 5 分	
			10	参数记录，每缺 1 项扣 2 分	
4	接 VD 电路调试	30	15	测试过程错误 1 处扣 5 分	
			15	参数记录，每缺 1 项扣 2 分	
5	操作规范	20	20	违反操作规程 1 次扣 10 分 元件损坏 1 个扣 10 分 烧保险 1 次扣 5 分	
6	现场整理	10	10	经提示后将现场整理干净扣 5 分 不合格，本项 0 分	
合计					

四、总结与提升

在实际电路应用中，需要选择晶闸管和确定变压器功率。选择晶闸管的依据是它的电流平均值、电流有效值及最大反向电压，而整流变压器的功率主要取决于它的电压和电流的有效值。因此，我们需要根据波形图，对电路相关参数进行计算。

（一）单相半波可控整流电路电阻性负载相关参数计算

1. 输出电压平均值与平均电流的计算

$$U_d = \frac{1}{2\pi}\int_\alpha^\pi \sqrt{2}U_2 \sin\omega t\,\mathrm{d}(\omega t) = 0.45U_2\frac{1+\cos\alpha}{2}$$

$$I_d = \frac{U_d}{R_d} = 0.45\frac{U_2}{R_d}\frac{1+\cos\alpha}{2}$$

可见，输出直流电压平均值 U_d 与整流变压器二次侧交流电压 U_2 和控制角 α 有关。当 U_2 给定后，U_d 仅与 α 有关，当 $\alpha = 0°$ 时，则 $U_{d0} = 0.45\,U_2$，为最大输出直流平均电压。当 $\alpha = 180°$ 时，$U_d = 0$。只要控制触发脉冲送出的时刻，U_d 就可以在 $0\sim0.45\,U_2$ 之间连续可调。

2.负载上电压有效值与电流有效值的计算

根据有效值的定义，U 应是 u_d 波形的均方根值，即

$$U = \sqrt{\frac{1}{2\pi}\int_\alpha^\pi \sqrt{2}U_2 \sin\omega in^2\mathrm{d}(\omega t)} = U_2\sqrt{\frac{\pi-\alpha}{2\pi}+\frac{\sin 2\alpha}{4\pi}}$$

负载电流有效值的计算：

$$I = \frac{U_2}{R_d}\sqrt{\frac{\pi-\alpha}{2\pi}+\frac{\sin 2\alpha}{4\pi}}$$

3. 晶闸管电流有效值 I_T 与管子两端可能承受的最大电压

在单相半波可控整流电路中，晶闸管与负载串联，所以负载电流的有效值也就是流过晶闸管电流的有效值，其关系为

$$I_T = I = \frac{U_2}{R_d}\sqrt{\frac{\pi-\alpha}{2\pi}+\frac{\sin 2\alpha}{4\pi}}$$

由图 1-38 中 u_T 波形可知，晶闸管可能承受的正反向峰值电压为

$$U_{TM} = \sqrt{2}U_2$$

4. 功率因数 $\cos\varphi$

$$\cos\varphi = \frac{P}{S} = \frac{UI}{U_2I} = \sqrt{\frac{\pi-\alpha}{2\pi}+\frac{\sin 2\alpha}{4\pi}}$$

【例1-2】单相半波可控整流电路，电阻性负载，电源电压 U_2 为220V，要求的直流输出电压为50V，直流输出平均电流为20A，试计算：

（1）晶闸管的控制角 α；

（2）输出电流有效值；

（3）电路功率因数；

（4）晶闸管的额定电压和额定电流，并选择晶闸管的型号。

解：

（1）由 $U_d = 0.45U_2 \dfrac{1+\cos\alpha}{2}$ 计算输出电压为 50V 时的晶闸管控制角 α

$$\cos\alpha = \frac{2\times 50}{0.45\times 220} - 1 \approx 0$$

求得 $\alpha = 90°$

（2） $R_d = \dfrac{U_d}{I_d} = \dfrac{50}{20} = 2.5\Omega$

当 $\alpha = 90°$ 时， $I = \dfrac{U_2}{R_d}\sqrt{\dfrac{\pi-\alpha}{2\pi} + \dfrac{\sin 2\alpha}{4\pi}} = 44.4\text{A}$

（3） $\cos\varphi = \dfrac{P}{S} = \dfrac{UI}{U_2 I} = \sqrt{\dfrac{\pi-\alpha}{2\pi} + \dfrac{\sin 2\alpha}{4\pi}} = 0.5$

（4）根据额定电流有效值 I_T 大于等于实际电流有效值 I 的原则，即 $I_T \geq I$，则 $I_{T(AV)} \geq (1.5\sim 2)\dfrac{I_T}{1.57}$，

取 2 倍安全裕量，晶闸管的额定电流为 $I_{T(AV)} \geq 42.4\sim 56.6\text{A}$。按电流等级可取额定电流 50A。

晶闸管的额定电压为 $U_{Tn} = (2\sim 3)U_{TM} = (2\sim 3)\sqrt{2}\times 220 = 622\sim 933\text{V}$。

按电压等级可取额定电压 700V，即 7 级。选择晶闸管型号为：KP50-7。

（二）单相半波可控整流电路电阻电感性负载相关参数计算

1. 输出电压平均值 U_d 与输出电流平均值 I_d

$$U_d = 0.45U_2 \frac{1+\cos\alpha}{2}$$

$$I_d = \frac{U_d}{R_d} = 0.45\frac{U_2}{R_d}\frac{1+\cos\alpha}{2}$$

2. 流过晶闸管电流的平均值 I_{dT} 和有效值 I_T

$$I_{dT} = \frac{\pi-\alpha}{2\pi}I_d$$

$$I_T = \sqrt{\frac{1}{2\pi}\int_{\alpha}^{\pi}I_d^2\,\mathrm{d}(\omega t)} = \sqrt{\frac{\pi-\alpha}{2\pi}}I_d$$

3. 流过续流二极管电流的平均值 I_{dD} 和有效值 I_D

$$I_{dD} = \frac{\pi+\alpha}{2\pi}I_d$$

$$I_D = \sqrt{\frac{\pi+\alpha}{2\pi}}I_d$$

4. 晶闸管和续流二极管承受的最大正反向电压

晶闸管和续流二极管承受的最大正反向电压都为电源电压的峰值

$$U_{TM} = U_{DM} = \sqrt{2}U_2$$

【例1-3】图1-54是中小型发电机采用的单相半波晶闸管自激励磁电路，L 为励磁电感，发电机满载时相电压为220V，要求励磁电压为40V，励磁绕组内阻为2Ω，电感为0.1H，试求：

（1）满足励磁要求时，晶闸管的导通角及流过晶闸管与续流二极管的电流平均值和有效值；

（2）晶闸管与续流二极管可能承受的电压各是多少？

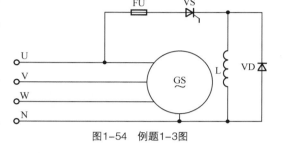

图1-54　例题1-3图

（3）选择晶闸管与续流二极管的型号。

解：（1）先求控制角α。

$$U_d = 0.45U_2 \frac{1+\cos\alpha}{2}$$

$$\cos\alpha = \frac{2}{0.45} \times \frac{40}{220} - 1 = -0.192$$

得 $$\alpha = 101°$$

则 $$\theta_T = 180° - 101° = 79°$$

$$\theta_D = 180° + 101° = 281°$$

由于$\omega L_d = 2\pi f L_d = 2 \times 3.14 \times 50 \times 0.1 = 31.4\Omega$，所以为大电感负载，各电量分别计算如下。

$$I_d = \frac{U_d}{R_d} = \frac{40}{2} = 20A$$

$$I_{dT} = \frac{180°-\alpha}{360°}I_d = \frac{180°-101°}{360°} \times 20 = 4.4A$$

$$I_D = \sqrt{\frac{180°-\alpha}{360°}}I_d = 9.4A$$

$$I_{dD} = \frac{180°+\alpha}{360°}I_d = \frac{180°+101°}{360°} \times 20 = 15.6A$$

$$I_D = \sqrt{\frac{180°+\alpha}{360°}}I_d = 17.6A$$

（2）

$$U_{TM} = \sqrt{2}U_2 = 311V$$

$$U_{DM} = \sqrt{2}U_2 = 311V$$

（3）选择晶闸管和续流二极管得型号

$$U_{Tn} = (2\sim3)U_{TM} = (2\sim3) \times 311V = 622\sim933V$$

$$I_{T(AV)} = (1.5\sim2)\frac{I_T}{1.57} = (1.5\sim2)\frac{9.4}{1.57}A = 9\sim12A$$

取 U_{Tn} = 700V，$I_{T(AV)}$ = 10A，选择晶闸管型号为 KP10-7。

$$U_{Dn}=（2\sim3）U_{DM}=（2\sim3）\times311V=622\sim933V$$

$$I_{D(AV)}=（1.5\sim2）\frac{I_D}{1.57}=（1.5\sim2）\frac{17.6}{1.57}A=16.8\sim22A$$

取 U_{Dn} = 700V，$I_{D(AV)}$ = 20A，选择晶闸管型号为 ZP20-7。

五、习题与思考

1. 单相半波可控整流电路，如门极不加触发脉冲，晶闸管内部短路，晶闸管内部断开，试分析上述 3 种情况下晶闸管两端电压和负载两端电压波形。

2. 计算项目实施中单相半波可控整流电路电阻性负载，相应控制角 $\alpha=0°$ 或最小值、30°、60°、90°、120°、150°、180° 或最大值时，输出电压 U_d 值，填写在《单相半波可控整流电路电感性负载调试任务单》中，并与测量值比较，分析产生误差的原因。

3. 有一单相半波可控整流电路，带电阻性负载 $R_d=10\Omega$，交流电源直接从 220V 电网获得，试求：
（1）输出电压平均值 U_d 的调节范围；
（2）计算晶闸管电压与电流并选择晶闸管。

4. 单相半波可控整流电路，电阻性负载。要求输出的直流平均电压为 52～92V 之间连续可调，最大输出直流平均电流为 30A，直接由交流电网 220V 供电，试求：
（1）控制角 α 应有的可调范围；
（2）负载电阻的最大有功功率及最大功率因数；
（3）选择晶闸管型号规格（安全裕量取 2 倍）。

5. 某电阻性负载要求 0～24V 直流电压，最大负载电流 I_d = 30A，如用 220V 交流直接供电与用变压器降压到 60V 供电，都采用单相半波整流电路，是否都能满足要求？试比较两种供电方案所选晶闸管的导通角、额定电压、额定电流值以及电源和变压器二次侧的功率因数和对电源的容量的要求有何不同、两种方案哪种更合理（考虑 2 倍裕量）？

6. 计算项目实施中单相半波可控整流电路电感性负载接续流二极管时，相应控制角 α 为 30°、60°、90°、120°、150° 时输出电压 U_d 值，填写在《单相半波可控整流电路电感性负载调试任务单》中，并与测量值比较，分析产生误差的原因。

7. 画出单相半波可控整流电路，当 $\alpha=60°$ 时，以下两种情况的 u_d、i_T 及 u_T 的波形。
（1）大电感负载不接续流二极管。
（2）大电感负载接续流二极管。

8. 在【例 1-3】（见图 1-54）电路中，如电路原先运行正常，突然发现电机电压很低，经检查，晶闸管触发电路以及熔断器均正常，试问是何原因？

9. 具有续流二极管的单相半波可控整流电路对大电感负载供电，其阻值 $R=7.5\Omega$，电源电压 220V，试计算当控制角 $\alpha=30°$ 和 60° 时，晶闸管和续流二极管的电流平均值和有效值？在什么情况下续流二极管中的电流平均值大于晶闸管中的电流平均值？

10. 单相半波可控整流电路，大电感负载接续流二极管，电源电压 220V，负载电阻 $R=10\Omega$，要求输出整流电压平均值为 0～30V 连续可调。试求控制角 α 的范围，选择晶闸管型号并计算变压器次级容量。

项目二
| 单相桥式全控整流调光灯电路 |

调光灯可以采用单相半波可控整流电路实现调光,也可以采用单相桥式全控整流电路实现调光。触发电路可以是单结晶体管触发电路、西门子 TCA785 触发电路、锯齿波同步触发电路等一个周期能产生相隔 180° 两个可移相的脉冲的电路。图 2-1 就是 TCA785 触发单相桥式全控整流电路构成的调光灯电路。

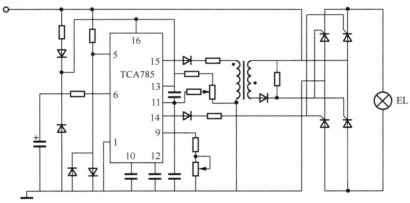

图2-1　TCA785触发单相桥式全控整流电路构成的调光灯电路

本项目介绍单相全控整流电路构成的调光灯电路,包括锯齿波同步触发电路调试、西门子 TCA785 集成触发电路调试和单相桥式全控整流电路调试 3 个任务。

锯齿波同步触发电路调试

一、任务描述与目标

对于大、中电流容量的晶闸管，由于电流容量增大，要求的触发功率就越大，为了保证其触发脉冲具有足够的功率，往往采用由晶体管组成的触发电路。同步电压为锯齿波的触发电路就是其中之一，该电路不受电网波动和波形畸变的影响，移相范围宽，应用广泛。

本次任务介绍锯齿波同步触发电路，任务目标如下。

- 能分析锯齿波触发电路的工作原理。
- 掌握锯齿波触发电路的调试方法。
- 学会运用所学的理论知识去分析和解决实际系统中出现的各种问题，提高分析问题和解决问题能力。
- 在小组合作实施项目过程中培养与人合作的精神。

二、相关知识

（一）锯齿波同步触发电路的组成

锯齿波同步移相触发电路由同步环节、锯齿波形成环节、移相控制环节、脉冲形成放大与输出环节组成，其原理图如图 2-2 所示。

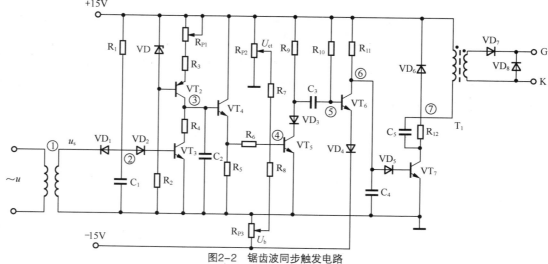

图2-2　锯齿波同步触发电路

同步环节由同步变压器、VT_3、VD_1、VD_2、C_1 等元件组成，其作用是利用同步电压 u_s 来控制锯齿波产生的时刻及锯齿波的宽度。

锯齿波形成环节由 VD、VT₂ 等元件组成的恒流源电路，当 VT₃ 截止时，恒流源对 C₂ 充电形成锯齿波；当 VT₃ 导通时，电容 C₂ 通过 R₄、VT₃ 放电。调节电位器 R_{P1} 可以调节恒流源的电流大小，从而改变了锯齿波的斜率。

移相控制环节由控制电压 U_{ct}、偏移电压 U_b 和锯齿波电压在 VT₅ 基极综合叠加构成，R_{P2}、R_{P3} 分别调节控制电压 U_{ct} 和偏移电压 U_b 的大小。

脉冲形成放大和输出环节由 VT₆、VT₇ 构成，C₅ 为强触发电容改善脉冲的前沿，由脉冲变压器输出触发脉冲。

（二）锯齿波同步触发电路工作原理及波形分析

1. 同步环节

同步就是要求锯齿波的频率与主回路电源的频率相同。锯齿波同步电压是由起开关作用的 VT₃ 控制的，VT₃ 截止期间产生锯齿波，VT₃ 截止持续的时间就是锯齿波的宽度，VT₃ 开关的频率就是锯齿波的频率。要使触发脉冲与主电路电源同步，必须使 VT₃ 开关的频率与主电路电源频率相同。在该电路中将同步变压器和整流变压器接在同一电源上，用同步变压器二次电压来控制 VT₃ 的通断，这就保证了触发脉冲与主回路电源的同步。

同步环节工作原理如下：同步变压器二次电压间接加在 VT₃ 的基极上，当二次电压为负半周的下降段时，VD₁ 导通，电容 C₁ 被迅速充电，②点为负电位，VT₃ 截止。在二次电压负半周的上升段，电容 C₁ 已充至负半周的最大值，VD₁ 截止，+15 V 通过 R₁ 给电容 C₁ 反向充电，当②点电位上升至 1.4V 时，VT₃ 导通，②点电位被钳位在 1.4 V。以上分析可见，V₃ 截止的时间长短，与 C₁ 反充电的时间常数 R₁C₁ 有关，直到同步变压器二次电压的下一个负半周到来时，VD₁ 重新导通，C₁ 迅速放电后又被充电，VT₃ 又变为截止，如此周而复始。在一个正弦波周期内，V₃ 具有截止与导通两个状态，对应的锯齿波恰好是一个周期，与主电路电源频率完全一致，达到同步的目的。

2. 锯齿波形成环节

该环节由晶体管 V₂ 组成恒流源向电容 C₂ 充电，晶体管 V₃ 作为同步开关控制恒流源对 C₂ 的充、放电过程，晶体管 VT₄ 为射极跟随器，起阻抗变换和前后级隔离作用，减小后级对锯齿波线性的影响。

工作原理如下：当 VT₃ 截止时，由 VT₂ 管、VT₁ 稳压二极管、R₃、R_{P1} 组成的恒流源以恒流 I_{c1} 对 C₂ 充电，C₂ 两端电压 u_{c2} 为

$$u_{c2} = \frac{1}{C_2}\int I_{c1}\mathrm{d}t = \frac{I_{c1}}{C_2}t$$

u_{c2} 随时间 t 线性增长。I_{c1}/C_2 为充电斜率，调节 R_{P1} 可改变 I_{c1}，从而调节锯齿波的斜率。当 VT₃ 导通时，因 R₄ 阻值很小，电容 C₂ 经 R₄、VT₃ 管迅速放电到零。所以，只要 V₃ 管周期性关断、导通，电容 C₂ 两端就能得到线性很好的锯齿波电压。为了减小锯齿波电压与控制电压 U_c、偏移电压 U_b 之间的影响，锯齿波电压 u_{c2} 经射极跟随器输出。

3. 脉冲移相环节

锯齿波电压 u_{e4}，与 U_c、U_b 进行并联叠加，它们分别通过 R₆、R₇、R₈ 与 VT₅ 的基极相接。根据叠加原理，分析 VT₄ 管基极电位时，可看成锯齿波电压 u_{e4}、控制电压 U_c（正值）和偏移电压 U_b（负值）三者单独作用的叠加。当三者合成电压 u_{b5} 为负时，VT₅ 管截止；合成电压 u_{b5} 由负过零变正时，V₅ 由截止转为饱和导通，u_{b5} 被钳位到 0.7 V。

电路工作时，一般将负偏移电压 U_b 调整到某值固定，改变控制电压 U_c 就可以改变 u_{b5} 的波

形与横坐标（时间）的交点，也就改变了 V_5 转为导通的时刻，即改变了触发脉冲产生的时刻，达到移相的目的。设置负偏移电压 U_b 的目的是为了使 U_c 为正，实现从小到大单极性调节。通常设置 $U_c=0$ 时为对应整流电压输出电压为零时的 α 角，作为触发脉冲的初始位置，随着 U_c 的调大 α 角减小，输出电压增加。

4. 脉冲形成放大与输出环节

脉冲形成放大与输出环节由晶体管 VT_5、VT_6、VT_7 组成，同步移相电压加在晶体管 VT_5 的基极，触发脉冲由脉冲变压器二次侧输出。

工作原理如下：当 VT_5 的基极电位 $u_{b5}<0.7\,V$ 时，VT_5 截止，V_6 经 R_{10} 提供足够的基极电流使之饱和导通，因此⑥点电位为 $-14\,V$（二极管正向压降按 0.7 V，晶体管饱和压降按 0.3V 计算），VT_7 截止，脉冲变压器无电流流过，二次侧无触发脉冲输出。此时电容 C_3 充电，充电回路为：由电源 $+15\,V$ 端经 $R_9 \rightarrow V_6 \rightarrow VD_4 \rightarrow$ 电源 $-15V$ 端。C_3 充电电压为 28.4 V，极性为左正右负。

当 $u_{b5}=0.7\,V$ 时，VT_5 导通，电容 C_3 左侧电位由 $+15\,V$ 迅速降低至 1 V 左右，由于电容 C_3 两端电压不能突变，使 VT_6 的基极电位⑤点跟着突降到 $-27.4\,V$，导致 VT_6 截止，它的集电极⑥点电位升至 1.4 V，于是 VT_7 导通，脉冲变压器输出脉冲。与此同时，电容 C_3 由 15 V 经 R_{10}、VD_3、VT_5 放电后又反向充电，使⑤点电位逐渐升高，当⑤点电位升到 $-13.6V$ 时，VT_6 发射结正偏导通，使⑥点电位从 1.4 V 又降为 $-14\,V$，迫使 VT_7 截止，输出脉冲结束。

由以上分析可知，VT_5 开始导通的瞬时是输出脉冲产生的时刻，也是 VT_6 转为截止的瞬时。V_6 截止的持续时间就是输出脉冲的宽度，脉冲宽度由 C_3 反向充电的时间常数（$\tau_3=C_3R_{10}$）来决定，输出窄脉冲时，脉宽通常为 1 ms（即 18°）。

此外，R_{12} 为 VT_7 的限流电阻；电容 C_5 用于改善输出脉冲的前沿陡度；VD_6 可以防止 VT_7 截止时脉冲变压器一次侧的感应电动势与电源电压叠加造成 VT_7 的击穿；VD_7、VD_8 是为了保证输出脉冲只能正向加在晶闸管的门极和阴极两端。

锯齿波同步触发电路各点电压波形如图 2-3 所示。

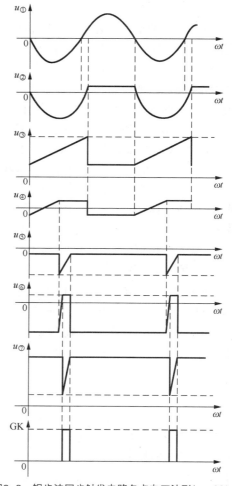

图2-3　锯齿波同步触发电路各点电压波形（$\alpha=90°$）

┃三、任务实施┃

1. 所需仪器设备

（1）DJDK-1 型电力电子技术及电机控制实验装置（含 DJK01 电源控制屏、DJK03-1 晶闸管触发电路）1 套。

（2）示波器1台。

（3）螺丝刀1把。

（4）万用表1块。

（5）导线若干。

2. 测试前准备

（1）课前预习相关知识。

（2）清点相关材料、仪器和设备。

（3）填写任务单测试前准备部分。

3. 操作步骤及注意事项

（1）接线。与单结晶体管触发电路接线相同。

（2）锯齿波同步触发电路调试。

 注意　主电路电压为200V，测试时防止触电。

① 按下电源控制屏的"启动"按钮，打开 DJK03-1 电源开关，这时挂件中所有的触发电路都开始工作。

② 用示波器观察锯齿波同步触发电路各点波形。

用示波器分别测试锯齿波同步触发电路的同步电压（～7V 上面端子）和 1、2、3、4、5、6 七个测试孔的波形。观察同步电压和"1"点的电压波形，了解"1"点波形形成的原因；观察"1"、"2"点的电压波形，了解锯齿波宽度和"1"点电压波形的关系；调节电位器 R_{P1}，观测"2"点锯齿波斜率的变化；观察"3"～"6"点电压波形，在任务单的调试过程记录中记下各波形的幅值与宽度，并比较"3"点电压 U_3 和"6"点电压 U_6 的对应关系。

③ 调节触发脉冲的移相范围。将控制电压 U_{ct} 调至零（将电位器 R_{P2} 顺时针旋到底），用示波器观察同步电压信号和"6"点 U_6 的波形，调节偏移电压 U_b（即调 R_{P3} 电位器），使 $\alpha=170°$，其波形如图 2-4 所示。

④ 调节 U_{ct}（即电位器 R_{P2}）使 $\alpha=60°$，观察并记录 $U_1 \sim U_6$ 及输出波形"G、K"脉冲电压的波形，标出其幅值与宽度，并记录在任务单的调试过程记录中。

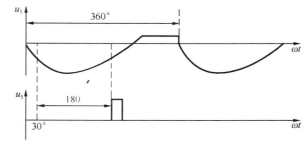

图2-4　锯齿波同步移相触发电路

（3）操作结束后，拆除接线，按要求整理操作台，清扫场地，填写任务单收尾部分。

 注意　拆线前请确认电源已经断开。

（4）将任务单交老师评价验收。

4. 锯齿波同步触发电路调试任务单（见附表7）

5. 任务实施标准

序号	内　容	配分	等级	评　分　细　则	得　分
1	接线	5	5	接线错误1根扣5分	
2	示波器使用	20	20	使用错误1次扣5分	
3	锯齿波同步触发电路波形测试	45	15	测试过程错误1处扣5分	
			15	参数记录，每缺1项扣2分	
			15	无波形分析扣15分，分析错误或不全酌情扣分	
4	操作规范	20	20	违反操作规程1次扣10分	
				元件损坏1个扣10分	
				烧保险1次扣5分	
5	现场整理	10	10	经提示后将现场整理干净扣5分	
				不合格，本项0分	
		合计			

四、总结与提升——锯齿波同步触发电路的其他环节

对三相桥式全控整流电路，要求提供宽度大于60°小于120°的宽脉冲，或间隔60°的双窄脉冲（三相桥式全控整流电路中分析原因）。前者要求触发电路输出功率大，所以很少采用，一般都采用双窄脉冲。在要求较高的触发电路中，需带有强触发环节。特殊情况下还需要脉冲封锁环节。前面分析的锯齿波同步触发电路中没有这几个环节，图2-5所示的锯齿波同步触发电路具有这几个环节。

1. 双窄脉冲的形成

双窄脉冲触发是三相桥式全控整流电路或带平衡电抗器双反星形电路的特殊要求。要求触发电路送出两个相隔60°的窄脉冲去触发晶闸管。

双脉冲形成环节的工作原理如下：VT_5、VT_6两个晶体管构成"或门"电路，当VT_5、VT_6都导通时，VT_7、VT_8都截止，没有脉冲输出。但只要VT_5、VT_6中有一个截止，就会使VT_7、VT_8导通，脉冲就可以输出。VT_5基极端由本相同步移相环节送来的负脉冲信号使其截止，导致VT_8导通，送出第1个窄脉冲，接着由滞后60°的后相触发电路在产生其本相脉冲的同时，由VT_4管的集电极经R_{12}的X端送到本相的Y端，经电容C_4（微分）产生负脉冲送到VT_6基极，使VT_6截止，于是本相的VT_8又导通一次，输出滞后60°的第2个窄脉冲。VD_3、R_{12}的作用是为了防止双脉冲信号的相互干扰。

对于三相桥式全控整流电路，电源三相U、V、W为正相序时，6只晶闸管的触发顺序为VS_1→VS_2→VS_3→VS_4→VS_5→VS_6，彼此间隔60°，为了得到双脉冲，6块触发板的X、Y可按图2-6所示方式连接，即后相的X端与前相的Y端相连。应当注意的是，使用这种触发电路的晶闸管装置，三相电源的相序是确定的，在安装使用时，应该先测定电源的相序，进行正确的连接。如果电源的相序接反了，装置将不能正常的工作。

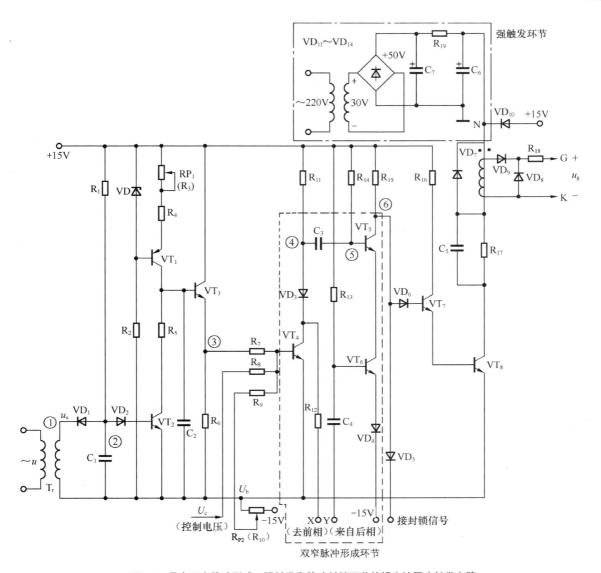

图2-5 具有双窄脉冲形成、强触发和脉冲封锁环节的锯齿波同步触发电路

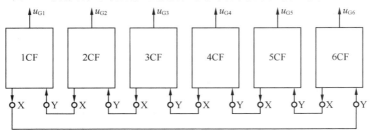

图2-6 双脉冲实现的连接图

2．强触发及脉冲封锁环节

强触发环节为图 2-5 中右上角那部分电路。工作原理：变压器二次侧 30V 电压经桥式整流，电容和电阻π形滤波，得到近似 50V 的直流电压，当 VT_8 导通时，C_6 经过脉冲变压器、R_{17}（C_5）、VT_8

迅速放电，由于放电回路电阻较小，电容 C_6 两端电压衰减很快，N 点电位迅速下降。当 N 点电位稍低于 15V 时，二极管 VD_{10} 由截止变为导通，这时虽然 50 V 电源电压较高，但它向 VT_8 提供较大电流时，在 R_{19} 上的压降较大，使 R_{19} 的左端不可能超过 15 V，因此 N 点电位被钳制在 15V。当 VT_8 由导通变为截止时，50V 电源又通过 R_{19} 向 C_6 充电，使 N 点电位再次升到 50V，为下一次强触发做准备。波形如图 2-7 所示。

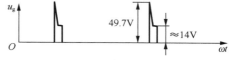

图2-7　具有强触发环节的触发电路输出脉冲波形

　　电路中的脉冲封锁信号为零电位或负电位，是通过 VD_5 加到 VT_5 集电极的。当封锁信号接入时，晶体管 VT_7、VT_8 就不能导通，触发脉冲无法输出。二极管 VD_5 的作用是防止封锁信号接地时，经 VT_5、VT_6 和 VD_4 到 -15V 之间产生大电流通路。

　　锯齿波同步触发电路，具有抗干扰能力强，不受电网电压波动与波形畸变的直接影响，移相范围宽的优点，缺点是整流装置的输出电压 u_d 与控制电压 U_c 之间不成线性关系，电路较复杂。

五、习题与思考

1. 简述锯齿波同步触发电路的基本组成。
2. 锯齿波同步触发电路中如何实现触发脉冲与主回路电源的同步？
3. 锯齿波触发电路中如何改变触发脉冲产生的时刻，达到移相的目的？
4. 锯齿波触发电路中输出脉冲的宽度由什么来决定？
5. 项目实施电路中，如果要求在 $U_{ct}=0$ 的条件下，使 $\alpha=90°$，如何调整？
6. 试述锯齿波触发电路中强触发环节的工作原理。

任务二　西门子 TCA785 集成触发电路调试

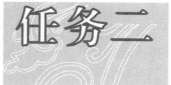

一、任务描述与目标

　　TCA785 是德国西门子（Siemens）公司于 1988 年前后开发的第三代晶闸管单片移相触发集成电路，与其他芯片相比，具有温度适用范围宽，对过零点时识别更加可靠，输出脉冲的整齐度更好，移相范围更宽等优点。另外，由于它输出脉冲的宽度可手动自由调节，所以适用范围更广泛。

　　本次任务主要介绍 TCA785 以及 TCA785 集成移相触发电路，任务目标如下。

- 熟悉 TCA785 引脚的功能及用法。
- 了解 TCA785 的内部结构。
- 会根据 TCA785 集成移相触发电路的工作原理调试触发电路。
- 在小组实施项目过程中培养团队合作意识。

┃ 二、相关知识 ┃

（一）西门子 TCA785 介绍

1. 西门子 TCA785 引脚介绍

TCA785 采用标准的双列直插式 16 引脚（DIP-16）封装，它的引脚排列如图 2-8 所示。

各引脚的名称、功能及用法如下。

引脚 16（V_S）：电源端。使用中直接接用户为该集成电路工作提供的工作电源正端。

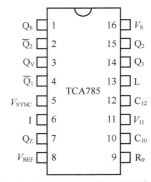

图2-8　TCA785的引脚排列(脚朝下)

引脚 1（O_S）：接地端。应用中与直流电源 V_S、同步电压 V_{SYNC} 及移相控制信号 V_{11} 的地端相连接。

引脚 4（$\overline{Q}_1$）和引脚 2（$\overline{Q}_2$）：输出脉冲 1 与 2 的非端。该两端可输出宽度变化的脉冲信号，其相位互差 180°，两路脉冲的宽度均受非脉冲宽度控制端引脚 13（L）的控制。它们的高电平最高幅值为电源电压 V_S，允许最大负载电流为 10mA。若该两端输出脉冲在系统中不用时，电路自身结构允许其开路。

引脚 14（Q_1）和引脚 15（Q_2）：输出脉冲 1 和 2 端。该两端也可输出宽度变化的脉冲，相位同样互差 180°，脉冲宽度受它们的脉宽控制端（引脚 12）的控制。两路脉冲输出高电平的最高幅值为 V_S。

引脚 13（L）：非输出脉冲宽度控制端。该端允许施加电平的范围为 -0.5V～V_S，当该端接地时，$\overline{Q}_1$、$\overline{Q}_2$ 为最宽脉冲输出，而当该端接电源电压 V_S 时，$\overline{Q}_1$、$\overline{Q}_2$ 为最窄脉冲输出。

引脚 12（C_{12}）：输出 Q_1、Q_2 的脉宽控制端。应用中，通过一电容接地，电容 C_{12} 的电容量范围为 150～4 700 pF，当 C_{12} 在 150～1 000 pF 变化时，Q_1、Q_2 输出脉冲的宽度亦在变化，该两端输出窄脉冲的最窄宽度为 100μs，而输出宽脉冲的最宽宽度为 2000μs。

引脚 11（V_{11}）：输出脉冲 $\overline{Q}_1$、$\overline{Q}_2$ 及 Q_1、Q_2 移相控制直流电压输入端。应用中，通过输入电阻接用户控制电路输出，当 TCA785 工作于 50Hz，且自身工作电源电压 V_S 为 15V 时，则该电阻的典型值为 15kΩ，移相控制电压 V_{11} 的有效范围为（0.2～V_S-2）V，当其在此范围内连续变化时，输出脉冲 $\overline{Q}_1$、$\overline{Q}_2$ 及 Q_1、Q_2 的相位便在整个移相范围内变化，其触发脉冲出现的时刻为

$$t_{rr} = (V_{11}R_9C_{10}) / (U_{REF}K)$$

式中 R_9、C_{10}、U_{REF} —— 分别为连接到 TCA785 引脚 9 的电阻、引脚 10 的电容及引脚 8 输出的基准电压；

K——常数，其作用为降低干扰。

应用中引脚 11 通过 0.1μF 的电容接地，通过 2.2μF 的电容接正电源。

引脚 10（C_{10}）：外接锯齿波电容连接端。C_{10} 的使用范围为 500pF～1μF。该电容的最小充电电流为 10μA，最大充电电流为 1mA，它的大小受连接于引脚 9 的电阻 R_9 控制，C_{11} 两端锯齿波的最高峰值为 V_S-2V，其典型后沿下降时间为 80μs。

引脚 9（R_9）：锯齿波电阻连接端。该端的电阻 R_9 决定着 C_{10} 的充电电流，其充电电流可按下式计算

$$I_{10} = V_{REF}K/R_9$$

连接于引脚 9 的电阻亦决定了引脚 10 锯齿波电压幅值的高低，锯齿波幅值为

$$V_{10}=V_{REF}Kt/（R_9C_{10}）$$

电阻 R_9 的应用范围为 3～300 kΩ。

引脚 8（V_{REF}）：TCA785 自身输出的高稳定基准电压端。该端负载能力为驱动 10 块 CMOS 集成电路。随着 TCA785 应用的工作电源电压 V_S 及其输出脉冲频率的不同，V_{REF} 的变化范围为 2.8～3.4 V，当 TCA785 应用的工作电源电压为 15V，输出脉冲频率为 50Hz 时，V_{REF} 的典型值为 3.1V。如用户电路中不需要应用 V_{REF}，则该端可以开路。

引脚 7（Q_Z）和引脚 3（Q_V）：TCA785 输出的两个逻辑脉冲信号端。其高电平脉冲幅值最大为 V_S-2V，高电平最大负载能力为 10mA。Q_Z 为窄脉冲信号，它的频率为输出脉冲 $\overline{Q}_2$ 与 $\overline{Q}_1$ 或 Q_1 与 Q_2 的两倍，是 $\overline{Q}_1$ 与 $\overline{Q}_2$ 或 Q_1 与 Q_2 的或信号，Q_V 为宽脉冲信号，其宽度为移相控制角 φ+180°，它与 $\overline{Q}_1$、$\overline{Q}_2$ 或 $\overline{Q}_1$、$\overline{Q}_2$ 同步，频率与 Q_1、Q_2 或 $\overline{Q}_1$、$\overline{Q}_2$ 相同，该两逻辑脉冲信号可用来提供给用户的控制电路作为同步信号或其他用途的信号，不用时该两端可开路。

引脚 6（I）：脉冲信号禁止端。该端的作用是封锁 Q_1、Q_2 及 $\overline{Q}_1$、$\overline{Q}_2$ 的输出脉冲，该端通常通过阻值 10kΩ 的电阻接地或接正电源，允许施加的电压范围为-0.5V～V_S。当该端通过电阻接地或该端电压低于 2.5V 时，则封锁功能起作用，输出脉冲被封锁；而该端通过电阻接正电源或该端电压高于 4V 时，则封锁功能不起作用。该端允许低电平最大灌电流为 0.2mA，高电平最大拉电流为 0.8mA。

引脚 5（V_{SYNC}）：同步电压输入端。应用中，需对地端接两个正、反向并联的限幅二极管。随着该端与同步电源之间所接电阻阻值的不同，同步电压可以取不同的值。当所接电阻为 200kΩ 时，同步电压可直接取交流 220V。

2. 西门子 TCA785 内部结构

TCA785 的内部结构框图如图 2-9 所示。TCA785 内部主要由过零检测电路、同步寄存器、锯齿波产生电路、基准电源电路、放电监视比较器、移相比较器、定时控制与脉冲控制电路、逻辑运算及功放电路组成。

TCA785 内部的同步寄存器和逻辑运算电路均由基准电源供电，基准电压的稳定性对整个电路的性能有很大影响，通过 8 脚可测量基准电压是否正常。

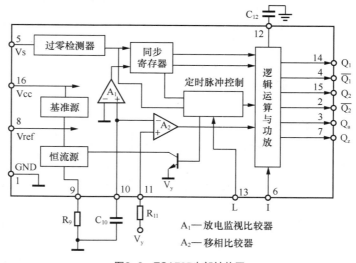

图2-9　TCA785内部结构图

锯齿波产生电路主要由内部的恒流源、放电晶体管和外接的 R_9、C_{10} 等组成，恒流源的输出电流由电阻 R_9 决定，该电流对电容 C_{10} 充电。由于充电电流恒定，所以 C_{10} 两端可形成线性度极佳的锯齿波电压。定时控制电路输出脉冲到放电晶体管的基极，该输出脉冲为低电平时，放电管截止，恒流源对 C_{10} 充电。定时电路输出脉冲为高电平时，放电管导通，C_{10} 通过放电管放电。由于定时控制电路输出脉冲的频率为同步信号频率的两倍，所以同步信号经过半个周期，C_{10} 两端就产生一个锯齿波电压，波形如图 2-10 所示。

锯齿波电压加到移相比较器的反相端，与加到同相端的移相控制电压比较。当锯齿波电压高于控制电压时，移相比较器输出信号立即翻转，该信号经倒向后，加到逻辑运算电路。

锯齿波电压也加到放电监控比较器的同相端。由于该比较器反相端所加的基准电压很低（一般为几十毫伏），所以，只有锯齿波电压起始处，锯齿波电压才小于基准电压，此时放电监控比较器输出一个极窄的低电平脉冲，为由 D 触发其构成的同步寄存器提供开启电压。

过零检测电路把正弦波同步信号变换成频率相同的、占空比为 50% 的方波信号。该方波信号经同步寄存器变换后，可直接送入后级的逻辑运算电路。

定时控制电路的作用是为锯齿波产生器和移相比较器提供周期性的放电脉冲，使放电晶体管交替导通和截止。脉宽控制电路的作用是：在激励信号的作用下，根据外接电容 C_{12} 的充放电特性，产生控制输出脉冲宽度的信号。输出脉冲宽度由 12 脚的外接电容器 C_{12} 决定。不接 C_{12} 时，脉冲宽度由内部电容器决定，脉宽约为 30μs，外接电容与脉宽的关系可查阅相关资料。

逻辑运算电路对前几级输出信号进行逻辑运算，产生 $\overline{Q}_1$、$\overline{Q}_2$、Q_1、Q_2、Q_z、Q_v 等信号，各输出信号的波形，如图 2-10 所示。Q_1、Q_2 在锯齿波电压高于控制电压时产生，Q_1、Q_2 经非门后产生 $\overline{Q}_1$、$\overline{Q}_2$。$\overline{Q}_1$、$\overline{Q}_2$ 经异或非运算后，得到输出信号 Q_z。在异或非门电路中，只有当两输入信号完全相同时，输出端才为高电平。Q_v 则是随着 Q_1、Q_2 的到来而发生翻转的输出信号。

（a）图为第 5 脚同步电压 V_5 波形。

（b）图为 10 脚锯齿波电压 V_{10} 及 11 脚移相控制电压 V_{11}（V_{101} 为最小锯齿波电压，V_{102} 为最大锯齿波电压）。

（c）图为引脚 12 接电容时 14 脚波形。

（d）图为引脚 12 接电容时 15 脚波形。

（e）图为引脚 12 接地时 14 脚波形。

（f）图为引脚 12 接地时 15 脚波形。

（g）图为引脚 13 接地时 2 脚波形。

（h）图为引脚 13 接地时 4 脚波形。

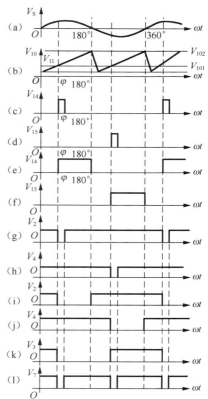

图2-10 TCA785各主要引脚的输入、输出电压波形

（i）图为引脚 13 接 V_S 时 2 脚波形。

（j）图为引脚 13 接 V_S 时 4 脚波形。

（k）图为 3 脚 Q_u 波形。

（l）图为 7 脚 Q_z 波形。

（二）西门子 TCA785 集成触发电路

1. 西门子 TCA785 集成触发电路组成

西门子 TCA785 集成触发电路如图 2-11 所示。同步信号从 TCA785 集成触发器的第 5 脚输入，"过零检测"部分对同步电压信号进行检测，当检测到同步信号过零时，信号送"同步寄存器"，"同步寄存器"输出控制锯齿波发生电路。锯齿波的斜率大小由第 9 脚外接电阻和 10 脚外接电容决定；输出脉冲宽度由 12 脚外接电容的大小决定；14、15 脚输出对应负半周和正半周的触发脉冲，移相控制电压从 11 脚输入。

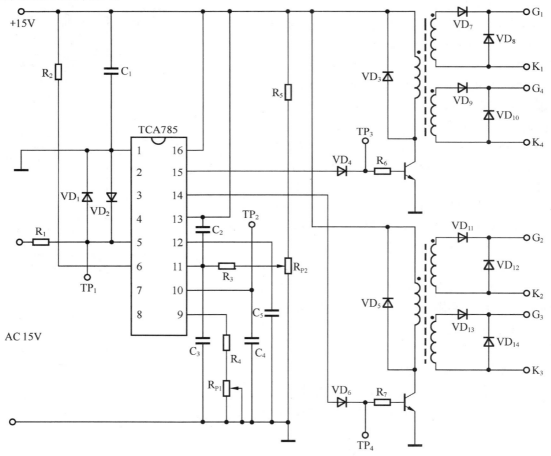

图2-11　西门子TCA785集成触发电路原理图

2. 西门子 TCA785 集成触发电路工作原理及波形分析

电位器 R_{P1} 调节锯齿波的斜率，电位器 R_{P2} 则调节输入的移相控制电压，调节晶闸管控制角。脉冲从 14、15 脚输出，输出的脉冲恰好互差180°，各点波形如图 2-12 所示。

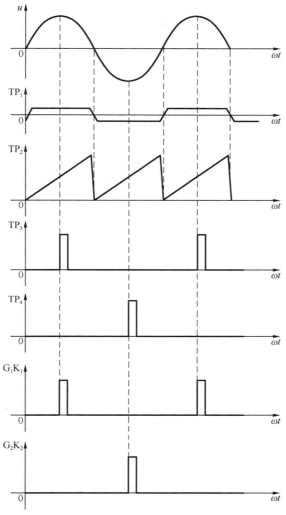

图2-12　TCA785集成触发电路的各点电压波形（$\alpha = 90°$）

三、任务实施

1. 所需仪器设备

（1）DJDK-1型电力电子技术及电机控制实验装置（含DJK01电源控制屏、DJK03-1晶闸管触发电路）1套。

（2）示波器1台。

（3）螺丝刀1把。

（4）万用表1块。

（5）导线若干。

2. 测试前准备

（1）课前预习相关知识。

（2）清点相关材料、仪器和设备。

（3）填写任务单测试前准备部分。

3. 操作步骤及注意事项

（1）接线。接线与单结晶体管触发电路接线相同。

（2）西门子 TCA785 触发电路调试。

主电路电压为 200V，测试时防止触电。

① 按下电源控制屏的"启动"按钮，打开 DJK03-1 电源开关，这时挂件中所有的触发电路都开始工作。

② 用示波器观察西门子 TCA785 触发电路各点波形。

用示波器分别测试单相晶闸管触发电路的同步电压（～15V 上面端子）和 1、2、3、4 五个测试孔的波形。观察同步电压和"1"点的电压波形，了解"1"点波形形成的原因；观察"2"点的锯齿波波形，调节电位器 R_{P1}，观测"2"点锯齿波斜率的变化；观察"3"、"4"两点输出脉冲的波形，计算两波形相位差，并记录在任务单的调试过程记录中。

③ 调节触发脉冲的移相范围。调节 R_{P2} 电位器，用示波器观察同步电压信号和"3"点 U_3 的波形，观察和记录触发脉冲的移相范围。

④ 调节电位器 R_{P2} 使 $\alpha=60°$，观察并记录 $U_1 \sim U_4$ 及输出波形，标出其幅值与宽度，并记录在任务单的调试过程记录中。

（3）操作结束后，拆除接线，按要求整理操作台，清扫场地，填写任务单收尾部分。

拆线前请确认电源已经断开。

（4）将任务单交老师评价验收。

4. 西门子 TCA785 触发电路调试任务单（见附表 8）

5. 任务实施标准

序号	内　　容	配分	等级	评　分　细　则	得　分
1	接线	5	5	接线错误 1 根扣 5 分	
2	示波器使用	20	20	使用错误 1 次扣 5 分	
3	TCA785 触发电路波形测试	45	15	测试过程错误 1 处扣 5 分	
			15	参数记录，每缺 1 项扣 2 分	
			15	无波形分析扣 15 分，分析错误或不全酌情扣分	
4	操作规范	20	20	违反操作规程 1 次扣 10 分 元件损坏 1 个扣 10 分 烧保险 1 次扣 5 分	
5	现场整理	10	10	经提示后将现场整理干净扣 5 分 不合格，本项 0 分	
				合计	

四、总结与提升——TCA785 构成宽频率 范围的单相晶闸管触发器

常规模拟式锯齿波同步触发器不能适应同步电压频率宽范围变化，因为这种触发器是以恒流源给定值电容充电来形成锯齿波的，因而当同步电压频率大范围变化时，给该电容充电的时间便有较大的变化，导致了锯齿波幅值随频率变化而大幅度变化，这种触发器要适应同步电压的宽范围变化，必须保证锯齿波的宽度跟随同步电压的频率变化。要求锯齿波的幅值保持恒定，可以通过两种方法来实现：一种是维持恒流源输出电流不变，而使电容的电容量跟随同步电压频率变化，当同步电压频率增加时，使电容的电容量减小，而当同步电压频率降低时，使电容的电容量增加，从而实现电压的幅值不变；另一种办法是保持电容的电容量不变，而使给电容充电的恒流源输出电流随同步电压的频率变化，当同步电压频率增加时，使该恒流源输出电流增加，而当同步电压频率降低时，使该恒流源输出电流减小。实际上要实现电容量随同步电压频率连续变化的可变电容是极为困难的，而构成输出电流随同步电压频率连续变化的恒流源却较容易。这里介绍的宽频率范围晶闸管触发器是后一种方法。

图 2-13 给出了可适应宽频率范围的单相晶闸管触发器的电路原理图，从图中可知，该触发器共使用了一片 LM324 四运算放大器、一个 LM331 频率／电压变换器和一个单相晶闸管触发器集成电路 TCA785，其工作原理可分析如下。

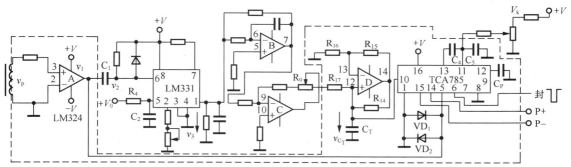

图2-13 可适应宽频率范围的单相晶闸管触发器电路原理图

1. 比较器

图 2-13 中运算放大器（LM324 的 A 单元）用作比较器，其作用是把正弦波同步电压与零电平比较变为同周期的方波信号，经此处理使触发器的工作与同步电压的幅值和正弦波的波形失真与否没有多大关系。

2. 频率／电压变换器

LM331 为标准的频率／电压及电压／频率变换器集成电路，图 2-13 中的用法为频率／电压变换器，它与运算放大器 LM324 的 B 单元一起构成精度较高、线性度很好的频率／电压变换器电路。该电路通过电容 C_1 把比较器 A 输出的方波微分成叠加有微分尖脉冲的电压信号（为了保证频率／电压变换器的分辨率，电容 C_1 不宜过大，且应随频率增高电容量有所减小），LM331 在内部把此频率信号转化为与同步电压频率成比例的电压信号，并从引脚 1 输出频率／电压变换器输出电压的高低除与同步电压的频率 f_T 成正比外，还与图 2-13 中的电阻 R_4 与电容 C_2 成正比，该频率／电压变换器的转换精度与电容 C_2 的取值有关，当频率较高时，则电容 C_2 的取值应相应减小，否则高频段将失真，不利于提高转换的线性度。

3. 恒流源

图 2-13 中运算放大器 LM324 的 D 单元构成恒流源，使用中为保证恒流源的线性度，应充分保证电阻 R_{16} 与 R_{17} 阻值不小于 R_{14} 与 R_{15} 的 10 倍，且 R_{14} 与 R_{15}、R_{16} 与 R_{17} 两两之间阻值误差要尽可能地小，只有这样才能保证锯齿波的线性度，调试时有时测得的锯齿波为下凹的，这是由于 R_{14} 与 R_{15} 或 R_{16} 与 R_{17} 两个电阻之间阻值有较大的差值造成的。

4. 触发脉冲形成

图 2-13 中专用集成电路 TCA785 担当触发脉冲的形成环节，它的脚 13 接高电平则输出为窄脉冲，脉冲的宽度由引脚 12 所接的电容 C_P 决定，引脚 11 为移相电压输入端，引脚 5 为同步电压输入端，引脚 15 与引脚 14 分别为对应同步电压负正半周的触发脉冲输出端，在 TCA785 的内部集成了给引脚 10 外接的电容充电的恒流源，该恒流源输出电流的大小由其引脚 9 对接地端（引脚 1）所接电阻的大小唯一决定，图 2-13 中引脚 9 悬空，相当于内部恒流源的输出电流为零，因而通过外部恒流源给电容 C_T 充电形成锯齿波，这是该触发器最巧妙的地方，该锯齿波与引脚 11 输入的移相控制电压进行比较，从而形成移相触发脉冲。图 2-13 中，C_4 与 C_5 为抗干扰电容，而整流管 VD_1 与 VD_2 是因为 TCA785 单电源工作用来削波的，也就是说 TCA785 单电源工作时要求的同步电压峰值为 $\pm 0.7 \text{ V}$。

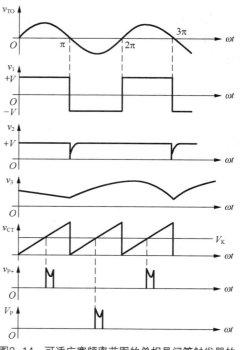

5. 锯齿波幅值调节用放大器

图 2-13 中 LM324 的 C 单元构成反相输入放大器，用于对频率／电压变换器的输出电压进行放大，电位器 R_9 用来调节恒流源输入电压的大小，也就调整了给电容 C_T 充电电流的大小，进而调整了锯齿波的幅值。可适应同步电压宽频率范围的单相晶闸管触发器的主要工作波形，如图 2-14 所示。

图2-14　可适应宽频率范围的单相晶闸管触发器的主要工作波形

五、习题与思考

1. TCA785 触发电路有哪些特点？
2. TCA785 触发电路的移相范围和脉冲宽度与哪些参数有关？
3. 简述 TCA785 触发电路工作原理。

单相桥式全控整流电路调试

一、任务描述与目标

单相半波可控整流电路线路简单，但负载电流脉动大，在同样的直流电流时，要求晶闸管额定电流、导线截面以及变压器和电源容量增大。如不用电源变压器，则交流回路中有直流电流流过，引起电网额外的损耗、波形畸变；如果采用变压器，则变压器次级线圈中存在直流电流分量，造成铁芯直流磁化。为了使变压器不饱和，必须增大铁芯截面，所以单相半波电路只适应于小容量、装置体积要求小、重量轻等技术要求不高的场合。为了克服这些缺点，可采用单相桥式全控整流电路。本次任务的目标如下。

- 会分析单相桥式全控整流电路的工作原理。
- 能安装和调试单相桥式全控整流电路。
- 能根据测试波形或相关点电压电流值对电路现象进行分析。
- 在电路安装与调试过程中，培养职业素养。
- 在小组实施项目过程中培养团队合作意识。

二、相关知识

（一）单相桥式全控整流电路结构

单相桥式全控整流电路是由整流变压器、负载和 4 只晶闸管组成，如图 2-15 所示。晶闸管 VS_1 和 VS_2 的阴极接在一起，称为共阴极接法，VS_3 和 VS_4 的阳极接在一起，称为共阳极接法。

（二）单相桥式全控整流电路电阻性负载工作原理

图 2-16 为 $\alpha=30°$ 时负载两端电压 u_d 和晶闸管 VS_1 两端电压 u_{T1} 波形。

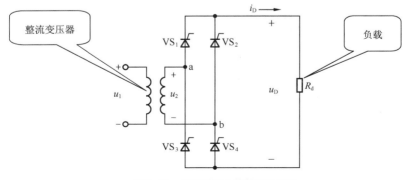

图2-15　单相桥式全控整流电路图

1. 输出电压和电流分析

在交流电源的正半周区间，即 a 端为正，b 端为负，VS_1 和 VS_4 会承受正向阳极电压，在控制角 $\alpha=30°$（ωt_1 时刻）给 VS_1 和 VS_4 同时加脉冲，则 VS_1 和 VS_4 会导通。此时，电流 i_d 从电源 a 端经 VS_1、负载 R_d 及 VS_4 回电源 b 端，如图 2-17 所示。负载上得到电压 u_d 为电源电压 u_2（忽略了 VS_1 和 VS_4 的导通电压降），方向为上正下负，VS_2 和 VS_3 则因为 VS_1 和 VS_4 的导通而承受反向的电源电压 u_2 不会导通。因为是电阻性负载，所以电流 i_d 也跟随电压的变化而变化。当电源电压 u_2 过零时（ωt_2 时刻），电流 i_d 降低为零，即两只晶闸管的阳极电流降低为零，故 VS_1 和 VS_4 会因电流小于维持电流而关断。

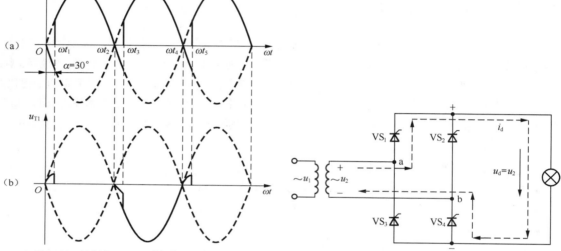

图2-16　控制角 $\alpha=30°$ 时负载两端电压 u_d 和
晶闸管 VS_1 两端电压 u_{T1} 波形

图2-17　VS_1 和 VS_4 导通时输出电压和电流

在交流电源负半周区间，即 a 端为负，b 端为正，晶闸管 VS_2 和 VS_3 会承受正向阳极电压，在控制角 $\alpha=30°$（ωt_3 时刻）给 VS_2 和 VS_3 同时加脉冲，则 VS_2 和 VS_3 被触发导通。电流 i_d 从电源 b 端经 VS_2、负载 R_d 及 VS_3 回电源 a 端，如图 2-18 所示。负载上得到电压 u_d 大小为电源电压 u_2，方向仍为上正下负，与正半周一致。此时，VS_1 和 VS_4 则因为 VS_2 和 VS_3 的导通而承受反向的电源电压 u_2 而处于截止状态。直到电源电压负半周结束，电源电压 u_2 过零时，电流 i_d 也过零，使得 VS_2 和 VS_3 关断。下一周期重复上述过程。

2. 晶闸管两端电压分析

图 2-16（b）为 $\alpha=30°$ 晶闸管两端电压波形。从图中可以看出，在一个周期内整个波形分为 4 部分。

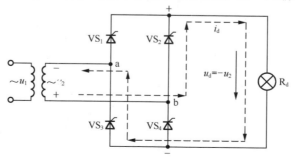

图2-18　VS_2 和 VS_3 导通时输出电压和电流

（1）在 $0 \sim \omega t_1$ 期间，电源电压 u_2 处于正半周，触发脉冲尚未加入，$VS_1 \sim VS_4$ 都处于截止状态，假设所有管理的漏电阻相等，则晶闸管 VS_1 承受电源电压的一半，即 $u_2/2$。

（2）在 $\omega t_1 \sim \omega t_2$ 期间，晶闸管 VS_1 导通，忽略管子的管压降，晶闸管两端电压为 0。

（3）在 $\omega t_2 \sim \omega t_3$ 期间，$VS_1 \sim VS_4$ 都处于截止状态，晶闸管 VS_1 承受电源电压的一半，即 $u_2/2$。

（4）在 $\omega t_3 \sim \omega t_4$ 期间，晶闸管 VS_2 被触发导通后，VS_1 承受全部电源电压 u_2。

以上分析可以得出：

（1）在单相全控桥式整流电路中，两组晶闸管（VS_1、VS_4 和 VS_2、VS_3）在相位上互差 $180°$ 轮流导通，将交流电转变成脉动的直流电。负载上的直流电压输出波形与单相半波时多了一倍。

（2）晶闸管的控制角可从 $0° \sim 180°$，即移相范围 $0° \sim 180°$，导通角 θ_T 为 $\pi - \alpha$。

（3）晶闸管承受的最大反向电压为 $\sqrt{2}U_2$，而其承受的最大正向电压为 $\frac{\sqrt{2}}{2}U_2$。

（三）单相桥式全控整流电路电感性负载工作原理

单相桥式全控整流电路大电感负载电路如图 2-19 所示。假设电路电感很大（$\omega L_d \geqslant 10 R_d$），输出电流连续，波形近似为一条平直的直线，电路处于稳态。

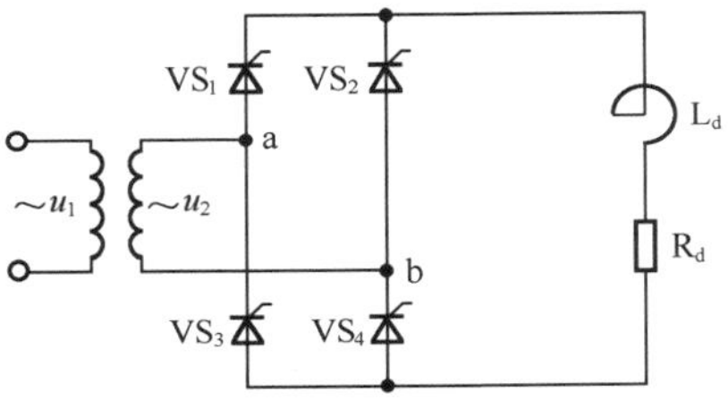

改变控制角 α 的大小即可改变输出电压的波形，如图 2-20 为控制角 $\alpha = 30°$ 时负载两端电压 u_d 和晶闸管 VS_1 两端电压 u_{T1} 波形。

1．输出电压和电流分析

电源电压 u_2 正半周，在 $\alpha = 30°$（ωt_1）时刻，触发电路

图2-19　单相桥式全控整流电路大电感负载电路图

给 VS_1 和 VS_4 加触发脉冲，VS_1、VS_4 导通，忽略管子的管压降，负载两端电压 u_d 与电源电压 u_2 正半周波形相同，电流方向如图 2-21 所示。

电源电压 u_2 过零变负（ωt_2）时，在电感 L_d 作用下，负载电流方向不变且大于晶闸管 VS_1 和 VS_4 的维持电流，负载两端电压 u_d 出现负值，将电感 L_d 中的能量返送回电源，如图 2-22 所示。

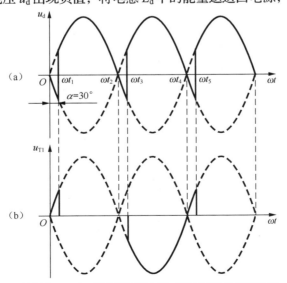

图2-20　控制角 $\alpha = 30°$ 时负载两端电压 u_d 和晶闸管 VS_1 两端电压 u_{T1} 波形

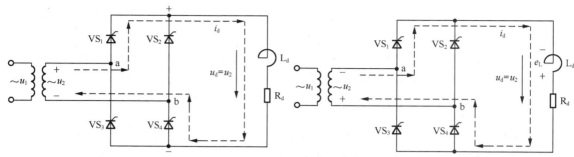

图2-21　VS₁和VS₄导通时输出电压和电流　　　　图2-22　电源电压 u_2 过零变负时，VS₁和 VS₄继续导通时的
　　　　　　　　　　　　　　　　　　　　　　　　　　　输出电压与电流

在电压电压负半周 $\alpha=30°$（ωt_3）时刻，触发电路给 VS₂ 和 VS₃ 加触发脉冲，VS₂、VS₃ 导通，VS₁ 和 VS₄ 因承受反向电压而关断，负载电流从 VS₁ 和 VS₄ 换流到 VS₂ 和 VS₃，方向如图 2-23 所示。

电源电压 u_2 过零变正（ωt_4）时，在电感 L_d 作用下，晶闸管 VS₂ 和 VS₃ 继续导通，将电感 L_d 中的能量返送回电源，直到晶闸管 VS₁ 和 VS₄ 再次被触发导通，如图 2-24 所示。

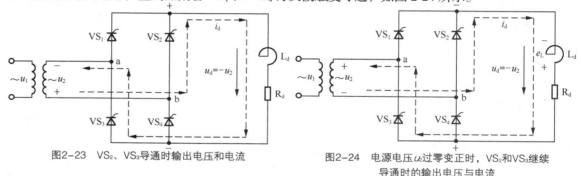

图2-23　VS₂、VS₃导通时输出电压和电流　　　　图2-24　电源电压 u_2 过零变正时，VS₂和VS₃继续
　　　　　　　　　　　　　　　　　　　　　　　　　　　　导通时的输出电压与电流

2．晶闸管两端电压分析

图 2-20（b）为 $\alpha=30°$ 时晶闸管 VS₁ 两端电压波形。从图中可以看出，在单相桥式全控整流电路大电感负载电路中，每只晶闸管导通 180°，因此，在一个周期内晶闸管 VS₁ 两端电压波形分为两部分。

（1）当晶闸管 VS₁ 导通时，忽略管压降，晶闸管两端电压为 0；

（2）当晶闸管 VS₁ 处于截止状态时，VS₂ 导通，VS₁ 承受电源电压 u_2。

以上分析可以得出以下结论。

（1）在 $0 \leqslant \alpha < 90°$ 时，虽然负载两端电压 u_d 波形也会出现负面积，但正面积总是大于负面积。

（2）$\alpha=90°$ 时，理想情况下，负载两端电压 u_d 波形正负面积接近相等，输出电压平均值为 0。

（3）$\alpha > 90°$ 时，无论如何调节控制角 α，负载两端电压 u_d 波形正负面积都接近相等，且波形断续，输出电压平均值均为 0。

因此，单相桥式全控整流电路大电感负载，不接续流二极管时，有效移相范围是 0°～90°。

为了扩大移相范围，不让负载两端出现负值，可在负载两端并接续流二极管。

（四）单相桥式全控整流电路电感性负载接续流二极管电路工作原理

单相桥式全控整流电路电感性负载接续流二极管电路如图 2-25 所示。控制角 $\alpha=60°$ 时负载两端电压 u_d 和晶闸管 VS₁ 两端电压 u_{T1} 波形如图 2-26 所示。

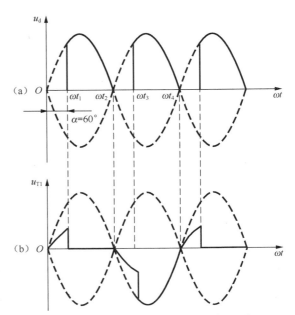

图2-26　控制角$\alpha=60°$时负载两端电压u_d和
晶闸管VS₁两端电压u_{T1}波形

图2-25　单相桥式全控整流电路电感性负载
接续流二极管电路图

电源电压 u_2 正半周，在 $\alpha=60°$（ωt_1）时刻触发 VS₁ 和 VS₄ 导通，负载两端电压 u_d 与电源电压 u_2 正半周波形相同，电流方向与没接续流二极管时相同，如图 2-21 所示。忽略管子的管压降，晶闸管两端电压为 0。

电源电压 u_2 过零变负（ωt_2）时，续流二极管 VD 承受正向电压而导通，晶闸管 VS₁ 和 VS₄ 承受反向电压而关断，忽略续流二极管的管压降，负载两端电压 u_d 为 0。此时负载电流不再流回电源，而是经过续流二极管 VD 进行续流，如图 2-27 所示，释放电感中储存的能量。此时，晶闸管 VS₁ 承受电源电压的一半。

电源电压 u_2 负半周，在 $\alpha=60°$（ωt_3）时刻触发 VS₂ 和 VS₃ 导通，续流二极管 VD 承受反向电压关断，负载两端电压 $u_d=-u_2$，负载电流方向如图 2-23 所示，晶闸管 VS₁ 承受电压等于电源电压。

电源电压 u_2 过零变负（ωt_4）时，续流二极管 VD 再次导通续流，如图 2-27 所示。直到晶闸管 VS₁ 和 VS₄ 再次触发导通。下一周期重复上述过程。

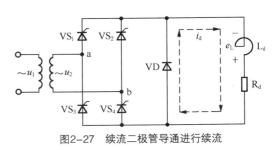

图2-27　续流二极管导通进行续流

三、任务实施

（一）单相桥式全控整流电路电阻性负载调试

1. 所需仪器设备

（1）DJDK-1 型电力电子技术及电机控制实验装置（含 DJK01 电源控制屏、DJK02 晶闸管主电路、DJK03-1 晶闸管触发电路、DJK06 给定及实验器件）1 套。

（2）示波器 1 台。

（3）螺丝刀1把。

（4）万用表1块。

（5）导线若干。

2. 测试前准备

（1）课前预习相关知识。

（2）清点相关材料、仪器和设备。

（3）填写任务单测试前准备部分。

3. 操作步骤及注意事项

（1）接线。

① 触发电路接线。将 DJK01 电源控制屏的电源选择开关打到"直流调速"侧，使输出线电压为 200V，用两根导线将 200V 交流电压（A、B）接到 DJK03-1 的"外接 220V"端。

② 主电路接线。VS$_1$、VS$_3$ 的阴极连接，VS$_4$、VS$_6$ 的阳极连接；DJK01 电源控制屏的三相电源输出 A 接 DJK02 三相整流桥路中 VS$_1$ 的阳极，输出 B 接 VS$_3$ 阳极，VS$_1$ 阴极接 DJK02 直流电流表"+"，直流电流表的"−"接 DJK06 给定及实训器件中灯泡的一端，灯泡的另一端接 VS$_4$ 的阳极；将 VS$_1$ 阴极接 DJK02 直流电压表"+"，直流电压表"−"接 VS$_4$ 的阳极。

③ 触发脉冲连接。锯齿波同步触发电路的 G$_1$、K$_1$ 接 VS$_1$ 的门极和阴极，G$_4$、K$_4$ 接 VS$_6$ 的门极和阴极，G$_2$、K$_2$ 接 VS$_3$ 的门极和阴极，G$_3$、K$_3$ 接 VS$_4$ 的门极和阴极。如图 2-28 所示。

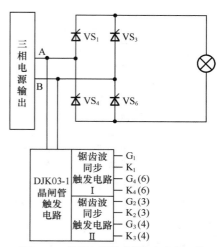

图2-28　单相全控桥式整流电路电阻性负载接线图

电源选择开关不能打到"交流调速"侧工作；A、B 接"外接 220V"端，严禁接到触发电路中其他端子。把 DJK02 中"正桥触发脉冲"对应晶闸管的触发脉冲开关打到"断"的位置。

（2）触发电路调试。

主电路电压为 200V，测试时防止触电。

① 按下电源控制屏的"启动"按钮，打开 DJK03-1 电源开关，电源指示灯亮，这时挂件中所有的触发电路都开始工作。

② 用示波器测试触发电路各点的波形，将控制电压 U_{ct} 调至零（将电位器 R$_{P2}$ 顺时针旋到底），观察同步电压信号和"6"点 U$_6$ 的波形，调节偏移电压 U_b（即调 R$_{P3}$ 电位器），使 $\alpha=180°$。

（3）调光灯电路调试。

① 观察灯泡亮度的变化。按下电源控制屏的"启动"按钮，打开 DJK03-1 电源开关，保持 U$_b$ 偏移电压不变（即 R$_{P3}$ 固定），逐渐增加 U_{ct}（调节 R$_{P2}$），观察电压表、电流表的读数以及灯泡亮度的变化。

② 观察负载两端波形并记录输出电压大小。保持 U_b 偏移电压不变（即 R$_{P3}$ 固定），逐渐增加 U_{ct}（调节 R$_{P2}$），用示波器观察并记录 $\alpha=0°$、30°、60°、90°、120°时的 u_d、u_T 波形，并测量直流输

出电压 U_d 和电源电压 U_2 值，记录于任务单的测试过程记录表中。

（4）操作结束后，拆除接线，按要求整理操作台，清扫场地，填写任务单收尾部分。

拆线前请确认电源已经断开。

（5）将任务单交老师评价验收。

4. 单相桥式全控整流电路电阻性负载调试任务单（见附表9）

5. 任务实施标准

序号	内　　容	配分	等级	评　分　细　则	得　分
1	接线	10	10	接线错误1根扣5分	
2	示波器使用	20	20	使用错误1次扣5分	
3	锯齿波同步触发电路调试	10	5	调试过程错误1处扣5分	
			5	没观察记录触发脉冲移相范围扣5分	
4	调光灯电路调试	30	15	测试过程错误1处扣5分	
			15	参数记录，每缺1项扣2分	
5	操作规范	20	20	违反操作规程1次扣10分 元件损坏1个扣10分 烧保险1次扣5分	
6	现场整理	10	10	经提示后将现场整理干净扣5分 不合格，本项0分	
合计					

（二）单相桥式全控整流电路电阻电感性负载调试

1. 所需仪器设备

（1）DJDK-1型电力电子技术及电机控制实验装置（含DJK01电源控制屏、DJK02晶闸管主电路、DJK03-1晶闸管触发电路、DJK06给定及实验器件）1套。

（2）示波器1台。

（3）螺丝刀1把。

（4）万用表1块。

（5）导线若干。

2. 测试前准备

（1）课前预习相关知识。

（2）清点相关材料、仪器和设备。

（3）填写任务单测试前准备部分。

3. 操作步骤及注意事项

（1）接线。

① 触发电路接线。将DJK01电源控制屏的电源选择开关打到"直流调速"侧，使输出线电压

为 200V，用两根导线将 200V 交流电压（A、B）接到 DJK03-1 的"外接 220V"端。

② 主电路接线。VS$_1$、VS$_3$ 的阴极连接，VS$_4$、VS$_6$ 的阳极连接；DJK01 电源控制屏的三相电源输出 A 接 DJK02 三相整流桥路中 VS$_1$ 的阳极，输出 B 接 VS$_3$ 阳极，VS$_1$ 阴极接 DJK02 电感的"＊"，电感 700mH 端接直流电流表"＋"，直流电流表的"－"接 D42 的负载电阻的一端，电阻的另一端接 VS$_4$ 的阳极；将 VS$_1$ 阴极接 DJK02 直流电压表"＋"，直流电压表"－"接 VS$_4$ 的阳极；DJK06 中二极管阳极接直流电压表"－"，开关的一端接电流表的"－"。

③ 触发脉冲连接。将锯齿波同步触发电路的 G$_1$、K$_1$ 接 VS$_1$ 的门极和阴极，G$_4$、K$_4$ 接 VS$_6$ 的门极和阴极，G$_2$、K$_2$ 接 VS$_3$ 的门极和阴极，G$_3$、K$_3$ 接 VS$_4$ 的门极和阴极，如图 2-29 所示。

电源选择开关不能打到"交流调速"侧工作；A、B 接"外接 220V"端，严禁接到触发电路中其他端子；把 DJK02 中"正桥触发脉冲"对应晶闸管触发脉冲的开关打到"断"的位置；负载电阻调到最大值；二极管极性不能接反；通电调试前将与二极管串联的开关拨到"断"。

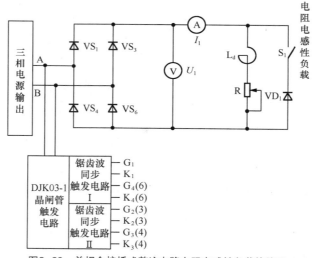

图2-29　单相全控桥式整流电路电阻电感性负载接线图

（2）单相桥式全控整流电路电阻电感性负载不接续流二极管调试（与二极管串联的开关拨到"断"）。

主电路电压为 200V，测试时防止触电。改变 R 的电阻值过程中,注意观察电流表，电流表读数不要超过 1A。

① 按下电源控制屏的"启动"按钮，打开 DJK03-1 电源开关，电源指示灯亮，这时挂件中所有的触发电路都开始工作。

② 用示波器测试触发电路各点的波形，将控制电压 U_{ct} 调至零（将电位器 R$_{P2}$ 顺时针旋到底），观察同步电压信号和"6"点 U_6 的波形，调节偏移电压 U_b（即调 R$_{P3}$ 电位器），使 α=180°。

③ 观察负载两端波形并记录输出电压大小。调节电位器 R_{P2}，使控制角 α=30°、60°、90°、120° 时（在每一控制角时，可保持电感量不变，改变 R 的电阻值，注意电流不要超过 1A），观察最理想的 u_d 波形，并在任务单的调试过程记录中记录此时输出电压 u_d 波形和输出电压 U_d 值。

（3）单相桥式全控整流电路电阻电感性负载接续流二极管调试。

① 将与二极管串联的开关拨到"通"。

② 观察负载两端波形并记录输出电压大小。调节电位器 R_{P1}，使控制角 α=30°、60°、90°、120° 时（在每一控制角时，可保持电感量不变，改变 R 的电阻值，注意电流不要超过 1A），观察最理想的 U_d 波形，并在任务单的调试过程记录中记录此时输出电压 u_d 波形和输出电压 U_d 值。

（4）操作结束后，拆除接线，按要求整理操作台，清扫场地，填写任务单收尾部分。

拆线前请确认电源已经断开。

（5）将任务单交老师评价验收。

4. 单相桥式全控整流电路电阻电感性负载调试任务单（见附表 10）

5. 任务实施标准

序号	内　容	配分	等级	评分细则	得　分
1	接线	15	15	每接错 1 根扣 5 分 二极管接反扣 10 分	
2	示波器使用	10	10	使用错误 1 次扣 5 分	
3	不接 VD 电路调试	15	5	调试过程错误 1 处扣 5 分	
			10	参数记录，每缺 1 项扣 2 分	
4	接 VD 电路调试	30	15	测试过程错误 1 处扣 5 分	
			15	参数记录，每缺 1 项扣 2 分	
5	操作规范	20	20	违反操作规程 1 次扣 10 分 元件损坏 1 个扣 10 分 烧保险 1 次扣 5 分	
6	现场整理	10	10	经提示后将现场整理干净扣 5 分 不合格，本项 0 分	
合计					

四、总结与提升

（一）单相桥式全控整流电路电阻性负载相关参数计算

1. 输出电压平均值与平均电流的计算

$$U_d = \frac{1}{\pi} \int_{\alpha}^{\pi} \sqrt{2} U_2 \sin \omega t \, \mathrm{d}(\omega t) = 0.9 U_2 \frac{1 + \cos \alpha}{2}$$

$$I_d = \frac{U_d}{R_d} = 0.9 \frac{U_2}{R_d} \frac{1 + \cos \alpha}{2}$$

2. 负载上电压有效值与电流有效值的计算

$$U = \sqrt{\frac{1}{\pi} \int_\alpha^\pi (\sqrt{2} U_2 \sin \omega t)^2 \mathrm{d}\ (\omega t)} = U_2 \sqrt{\frac{1}{2\pi} \sin 2\alpha + \frac{\pi - \alpha}{\pi}}$$

$$I = \frac{U_2}{R_d} \sqrt{\frac{1}{2\pi} \sin 2\alpha + \frac{\pi - \alpha}{\pi}}$$

3. 流过晶闸管电流的平均值和有效值

$$I_{dT} = \frac{1}{2} I_d = 0.45 \frac{U_2}{R_d} \frac{1 + \cos \alpha}{2}$$

$$I_T = \sqrt{\frac{1}{2\pi} \int_\alpha^\pi (\frac{\sqrt{2} U_2}{R_d} \sin \omega t)^2 \mathrm{d}\ (\omega t)} = \frac{U_2}{R_d} \sqrt{\frac{1}{4\pi} \sin 2\alpha + \frac{\pi - \alpha}{2\pi}} = \frac{1}{\sqrt{2}} I$$

4. 管子两端承受的最大电压

$$U_{TM} = \sqrt{2} U_2$$

（二）单相桥式全控整流电路电阻电感性负载不接续流二极管相关参数计算

1. 输出电压平均值与平均电流

$$U_d = \frac{1}{\pi} \int_\alpha^{\pi + \alpha} \sqrt{2} U_2 \sin \omega t \mathrm{d}\ (\omega t) = \frac{2\sqrt{2}}{\pi} U_2 \cos \alpha = 0.9 U_2 \cos \alpha$$

在 $\alpha = 0°$ 时，输出电压 U_d 最大，$U_{d0} = 0.9 U_2$；在 $\alpha = 90°$ 时，输出电压 U_d 最小，等于零。因此 α 的移相范围是 $0° \sim 90°$。

$$I_d = \frac{U_d}{R_d} = 0.9 \frac{U_2}{R_d} \cos \alpha$$

2. 流过晶闸管电流的平均值和有效值

$$I_{dT} = \frac{1}{2} I_d$$

$$I_T = \frac{1}{\sqrt{2}} I_d$$

3. 晶闸管承受的最大电压

$$U_{TM} = \sqrt{2} U_2$$

（三）单相桥式全控整流电路电阻电感性负载接续流二极管相关参数计算

1. 输出电压平均值与平均电流

单相桥式全控整流电路电阻电感性负载接续流二极管时输出电压波形和电阻性负载时一样，即

$$U_{\mathrm{d}} = \frac{1}{\pi}\int_{\alpha}^{\pi}\sqrt{2}U_2\sin\omega t\mathrm{d}\ (\ \omega\mathrm{t}\ ) = 0.9U_2\frac{1+\cos\alpha}{2}$$

$$I_{\mathrm{d}} = \frac{U_{\mathrm{d}}}{R_{\mathrm{d}}} = 0.9\frac{U_2}{R_{\mathrm{d}}}\frac{1+\cos\alpha}{2}$$

2. 流过晶闸管电流的平均值和有效值

$$I_{\mathrm{dT}} = \frac{\pi-\alpha}{2\pi}I_{\mathrm{d}}$$

$$I_{\mathrm{T}} = \sqrt{\frac{\pi-\alpha}{2\pi}}I_{\mathrm{d}}$$

3. 流过续流二极管电流的平均值和有效值

$$I_{\mathrm{dD}} = \frac{\alpha}{\pi}I_{\mathrm{d}}$$

$$I_{\mathrm{D}} = \sqrt{\frac{\alpha}{\pi}}I_{\mathrm{d}}$$

4. 晶闸管和续流二极管承受的最大电压

$$U_{\mathrm{TM}} = U_{\mathrm{DM}} = \sqrt{2}U_2$$

【例 2-1】单相桥式全控整流电路，大电感负载，交流侧电流有效值为 220V，负载电阻 R_{d} 为 4Ω，计算当 $\alpha=60°$ 时，直流输出电压平均值 U_{d}、输出电流的平均值 I_{d}。若在负载两端并接续流二极管，其 U_{d}、I_{d} 又是多少？

解： 不接续流二极管时，由于是大电感负载，故

$$U_{\mathrm{d}} = 0.9U_2\cos\alpha = 0.9\times220\times\cos60° = 99\mathrm{V}$$

$$I_{\mathrm{d}} = \frac{U_{\mathrm{d}}}{R_{\mathrm{d}}} = \frac{99}{4}\mathrm{A} = 24.8\mathrm{A}$$

接续流二极管时

$$U_{\mathrm{d}} = 0.9U_2\frac{1+\cos\alpha}{2} = 0.9\times220\times\frac{1+0.5}{2} = 148.5\mathrm{V}$$

$$I_{\mathrm{d}} = \frac{U_{\mathrm{d}}}{R_{\mathrm{d}}} = \frac{148.5}{4}\mathrm{A} = 37.1\mathrm{A}$$

$$I_{\mathrm{dT}} = \frac{\pi-\alpha}{2\pi}I_{\mathrm{d}} = \frac{180°-60°}{360°}\times37.1 = 12.4\mathrm{A}$$

$$I_{\mathrm{T}} = \sqrt{\frac{\pi-\alpha}{2\pi}}I_{\mathrm{d}} = \sqrt{\frac{180°-60°}{360°}}\times37.1 = 21.4\mathrm{A}$$

$$I_{\mathrm{dVD}} = \frac{2\alpha}{2\pi}I_{\mathrm{d}} = \frac{\alpha}{\pi}I_{\mathrm{d}} = \frac{60°}{180°}\times37.1 = 12.4\mathrm{A}$$

$$I_{VD} = \sqrt{\frac{\alpha}{\pi}}I_d = \sqrt{\frac{60°}{180°}} \times 37.1 = 21.4A$$

五、习题与思考

1. 计算项目实施中单相桥式全控整流电路电阻性负载，相应控制角 $\alpha=0°$ 或最小值、30°、60°、90°、120° 时，输出电压 U_d 值，填写在《单相桥式全控整流电路电阻性负载调试任务单》中，并与测量值比较，分析产生误差的原因。

2. 计算项目实施中单相桥式全控整流电路电阻电感性负载，相应控制角 $\alpha=0°$ 或最小值、30°、60°、90°、120° 时，输出电压 U_d 值，填写在《单相桥式全控整流电路电阻电感性负载调试任务单》中，并与测量值比较，分析产生误差的原因。

3. 单相桥式全控整流电路中，若有一只晶闸管因过电流而烧成短路，结果会怎样？若这只晶闸管烧成断路，结果又会怎样？

4. 图 2-30 所示电路，已知电源电压 220V，电阻电感性负载，负载电阻 $R_d=5\Omega$，晶闸管的控制角为 60° 。

（1）试画出晶闸管两端承受的电压波形。

（2）晶闸管和续流二极管每周期导通多少度？

（3）选择晶闸管型号。

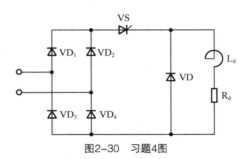

图2-30　习题4图

5. 若要求充电机输出电流平均值为 15A，主电路采用单相半波可控整流电路和单相桥式全控整流电路时，分别应该选多大的熔断器？

项目三

单相交流调压调光灯电路

调光灯除了采用前面项目介绍的单相可控整流电路实现调光外,还可以采用单相交流调压电路来实现调光。图 3-1 是一种采用单相交流调压电路实现调光的调光灯电路图。

本项目介绍由双向晶闸管构成的调光灯电路,包括双向晶闸管器件、双向晶闸管触发电路及单相交流调压电路的分析调试。

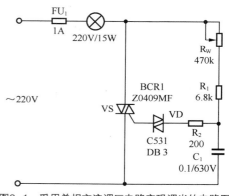

图3-1 采用单相交流调压电路实现调光的电路图

任务一 双向晶闸管及其测试

一、任务描述与目标

双向晶闸管是由普通晶闸管派生出来的,在交流电路中可以代替一组反并联的普通晶闸管,只需一个触发电路。因其具有触发电路简单、工作性能可靠的优点,在交流调压、无触点交流开关、温度控制、灯光调节及交流电动机调速等领域中应用广泛,是一种比较理想的交流开关器件。本次任务的目标如下。

- 熟悉双向晶闸管的结构。
- 明白双向晶闸管型号的含义。

- 会判断器件的好坏并能说明原因。
- 掌握双向晶闸管的触发方式。
- 会根据电路要求选择双向晶闸管。
- 在小组实施项目过程中培养团队合作意识。

二、相关知识

（一）双向晶闸管的结构及测试方法

1. 双向晶闸管的结构

双向晶闸管的外形与普通晶闸管类似，有塑封式、螺栓式、平板式。但其内部是一种 NPNPN 5 层结构的 3 端器件。它有 2 个主电极 T_1、T_2，1 个门极 G。常见的双向晶闸管外形及引脚排列如图 3-2 所示。

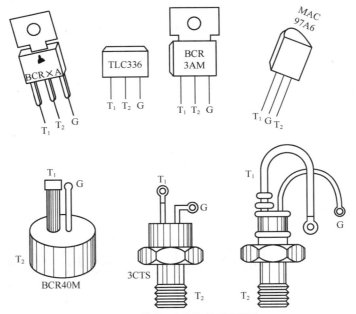

图3-2　常见双向晶闸管引脚排列

双向晶闸管的内部结构、等效电路及图形符号如图 3-3 所示。

双向晶闸管的其结构示意图如图 3-3（a）所示，N_4 与 P_1 表面用金属膜连通构成一个阳极；N_2 与 P_2 也用金属膜连通为另一阳极 T_1；N_3 与 P_2 一部分引出公共门极 G，门极 G 与一个阳极在同一侧引出。由此可以看出，双向晶闸管相当于两个晶闸管反并联（$P_1N_1P_2N_2$ 和 $P_2N_1P_1N_4$），不过它只有一个门极 G。如果不考虑 G 极的不同，把它分割成图 3-3（b）所示，如图 3-3（c）所示连接。图 3-3（d）和（e）分别为双向晶闸管等效电路和图形符号。

2. 双向晶闸管测试

（1）双向晶闸管电极的判定。一般可先从元器件外形识别引脚排列，如图 3-2 所示。多数的小型塑封双向晶闸管，面对印字面，引脚朝下，则从左向右的排列顺序依次为主电极 T_1、主电极 T_2、控制极（门极）。但是也有例外，所以有疑问时应通过检测作出判别。

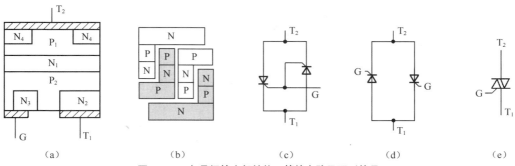

图3-3　双向晶闸管内部结构、等效电路及图形符号

① 确定第二阳极 T_2。G 极与 T_1 极靠近，距 T_2 极较远。因此，G-T_1 之间的正、反向电阻都很小。用万用表 $R×1$ 挡或 $R×10$ 挡测任意两脚之间的电阻，如图 3-4 所示。只有在 G-T_1 之间呈现低阻，正、反向电阻都很小（约 $100Ω$），而 T_2-G、T_2-T_1 之间的正、反向电阻均为无穷大。这表明，如果测出某脚和其他两脚都不通，就肯定是 T_2 极。另外，采用 TO-220 封装的双向晶闸管，T_2 极通常与小散热板连通，据此亦可确定 T_2 极。

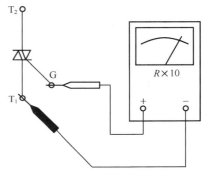

图3-4　测量G、T_1极间的正向电阻

② 区分 T_1 和 G。测量 T_1、G 极间正、反向电阻，读数相对较小的那次测量的黑表笔所接的引脚为第一阳极 T_1，红表笔所接引脚为控制极 G。

（2）双向晶闸管的好坏测试。

① 将万用表置于 $R×100$ 挡或 $R×1k$ 挡，测量双向晶闸管的 T_1、T_2 之间的正、反向电阻应近似无穷大（∞），测量 T_1 与 G 之间的正、反向电阻也应近似无穷大（∞）。如果测得的电阻都很小，则说明被测双向晶闸管的极间已击穿或漏电短路，性能不良，不宜使用。

② 将万用表置于 $R×1$ 挡或 $R×10$ 挡，测量双向晶闸管 T_1 与 G 之间的正、反向电阻，若读数在几十欧至一百欧之间，则为正常，且测量 G、T_1 间正向电阻（如图 3-4 所示）时的读数要比反向电阻稍微小一些。如果测得 G、T_1 间的正、反向电阻均为无穷大（∞），则说明被测晶闸管已开路损坏。

（二）双向晶闸管的特性与主要参数

1. 双向晶闸管的特性

双向晶闸管有正反向对称的伏安特性曲线。正向部分位于第 I 象限，反向部分位于第 III 象限如图 3-5 所示。

从曲线中可以看出，第 I 和第 III 象限内具有基本相同转换性能。双向晶闸管工作时，它的 T_1 和 T_2 间加正（负）压，若门极无电压，只要 T_1 和 T_2 间电压低于转折电压，它就不会导通，处于阻断状

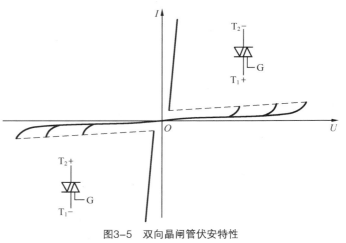

图3-5　双向晶闸管伏安特性

态。若门极加一定的正（负）压，则双向晶闸管在 T_1 和 T_2 间电压小于转折电压时被门极触发导通。

2. 双向晶闸管的主要参数

双向晶闸管的主要参数中只有额定电流与普通晶闸管有所不同，其他参数定义相似。由于双向晶闸管工作在交流电路中，正反向电流都可以流过，所以它的额定电流不用平均值而是用有效值来表示。定义为：在标准散热条件下，当器件的单向导通角大于 170°，允许流过器件的最大交流正弦电流的有效值，用 $I_{T(RMS)}$ 表示。可见，双向晶闸管的峰值电流 I_m 为有效值 $I_{T(RMS)}$ 的 $\sqrt{2}$ 倍，即 $I_m = \sqrt{2} I_{T(RMS)}$。

普通晶闸管的额定电流是指正弦半波电流，其峰值电流 I_m 为平均电流 $I_{T(AV)}$ 的 π 倍，即 $I_m = \pi \cdot I_{T(AV)}$。由此可以得出：$\sqrt{2} \cdot I_{T(RMS)} = \pi \cdot I_{T(AV)}$

双向晶闸管额定电流与普通晶闸管额定电流之间的换算关系式为

$$I_{T(AV)} = \frac{\sqrt{2}}{\pi} I_{T(RMS)} = 0.45 I_{T(RMS)}$$

$$I_{T(RMS)} = \frac{\pi}{\sqrt{2}} \cdot I_{T(AV)} = 2.22 I_{T(AV)}$$

以此推算，一个 100A 的双向晶闸管与两个反并联 45A 的普通晶闸管电流容量相等。由于双向晶闸管过载能力差，所以在选择元件时，必须根据设备的重要性和可靠性的要求，使其额定电流应为实际计算的 1.5～2 倍以上。国产 KS 型双向晶闸管的主要参数和分级的规定如表 3-1、表 3-2、表 3-3、表 3-4、表 3-5 所示。

表 3-1　　　　　　　　　　　额定通态电流（有效值）$I_{T(RMS)}$ 的规定

系列	KS1	KS10	KS20	KS50	KS100	KS200	KS400	KS500
$I_{T(RMS)}$（A）	1	10	20	50	100	200	400	500

表 3-2　　　　　　　　　　　　重复峰值电压的 U_{DRM} 分级规定

等级	1	2	3	4	5	6	7	8
U_{DRM}（V）	100	200	300	400	500	600	700	800
等级	9	10	12	14	16	18	20	
U_{DRM}（V）	900	1 000	1 200	1 400	1 600	1 800	2 000	

表 3-3　　　　　　　　　　　　断态电压临界上升率分级规定

等级	0.2	0.5	2	5
$\dfrac{du/dt}{V/\mu s}$	≥20	≥50	≥200	≥500

表 3-4　　　　　　　　　　　　换向电流临界下降率的分级规定

等级	0.2	0.5	1
$\dfrac{di/dt}{A/\mu s}$	≥0.2% $I_{T(RMS)}$	≥0.5% $I_{T(RMS)}$	≥1% $I_{T(RMS)}$

双向晶闸管的主要参数

表 3-5

系列	额定通态电流(有效值) $I_{T(RMS)}$ (A)	断态重复峰值电压(额定电压) U_{DRM} (V)	断态重复峰值电流 I_{DRM} (mA)	额定结温 T_{jm} (℃)	断态电压临界上升率 du/dt (V/μs)	通态电流临界上升率 di/dt (A/μs)	换向电流临界下降率 di/dt (A/μs)	门极触发电流 I_{GT} (mA)	门极触发电压 U_{GT} (V)	门极峰值电流 I_{GM} (V)	门极峰值电压 U_{GM} (V)	维持电流 I_H (mA)	通态平均电压 $U_{T(AV)}$ (V)
KS1	1	100~200	<1	115	≥20	—	≥0.2% $I_{T(RMS)}$	3~100	≤2	0.3	10	实测值	上限值各厂由浪涌电流和结温的合格形式试验决定并满足 $\|U_{T1}-U_{T2}\| ≤ 0.5V$
KS10	10		<10	115	≥20	—		5~100	≤3	2	10		
KS20	20		10	115	≥20	—		5~200	≤3	2	10		
KS50	50		<15	115	≥20	10		8~200	≤4	3	10		
KS100	100		<20	115	≥50	10		10~300	≤4	4	12		
KS200	200		<20	115	≥50	15		10~400	≤4	4	12		
KS400	400		<25	115	≥50	30		20~400	≤4	4	12		
KS500	500		<25	115	≥50	30		20~400	≤4	4	12		

（三）双向晶闸管的触发方式

双向晶闸管正反两个方向都能导通，门极加正负电压都能触发。主电压与触发电压相互配合，可以得到 4 种触发方式。

① I_+ 触发方式。主极为 T_2 正，T_1 为负；门极电压 G 为正，T_1 为负。特性曲线在第 I 象限。

② I_- 触发方式。主极 T_2 为正，T_1 为负；门极电压 G 为负，T_1 为正。特性曲线在第 I 象限。

③ III_+ 触发方式。主极 T_2 为负，T_1 为正；门极电压 G 为正，T_1 为负。特性曲线在第 III 象限。

④ III_- 触发方式。主极 T_2 为负，T_1 为正；门极电压 G 为负，T_1 为正。特性曲线在第 III 象限。

由于双向晶闸管的内部结构原因，4 种触发方式中灵敏度不相同，以 III_+ 触发方式灵敏度最低，使用时要尽量避开，常采用的触发方式为 I_+ 和 III_-。

（四）双向晶闸管命名及型号含义

1. 国产双向晶闸管

国产双向晶闸管的型号有部颁新标准 KS 系列和部颁旧标准 3CTS 系列。

如型号 KS50-10-21 表示额定电流 50A，额定电压 10 级（1000V）断态电压临界上升率 du/dt 为 2 级（不小于 $200V/\mu s$），换向电流临界下降率 di/dt 为 1 级（不小于 $1\% I_{T(RMS)}$）的双向晶闸管。3CTS1 表示额定电压为 400V、额定电流为 1A 的双向晶闸管。

2. 国外双向晶闸管

"TRIAC"（Triode AC semiconductor Switch）是双向晶闸管的统称。各个生产商有其自己产品命名方式。

由双向（Bi-directional）、控制（Controlled）、整流器（Rectifier）这 3 个英文名词的首个字母组合而成 "BCR" 表示双向晶闸管。以 "BCR" 来命名双向可控硅的典型厂家如日本三菱，如 BCR1AM-12、BCR8KM、BCR08AM 等。

MOTOROLA（摩托罗拉半导体）公司以 "MAC" 来命名，如 MAC97-6。

意法 ST 公司，则以 "BT" 字母为前缀来命名元件的型号，并且在 "BT" 后加 "A" 或 "B" 来表示绝缘与非绝缘。组合成 "BTA"、"BTB" 系列的双向晶闸管型号，型号的后缀字母（型号最后一个字母）带 "W" 的，均为 "三象限双向晶闸管"。如 "BW"、"CW"、"SW"、"TW"，代表型号如：BTB12-600BW、BTA26-700CW、BTA08-600SW 等。四象限/绝缘型/双向晶闸管：BTA06-600C、BTA12-600B、BTA16-600B、BTA41-600B 等；四象限/非绝缘/双向晶闸管：BTB06-600C、BTB12-600B、BTB16-600B、BTB41-600B 等。

ST 公司也有以 "Z" 表示 TRIAC series 的双向晶闸管，如 Z0402MF，其中 "04" 表示额定电流 $I_{T(RMS)}$ 为 4A；"02" 表示触发电流不小于 3mA（"05" 表示 5mA、"09" 表示 10mA、"10" 表示 25mA）；"M" 表示额定电压 600V（"S" 表示 700V、"N" 表示 800V）；"F" 表示封装为 TO202-3。

荷兰飞利浦（Philips）公司以 "BT"（Bi-directional Triode）来命名，代表型号有：PHILIPS 的 BT131-600D、BT134-600E、BT136-600E、BT138-600E、BT139-600E 等。Philips 公司的产品型号前缀为 "BTA" 字头的，通常是指三象限的双向晶闸管。

而至于型号后缀字母的触发电流，各个厂家的代表含义如下。PHILIPS 公司：D=5mA，E=10mA，C=15mA，F=25mA，G=50mA，R=200uA 或 5mA，型号没有后缀字母之触发电流，通常为 25～35mA。意法 ST 公司：TW=5mA，SW=10mA，CW=35mA，BW=50mA，C=25mA，B=50mA，H=15mA，T=15mA。

注意：以上触发电流均有一个上下起始误差范围，产品 PDF 文件中均有详细说明。

三、任务实施

1. 所需仪器设备

（1）双向晶闸管 2 个。

（2）万用表 1 块。

2. 测试前准备

（1）课前预习相关知识。

（2）清点相关材料、仪器和设备。

（3）填写任务单测试前准备部分。

3. 操作步骤及注意事项

（1）观察双向晶闸管外形。观察双向晶闸管外形，从外观上判断 3 个管脚，记录双向晶闸管型号，说明型号的含义，将数据记录在任务单测试过程记录中。

请勿将双向晶闸管掉落地上，以免摔坏或踩坏。

（2）双向晶闸管管脚判别。用万用表判断双向晶闸管 3 个管脚，并与观察判断的管脚对照。

正确使用万用表；测试时需小心，勿掰断管脚。

（3）双向晶闸管测试。将万用表置于 $R \times 100$ 挡或 $R \times 1k$ 挡，测量双向晶闸管的主电极 T_1、主电极 T_2 之间的正、反向电阻，再将万用表置于 $R \times 1$ 挡或 $R \times 10$ 挡，测量双向晶闸管主电极 T_1 与控制极（门极）G 之间的正、反向电阻，应并将所测数据填入任务单中，以判断被测管子的好坏。

（4）操作结束后，按要求整理操作台，清扫场地，填写任务单收尾部分。

（5）将任务单交老师评价验收。

4. 双向晶闸管测试任务单（见附表 11）

5. 任务实施标准

序号	内 容	配分	等级	评 分 细 则	得 分
1	认识器件	10	10	能从外形认识双向晶闸管，错误 1 个扣 5 分	
2	型号说明	10	10	能说明型号含义，错误 1 个扣 5 分	
3	双向晶闸管测试	50	20	万用表使用，挡位错误 1 次扣 5 分	
			10	测试方法，错误扣 10 分	
			20	测试结果，每错 1 个扣 5 分	
4	双向晶闸管好坏判断	10	10	判断错误 1 个扣 5 分	
5	现场整理	20	20	经提示后能将现场整理干净扣 10 分 不合格，该项 0 分	
合计					

四、总结与提升

（一）普通晶闸管和双向晶闸管的判别

用万用表的 $R\times1$ 挡任意测量两个极间正反向电阻，若指针均不动，可能是 A、K 或 G、A 极（对普通晶闸管）也可能是 T_2、T_1 或 T_2、G 极（对双向晶闸管）。若其中有一次测量指示为几十至几百欧，则必为普通晶闸管，且红笔所接为 K 极，黑笔接的为 G 极，剩下即为 A 极。若正、反向测量电阻指示均为几十至几百欧，则必为双向晶闸管。再将旋钮拨至 $R\times1$ 或 $R\times10$ 挡复测，其中必有一次阻值稍大，则稍大的一次红笔接的为 G 极，黑笔所接为 T_1 极，余下是 T_2 极。

（二）双向晶闸管的触发原理

根据图 3-3 双向晶闸管内部结构图，可以把它看成由 3 部分组成，即（1）$P_1N_1P_2N_3$、（2）$P_1N_1P_2N_2$、（3）$P_1N_1P_1N_4$，如图 3-6 所示。

1. I_+ 触发方式触发原理

I_+ 触发方式即 T_2 为正、T_1 为负、G 为正，其等效电路如图 3-7 所示。

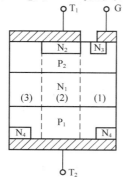

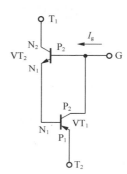

图3-6　双向晶闸管内部结构示意图　　　　图3-7　I_+ 触发方式等效电路图

现以 $P_1N_1P_2$ 与 $N_1P_2N_2$ 两个晶体管的相互作用来说明它的工作过程。从图 3-7 可看出，这两个晶体管中一个管子的集电极电流，就是另一个管子的基极电流。这样形式的晶体管电路，一旦有足够的门极电流 I_g 流入，就发生极大的正反馈作用，即

$$I_g=I_{b2}\uparrow\ \to I_{c2}\uparrow\ =I_{b1}\uparrow\ \to I_{c1}\uparrow$$

最终使两个晶体管导通，并进入深度饱和状态。所以门极电流 I_g 的流入，促使 $P_1N_1P_2N_2$ 由关断转化为导通，这个触发方式完全与普通晶闸管工作原理相同。

2. I_- 触发方式的触发原理

由图 3-6 看出，当门极 G 电位相对于 T_1 为负时，可以理解为 T_1 是门极，G 是阴极。在 T_1 电流增大到一定程度时，首先使 $P_1N_1P_2N_3$ 导通，随即 T_2 极电压立即转移到门极 G（即门极 G 电位被突然提高，基本接近于 T_2）这样门极 G 下面的 P_2 区电压高于 T_1。于是从 T_2 极引来的电流流向 T_1 极，其作用类似于触发电流，促使 $P_1N_1P_2N_2$ 导通。

3. III_+ 触发方式的触发原理

III_+ 触发方式时，从门极 G 注入电流流入 T_1，使 $N_2P_2N_1$ 晶体管正偏导通，再使 $P_2N_1P_1$ 晶体管正

偏导通，进而又使 $N_1P_1N_4$ 晶体管饱和导通，于是引起 $P_2N_1P_1N_4$ 导通。由此可见，III+触发控制全过程必须要经过 3 个晶体管的相互作用才能完成，它所要求的门极触发电流往往较大，这就大大影响了触发灵敏度。

4. III-触发方式的触发原理

在 III-触发方式下，以 T_1 注入电流，使 $N_3P_2N_2$ 正偏导通，其发射极电流再使 $P_2N_1P_1$ 正偏导通，又使 $N_1P_1N_4$ 饱和导通，最终达到 $P_2N_1P_1N_4$ 导通。

五、习题与思考

1. 双向晶闸管额定电流的定义和普通晶闸管额定电流的定义有何不同？额定电流为 100A 的两只普通晶闸管反并联可以用额定电流为多少的双向晶闸管代替？

2. 型号为 KS100-10-51，请解释每个部分所代表的含义。

3. 双向晶闸管有哪几种触发方式？一般选用哪几种？

4. 说明图 3-8 所示的电路，指出双向晶闸管的触发方式。

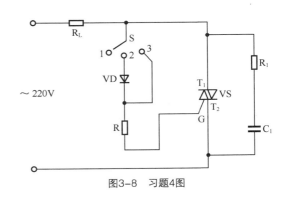

图3-8 习题4图

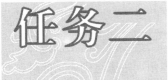

单相交流调压电路调试

一、任务描述与目标

交流调压是将幅值固定的交流电能转化为同频率的幅值可调的交流电能。交流调压电路广泛应用于灯光控制、工业加热、感应电机调速以及电解电镀的交流侧调压等场合。本次任务介绍双向晶闸管的触发电路及单相交流调压电路，任务的目标如下。

- 会分析双向晶闸管的触发电路工作原理。
- 能调试双向晶闸管触发电路。
- 能安装和调试单相交流调压电路。
- 会分析单相交流调压电路工作原理。
- 能根据测试波形或相关点电压电流值对电路现象进行判断和分析。
- 在电路安装与调试过程中，培养职业素养。
- 在小组实施项目过程中培养团队合作意识。

二、相关知识

（一）双向晶闸管触发电路

1. 双向触发二极管组成的触发电路

（1）双向触发二极管。双向触发二极管由 NPN 三层结构组成，它是一个具有对称性的半导体二极管器件，其内部结构、符号及特性曲线如图 3-9 所示。

双向触发二极管正、反向伏安特性几乎完全对称，当器件两端所加电压 U 低于正向转折电压 U_{BO} 时，器件呈高阻态。当 $U > U_{BO}$ 时，管子击穿导通进入负阻区。同样当 U 大于反向转折电压 U_{BR} 时，管子也会击穿进入负阻区。转折电压的对称性用 ΔU_B 表示，

$$\Delta U_B = |U_{BO}| - |U_{BR}|$$

由于双向触发二极管是固定半导体器件，因而体积小而坚固，能承受较大的脉冲电流，一般能承受 2A 脉冲电流，使用寿命长，工作可靠，成本低，已广泛应用于双向晶闸管的触发电路中。

（2）双向触发二极管组成的触发电路。双向触发二极管组成的触发电路如图 3-10 所示。

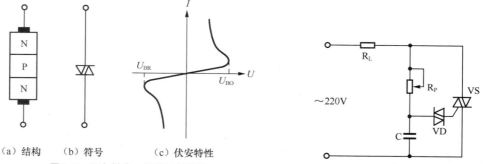

（a）结构　（b）符号　（c）伏安特性
图3-9　双向触发二极管及其特性

图3-10　双向触发二极管组成的触发电路

当晶闸管阻断时，电源经负载及电位器 R_P 向电容 C 充电。当电容两端电压达到一定值时，双向二极管 VD 导通，触发双向晶闸管 VS。VS 导通后将触发电路短路，待交流电压过零反向时，VS 自行关断。电源反向时，电容 C 反向充电，充电到一定值时，双向二极管 VD 反向击穿，再次触发 VS 导通，属于 I、III 触发方式。改变 R_P 阻值即可改变电容两端电压达到双向二极管导通的时刻（即改变正负半周控制角），从而负载上可得到不同大小的电压。

2. 集成触发器组成的触发电路

KC 系列中的 KC05 和 KC06 是专门用于双向晶闸管或两只反向并联晶闸管组成的交流调压电路中，具有失交保护、输出电流大等优点，是交流调压的理想触发电路。它们的不同是 KC06 具有自生直流电源，这里介绍 KC05 触发器。

（1）KC05 内部原理图。KC05 内部原理图如图 3-11 所示。"15"、"16" 端为同步电压输入端，"16" 端同时是+15V 电源输入端，VT_1、VT_2 组成的同步检测电路，当同步电压过零时 VT_1、VT_2 截止，从而使 VT_3、VT_4、VT_5 导通，电源通过 VT_5 对外接的电容 C_1 充电至 8V 左右。同步过零结束后 VT_1、VT_2 导通，VT_3、VT_5 恢复截止，C_1 电容由 VT_6 恒流放电，形成线性下降的锯齿波。锯齿波下降的斜率由 "5" 端的外接的锯齿波斜率电位器 R_{W1} 调节。锯齿波送至 VT_8 与 "6" 端引入 VT_9 的移相控制电压进行比较放大，经 VT_{10}、VT_{11} 以及外接 R、C 微分，在 VT_{12} 集电极得到一定宽度的移相脉冲，脉冲宽度由 R_2、C_2 的值决定。脉冲经 VT_{13}、VT_{14} 功率放大后，在 "9" 端能够得到输出

200mA 电流的触发脉冲。VT₄ 是失交保护输出。当输入移相电压大于 8.5V 与锯齿波失交时，VT₄ 的同步零点脉冲输出通过"2"端与"12"端的连接，保证了移相电压与锯齿波失交时可控硅仍保持全导通。

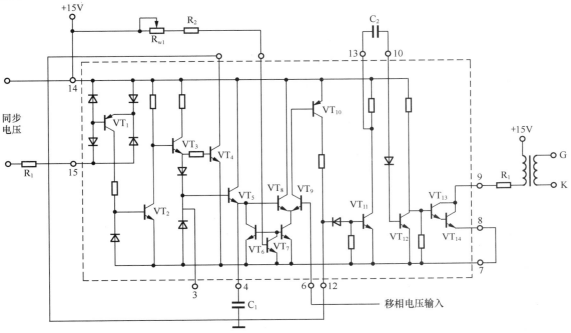

图3-11 KC05内部原理图

（2）KC05 引脚及功能。KC05 引脚及功能如表3-6 所示。

表 3-6   KC05 引脚功能

引脚号	功　　能	引脚号	功　　能
1	悬空	9	触发脉冲输出端，通过一个电阻接晶闸管门极或脉冲变压器一端
2	失交保护信号连接端，与12脚相连接进行失交保护	10	脉宽电阻及微分电容连接端，通过一个电阻接工作电源，并通过一个电容接13服
3	悬空	11	悬空
4	锯齿波电容连接端，通过 0.47μF 电容接地	12	失交保护信号公共连接端，与2脚相连
5	锯齿波斜率调节端，通过一个电阻与可调电位器串联接工作电源	13	宽度微分电容连接端，通过一个电容接10脚
6	移相电压输入端，接移相电位器中点或控制系统调节输出信号	14	悬空
7	地端	15	同步信号输入端，通过一个电阻接同步电源
8	脉冲功率放大晶体管发射极端，与工作电源地端相连	16	电源端，接直流电源

（3）单相交流调压触发电路。KC05 组成的单相交流调压触发电路原理图如图3-12 所示。

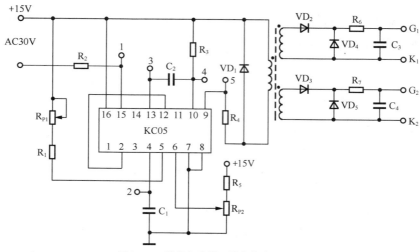

图3-12　单相交流调压触发电路原理图

同步电压由 KC05 的 15、16 脚输入，在 2 点可以观测到锯齿波，锯齿波斜率由 R_{P1}、R_1、C_1 决定，调节 R_{P1} 电位器可调节锯齿波的斜率。锯齿波与 6 脚引入的移相控制电压进行比较放大，调节 R_{P2}，可调节触发脉冲控制角。触发脉冲从第 9 脚，经脉冲变压器输出。脉冲宽度由 R_3、C_2 决定，再经过功率放大由 9 脚输出。各主要点波形如图 3-13 所示。

（二）单相交流调压电路

1. 双向晶闸管实现的单相交流调压电路

双向晶闸管实现的单相交流调压电路电阻性负载如图 3-1 所示，输出电压波形如图 3-14 所示。

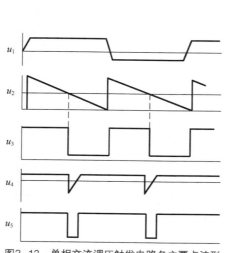

图3-13　单相交流调压触发电路各主要点波形

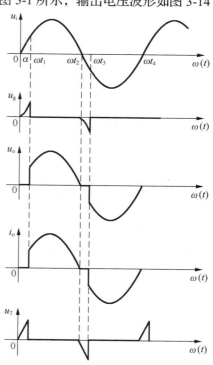

图3-14　单相交流调压电路电阻性负载电压电流波形图

电源电压正半周，220V 交流通过 R_W、R_1 对电容 C_1 充电，当 C_1 上的充电压升到高于双向触发二极管 VD 击穿电压（ωt_1 时刻）时，电容 C_1 便通过限流电阻 R_2、双向触发二极管 VD 向晶闸管 VS 控制极放电，触发双向晶闸管导通，负载两端电压为电源电压。电压过零变负（ωt_2 时刻）时，流过双向晶闸管电流小于维持电流，双向晶闸管 VS 关断。

电源电压负半周，220V 交流通过 R_W、R_1 对电容 C_1 反向充电。由于双向触发二极管正、反向工作特性相同，当 C_1 上的充电压反向高于双向触发二极管 VD 击穿电压（ωt_3 时刻）时，双向晶闸管被触发导通，负载两端电压为电源电压。电压过零变正（ωt_4 时刻）时，流过双向晶闸管电流小于维持电流，双向晶闸管 VS 关断。

改变可变电阻 R_W 阻值时，就改变了对电容 C_1 的充电时间常数，这样就可以改变 C_1 充电电压的上升速度，从而可以以往变双向晶闸管导通时间（改变了双向晶闸管导通角），改变输出电压和电流的大小，达到调光的目的。

在电阻性负载下负载电流和负载电压的波形相同，电阻负载上交流电压有效值为

$$U_R = \sqrt{\frac{1}{\pi} \int_\alpha^\pi (\sqrt{2} U_2 \sin \omega t)^2 \mathrm{d}\,(\omega t)} = U_2 \sqrt{\frac{1}{2\pi} \sin 2\alpha + \frac{\pi - \alpha}{\pi}}$$

电流有效值

$$I = \frac{U_R}{R} = \frac{U_2}{R} \sqrt{\frac{1}{2\pi} \sin 2\alpha + \frac{\pi - \alpha}{\pi}}$$

电路功率因数

$$\cos \varphi = \frac{P}{S} = \frac{U_R I}{U_2 I} = \sqrt{\frac{1}{2\pi} \sin 2\alpha + \frac{\pi - \alpha}{\pi}}$$

α 角的移相范围为 $0 \sim \pi$。$\alpha = 0$ 时，相当于晶闸管一直导通，输出电压为最大值，$U_0 = U_2$ 灯最亮。随着 α 的增大，U_0 逐渐降低，灯的亮度也由亮变暗，直至 $\alpha = \pi$ 时，$U_0 = 0$，灯熄灭。此外 $\alpha = 0$ 时，功率因数 $\cos \varphi = 1$，随着 α 的增大，输入电流滞后于电压且发生畸变，$\cos \varphi$ 也逐渐降低，且对电网电压电流造成谐波污染。

和整流电路一样，交流调压电路的工作情况也和负载的性质有很大的关系，电阻电感性负载时，若负载上电压电流的相位差为 φ，则移相范围为 $\varphi \leqslant \alpha \leqslant \pi$，详细分析见普通晶闸管反并联实现的单相交流调压电路。

2. 普通晶闸管反并联实现的单相交流调压电路

普通晶闸管反并联实现的单相交流调压电路如图 3-15 所示。工作原理与双向晶闸管实现的单相交流调压电路相同，只是需要两组独立的触发电路分别控制两只晶闸管。这里主要分析电感性负载的工作情况。

图 3-16 所示为电感性负载的交流调压电路。由于电感的作用，在电源电压由正向负过零时，负载中电流要滞后一定 φ 角度才能到零，即管子要继续导通到电源电压的负半周才能关断。晶闸管的导通角 θ 不仅与控制角 α 有关，而且与负载的功率因数角 φ 有关。控制角越小则导通角越大，负载的功率因数角 φ 越大，表明负载感抗大，自感电动势使电流过零的时间越长，因而导通角 θ 越大。

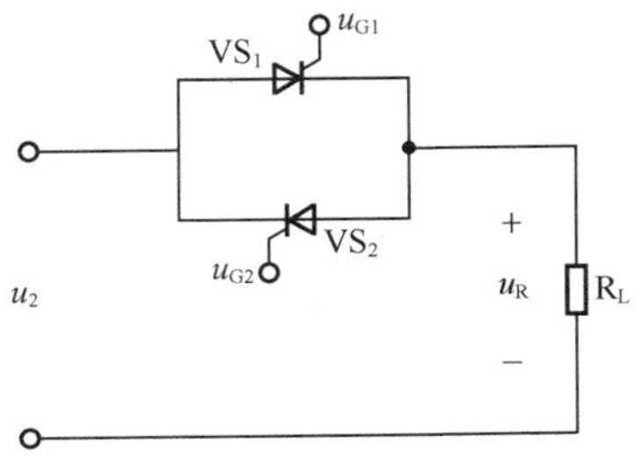

图3-15　普通晶闸管反并联实现的单相
交流调压电路图

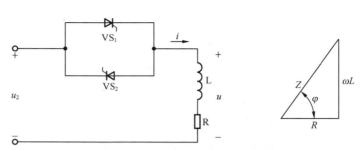

图3-16　单相交流调压电感负载电路图

下面分 3 种情况加以讨论。

（1）$\alpha > \varphi$。由图 3-17 可见，当 $\alpha > \varphi$ 时，$\theta < 180°$，即正负半周电流断续，且 α 越大，θ 越小。可见，α 在 $\varphi \sim 180°$ 范围内，交流电压连续可调，电流电压波形如图 3-17（a）所示。

（2）$\alpha = \varphi$。由图 3-17 可知，当 $\alpha = \varphi$ 时，$\theta = 180°$，即正负半周电流临界连续，相当于晶闸管失去控制，电流电压波形如图 3-17（b）所示。

（3）$\alpha < \varphi$。此种情况若开始给 VS_1 管以触发脉冲，VS_1 管导通，而且 $\theta > \alpha$。如果触发脉冲为窄脉冲，当 u_{G2} 出现时，VS_1 管的电流还未到零，VS_1 管关不断，VS_2 管不能导通。当 VS_1 管电流到零关断时，u_{G2} 脉冲已消失，此时 VS_2 管虽已受正压，但也无法导通。到第三个半波时，u_{G1} 又触发 VS_1 导通。这样负载电流只有正半波部分，出现很大直流分量，电路不能正常工作。因而电感性负载时，晶闸管不能用窄脉冲触发，可采用宽脉冲或脉冲列触发。

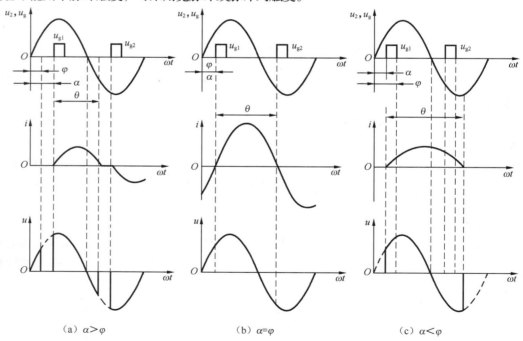

图3-17　单相交流调压电感负载波形图

综上所述，单相交流调压有如下特点。

（1）电阻负载时，负载电流波形与单相桥式可控整流交流侧电流一致。改变控制角 α 可以连续改变负载电压有效值，达到交流调压的目的。移相范围为 $0° \sim 180°$。

（2）电感性负载时，不能用窄脉冲触发。否则当 $\alpha < \varphi$ 时，会出现一个晶闸管无法导通，产生很大直流分量电流，烧毁熔断器或晶闸管。

（3）电感性负载时，最小控制角 $\alpha_{\min} = \varphi$（阻抗角）。所以 α 的移相范围为 $\varphi \sim 180°$。

三、任务实施

（一）双向晶闸管实现的单相交流调压电路调试

1. 所需仪器设备

（1）DJDK-1 型电力电子技术及电机控制实验装置（含 DJK01 电源控制屏、DJK22 单相交流调压/调功电路）1 套。

（2）示波器 1 台。

（3）万用表 1 块。

（4）导线若干。

2. 测试前准备

（1）课前预习相关知识。

（2）清点相关材料、仪器和设备。

（3）填写任务单测试前准备部分。

3. 操作步骤及注意事项

（1）接线。

① 将 DJK01 电源控制屏的电源选择开关打到"直流调速"侧，使输出线电压为 200V，用两根导线将 200V 交流电压接到 DJK22 的交流调压电路的" U_i"电源输入端。

② 接入 220V，25W 的灯泡负载。

③ 在负载两端并接交流电压表。

（2）电路调试。

① 按下电源控制屏"启动"按钮，打开交流调压电路的电源开关。

② 调节面板上的"移相触发控制"电位器 R_W，观察白炽灯亮度和电压表读数的变化。

③ 观察负载两端波形并记录输出电压大小。调节"移相触发控制"电位器，用双踪示波器观察并记录 $\alpha = 30°$、$60°$、$90°$、$120°$ 时，电容器两端、双向晶闸管两端、双向晶闸管触发信号及白炽灯两端的波形，并测量直流输出电压 U_o 和电源电压 U_i 值，记录于任务单的测试过程记录表中。

注意　　触发控制电路，没有通过降压变压器隔离，是交流电源直接对电容进行充电，而因此在实验时不要用手直接接触电路的任何部分，以免触电。

（3）操作结束后，按要求整理操作台，清扫场地，填写任务单收尾部分。

（4）将任务单交老师评价验收。

4. 双向晶闸管实现的单相交流调压电路调试任务单（见附表 12）

5. 任务实施标准

序号	内　容	配分	等级	评　分　细　则	得　分
1	接线	10	10	接线错误 1 根扣 5 分	
2	示波器使用	20	20	使用错误 1 次扣 5 分	
3	调光灯电路调试	40	20	测试过程错误 1 处扣 5 分	
			15	参数记录，每缺 1 项扣 2 分	
			5	无数据分析扣 5 分，分析错误或不全酌情扣分	
4	操作规范	20	20	违反操作规程 1 次扣 10 分 元件损坏 1 个扣 10 分 烧保险 1 次扣 10 分	
5	现场整理	10	10	经提示后将现场整理干净扣 5 分 不合格，本项 0 分	
				合计	

（二）普通晶闸管反并联实现的单相交流调压电路调试

1. 所需仪器设备

（1）DJDK-1 型电力电子技术及电机控制实验装置（含 DJK01 电源控制屏、DJK02 晶闸管主电路、DJK03-1 晶闸管触发电路、D42 三相可调电阻）1 套。

（2）示波器 1 台。

（3）万用表 1 块。

（4）导线若干。

2. 测试前准备

（1）课前预习相关知识。

（2）清点相关材料、仪器和设备。

（3）填写任务单测试前准备部分。

3. 操作步骤及注意事项

（1）触发电路调试。

① 触发电路接线。将 DJK01 电源控制屏的电源选择开关打到"直流调速"侧，使输出线电压为 200V，用两根导线将 200V 交流电压（A、B）接到 DJK03-1 的"外接 220V"端。

② 触发电路调试。按下"启动"按钮，打开 DJK03 电源开关，用示波器观察单相交流调压触发电路同步电压"1"～"5"孔及脉冲输出的波形。调节电位器 R_{P1}，观察锯齿波斜率是否变化，调节 R_{P2}，观察输出脉冲的移相范围如何变化，移相能否达到 170°，将波形和数据记录在任务单的测试过程记录中。

　　"G"、"K"输出端有电容影响，故观察触发脉冲电压波形时，需将输出端"G"和"K"分别接到晶闸管的门极和阴极（或者也可用约 100Ω 阻值的电阻接到"G"、"K"两端，来模拟晶闸管门极与阴极的阻值，否则，无法观察到正确的脉冲波形。

（2）单相交流调压电阻性负载调试。

① 单相交流调压电阻性负载接线。将 DJK02 面板上的两个晶闸管反向并联而构成交流调压电路，将触发器的输出脉冲端"G_1"、"K_1"、"G_2"和"K_2"分别接至主电路相应晶闸管的门极和阴极，接上电阻性负载，如图 3-18 所示。

触发脉冲是从外部接入 DJK02 面板上晶闸管的门极和阴极，此时，应将所用晶闸管对应的触发脉冲开关拨向"断"的位置，并将 U_{lf} 及 U_{lr} 悬空，避免误触发。

② 单相交流调压电阻性负载调试。用示波器观察负载电压、晶闸管两端电压的波形。调节"单相调压触发电路"上的电位器 R_{P2}，观察 $\alpha=30°$、$60°$、$90°$、$120°$时各点波形的变化，并在任务单的测试过程记录中记录波形和相应输出电压值。

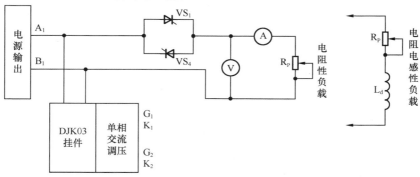

图3-18　单相交流调压电路接线图

（3）单相交流调压电阻电感性负载调试。

① 单相交流调压电阻电感性负载接线。切断电源，将 L 与 R 串联，改接为电阻电感性负载。

② 单相交流调压电阻电感性负载调试。按下"启动"按钮，用双踪示波器同时观察负载电压 u_0 波形。调节负载电路 R 的大小（注意观察电流，负载电流不要超过 1A），使阻抗角为一定值，观察在不同 α 角时波形的变化情况，记录 $\alpha>\varphi$、$\alpha=\varphi$、$\alpha<\varphi$ 3 种情况下负载两端的电压 u_0 波形。

（4）操作结束后，按要求整理操作台，清扫场地，填写任务单收尾部分。

（5）将任务单交老师评价验收。

4. 双向晶闸管实现的单相交流调压电路调试任务单（见附表 13）

5. 任务实施标准

序号	内　容	配分	等级	评分细则	得　分
1	接线	10	10	接线错误 1 根扣 5 分	
2	示波器使用	10	10	使用错误 1 次扣 5 分	
3	触发电路调试	20	10	测试过程错误 1 处扣 5 分	
			10	参数记录，每缺 1 项扣 2 分	
4	电阻性负载电路调试	20	10	测试过程错误 1 处扣 5 分	
			10	参数记录，每缺 1 项扣 2 分	

续表

序号	内　　容	配分	等级	评 分 细 则	得　分
5	电阻电感性负载调试	20	10	测试过程错误 1 处扣 5 分	
			10	参数记录，每缺 1 项扣 2 分	
6	操作规范	10	10	违反操作规程 1 次扣 10 分	
				元件损坏 1 个扣 10 分	
				烧保险 1 次扣 10 分	
7	现场整理	10	10	经提示后将现场整理干净扣 5 分	
				不合格，本项 0 分	
合计					

四、总结与提升

（一）电阻电感性负载时阻抗角的确定

负载阻抗角的确定，常采用直流伏安法来测量内阻，如图 3-19 所示。

电抗器的内阻为：$R_L = U_L / I$

电抗器的电感量可采用交流伏安法测量，如图 3-20 所示。由于电流大时，对电抗器的电感量影响较大，采用自耦调压器调压，多测几次取其平均值，从而可得到交流阻抗。

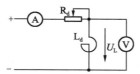

图3-19　用直流伏安法测电抗器内阻

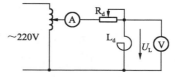

图3-20　用交流伏安法测定电感量

电抗器交流电抗为：$Z_L = \dfrac{U_L}{I}$

电抗器的电感为

$$L = \frac{\sqrt{Z_L^2 - R_L^2}}{2\pi f}$$

$$\varphi = \arctan \frac{\omega L}{R_d + R_L}$$

这样，即可求得负载阻抗角。

在实训中，欲改变阻抗角，只需改变负载电路 R 的电阻值即可。

（二）电阻电感负载时参数计算

电阻电感性负载时，在 $\omega t = \alpha$ 时刻触发晶闸管 VS_1，负载电流 i 与负载电阻 R、电感 L 以及电源电压 U_2 之间，应满足如下微分方程和初始条件

$$L \frac{\mathrm{d}i}{\mathrm{d}t} + Ri = \sqrt{2}U_2 \sin \omega t$$

$$i \big|_{\omega t = \alpha} = 0$$

解该方程得

$$i = \frac{\sqrt{2}U_2}{Z}[\sin(\omega t - \varphi) - \sin(\alpha - \varphi) e^{\frac{\alpha - \omega t}{\tan \varphi}}] \qquad \alpha \leqslant \omega t \leqslant \alpha + \theta$$

式中，$Z = \sqrt{R^2 + (\omega t)^2}$，$\theta$ 为晶闸管导通角。

利用边界条件：$\omega t = \alpha + \theta$ 时，$i = 0$，可求得 θ

$$\sin(\alpha + \theta - \varphi) = \sin(\alpha - \varphi) e^{\frac{-\theta}{\tan \varphi}}$$

VS_2 导通时，上述关系完全相同，只是电流 i 的极性相反，相位相差 180°。

控制角 α 时，负载电压有效值 U、晶闸管电流有效值 I_T、负载电流有效值 I 分别为

$$U = \sqrt{\frac{1}{\pi} \int_{\alpha}^{\alpha + \theta} (\sqrt{2}U_2 \sin \omega t)^2 \mathrm{d}(\omega t)} = U_2 \sqrt{\frac{\theta}{\pi} + \frac{1}{\pi}[\sin 2\alpha - \sin(2\alpha + 2\theta)]}$$

$$I_T = \sqrt{\frac{1}{2\pi} \int_{\alpha}^{\alpha + \theta} \{\frac{\sqrt{2}U_2}{Z}[\sin(\omega t - \varphi) - \sin(\alpha - \varphi) e^{\frac{\alpha - \omega t}{\tan \varphi}}]\}^2 \mathrm{d}(\omega t)}$$

$$= \frac{U_2}{\sqrt{2\pi}Z} \sqrt{\theta - \frac{\sin \theta \cos(2\alpha + \varphi + \theta)}{\cos \varphi}}$$

$$I = \sqrt{2}I_T$$

五、习题与思考

1. 一台 220V/10kW 的电炉，采用单相交流调压电路，现使其工作在功率为 5kW 的电路中，试求电路的控制角 α、工作电流以及电源侧功率因数。

2. 一调光台灯由单相交流调压电路供电，假设该台灯可看成电阻性负载，在控制角 $\alpha = 0°$ 时输出功率为最大值，试求功率为最大功率的 80%、50% 时的控制角 α。

3. 单相交流调压电路，负载阻抗角为 30°，问控制角 α 的有效移相范围有多大？

4. 单相交流调压主电路中，对于电阻—电感负载，为什么晶闸管的触发脉冲要用宽脉冲或脉冲列？

5. 图 3-21 单相交流调压电路，$U_2 = 220V$，$L = 5.516 \mathrm{mH}$，$R = 1\Omega$，试求：

（1）控制角 α 的移相范围；

（2）负载电流最大有效值；

（3）最大输出功率和功率因数。

6. 试用双向晶闸管设计一个家用电风扇调压调速电路，并说明调速原理。

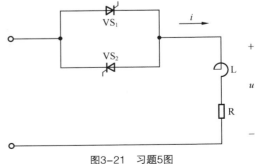

图3-21 习题5图

项目四

┃ 同步电机励磁电源电路 ┃

  同步电动机在工业生产中得到越来越广泛的应用，应用中同步电动机稳定运行是关键因素，在诸多改善电动机稳定性的措施中，提高励磁系统的控制性能，是最为有效和经济的措施。因此能使同步电动机安全稳定而又节能运行的励磁电源装置格外重要，图 4-1 所示为同步电动机励磁控制系统主电路图，利用三相桥式全控整流电路变流装置将交流电转换为直流电供给励磁的整流器励磁系统，运行可靠，经济性好，得到越来越广泛的应用。

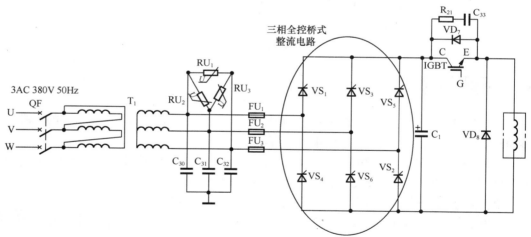

图4-1 同步电动机励磁控制系统主电路图

  本项目介绍三相集成触发电路调试、三相半波可控整流电路调试、三相桥式全控整流电路调试以及三相桥式全控有源逆变电路调试 4 个任务。

三相集成触发电路调试

一、任务描述与目标

晶闸管的电流容量越大，要求的触发功率就越大，对于大、中容量的晶闸管，尤其是三相整流电路中，为了保证其触发脉冲具有足够的功率，满足移相范围宽、可靠性高的要求，往往采用三项集成触发电路，集成触发电路具有体积小、温漂小、功耗低、性能稳定、工作可靠等多种优点，大大简化了触发电路的生产、调试和维修，应用越来越广泛。本次任务的目标如下。

- 了解 KC04、KC41C 组成的三相集成触发电路的工作原理。
- 掌握集成触发电路的接线和调试方法。
- 熟悉集成触发电路各点的波形。
- 会根据电路要求选择合适的触发电路，初步具备成本核算意识。
- 在项目实施过程中，培养团队合作精神、强化安全意识和职业行为规范。

二、相关知识

相控集成触发器主要有 KC、KJ 两大系列共十余种，用于各种移相触发、过零触发等场合。这里介绍 KC 系列中的 KC04、KC41C 组成的三相集成触发电路。

（一）KC04 移相集成触发器

KC04 移相触发器的内部电路如图 4-2 所示，与分立元件组成的锯齿波触发电路相似，由同步、锯齿波形成、移相控制、脉冲形成及放大输出等环节组成，适用于单相、三相桥式全控整流装置中晶闸管双路脉冲相控触发。

1. 同步电路

如图 4-2 所示，同步电路由晶体管 $VT_1 \sim VT_4$ 等元件组成。正弦波电压经限流电阻加到 VT_1、VT_2 的基极。在电源电压正半周，VT_2 截止，VT_1 导通，VD_1 导通，VT_4 截止。在电源电压负半周，VT_1 截止，VT_2、VT_3 导通，VD_2 导通，VT_4 同样截止。在电源电压正负半周内，当电压大小小于 0.7V 时，VT_1、VT_2、VT_3 均截止，VD_1、VD_2 页截止，于是 VT_4 从电源 +15V 经 R_3、R_4 获得足够的基极电流而饱和导通，在 VT_4 的集电极获得与电源电压的同步脉冲。

2. 锯齿波形成电路

锯齿波形成电路由 V_5、C_1 组成。当 VT_4 截止时，+15V 电源通过 R_6、R_{22}、R_w、-15V 对 C_1 充电。当 VT_4 导通时，C_1 通过 VT_4、VD_3 迅速放电，在 KC04 的第 4 脚（也就是 VT_5 的集电极）形成锯齿波电压，锯齿波的斜率取决于 R_{22}、R_w 与 C_1 的大小。

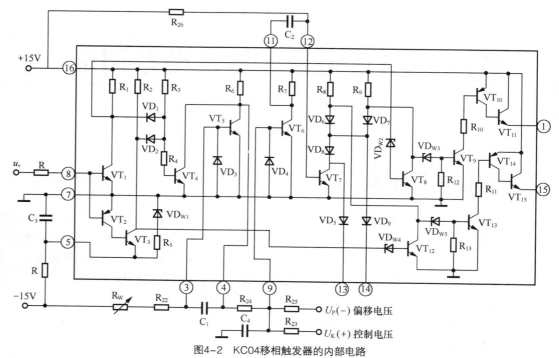

图4-2　KC04移相触发器的内部电路

3. 移相电路

移相电路由 VT_6 与外围元件组成，锯齿波电压、控制电压、偏移电压分别通过电阻 R_{24}、R_{23}、R_{25} 在 V_6 的基极叠加，控制 V_6 管的导通和截止时刻。

4. 脉冲形成电路

脉冲形成电路由 VT_7 与外围元件组成。当 VT_6 截止时，+15V 电源通过 R_7、VT_7 的 b-e 结对 C_2 充电（左正右负），同时 VT_7 经 R_{26} 获得基极电流而导通。当 VT_6 导通时，C_2 上的充电电压成为 VT_7 的 b-e 结的反偏电压，VT_7 截止。此后+15V 经 R_{26}、V_6 对 C_2 充电（左负右正），当反向充电电压大于 1.4V 时，VT_7 又恢复导通。这样在 VT_7 的集电极得到了脉冲，其宽度由时间常数 $R_{26}C_2$ 的大小决定。

5. 脉冲输出电路

脉冲输出电路由 VT_8～VT_{15} 组成。在电源电压正半周，VT_1 导通，A 点为低电位，B 点为高电位，使 VT_8 截止、VT_{12} 导通。VT_{12} 的导通使 VD_{W5} 截止，由 VT_{13}、VT_{14}、VT_{15} 组成的放大电路无脉冲输出。VT_8 的截止使 VD_{W3} 导通，VT_7 集电极的脉冲经 VT_9、VT_{10}、VT_{11} 组成的电路放大后由 1 脚输出。在电源电压负半周，VT_8 导通，VT_{12} 截止，VT_7 的正脉冲经 VT_{13}、VT_{14}、VT_{15} 组成的电路放大后由 15 脚输出。

各管脚电压波形如图 4-3（a）所示。

（二）KC41C 六路双脉冲形成器

三相全控桥式整流电路要求用双窄脉冲触发，即用两个间隔 60° 的窄脉冲去触发晶闸管。产生双窄脉冲的方法有两种，一种是每个触发电路在每个周期内只产生一个脉冲，脉冲输出电路同时触发两个桥臂的晶闸管，这叫外双脉冲触发。另一种是每个触发电路在一个周期内连续发出两个相隔 60° 的窄脉冲，脉冲输出电路只触发一个晶闸管，这称内双脉冲。内双脉冲触发是目前应用最多的一种触发方式。

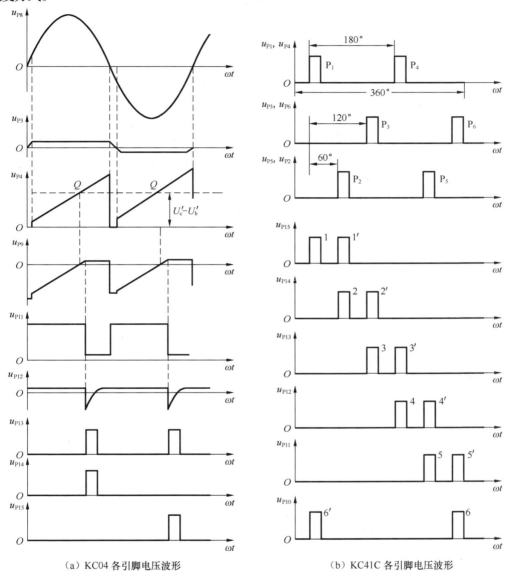

（a）KC04 各引脚电压波形　　　　　　　　（b）KC41C 各引脚电压波形

图4-3　KC04与KC41C电路各点电压波形

KC41C 是六路双脉冲形成器，它不仅具有双脉冲形成功能，还具有脉冲封锁控制的功能。内部电路及外部接线图如图 4-4 所示。1～6 脚是六路脉冲输入端，每路脉冲由输入二极管送给本相和前相，由具有的"或"功能形成双窄脉冲，再由 VT_1～VT_6 组成的六路放大器分六路输出。VT_7 管为电子开关，当 7 脚接地时，VT_7 管截止，10～15 脚又脉冲输出，反之，7 脚置高电位，VT_7 管导通，各路脉冲被封锁。KC41C 各管脚的脉冲波形如图 4-3（b）所示。

（三）KC04、KC41C 组成的三相集成触发电路

3 块 KC04 与 1 块 KC41C 外加少量分立元器件组成三相桥式全控整流集成触发电路如图 4-5 所示。三相电源分别接到 3 块 KC04 的 8 脚，3 块 KC04 的 1 脚与 15 脚产生的 6 个脉冲分别接到

KC41C 的 1～6 脚。10～15 脚输出的双窄脉冲经外接的 VT₁～VT₆（3DK6）晶体管做功率放大，得到 800 mA 触发脉冲电流，可触发大功率的晶闸管。

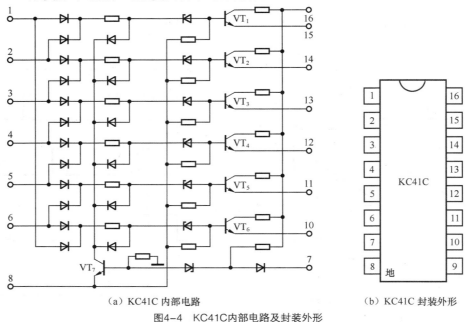

（a）KC41C 内部电路　　　　　　　　　（b）KC41C 封装外形

图4-4　KC41C内部电路及封装外形

三、任务实施

1. 所需仪器设备

（1）DJDK-1 型电力电子技术及电机控制实验装置（含 DJK01 电源控制屏、DJK02 晶闸管主电路、DJK02-1 三相晶闸管触发电路、DJK06 给定及实验器件）1 套。

（2）双踪示波器 1 台。

（3）螺丝刀 1 把。

（4）万用表 1 块。

（5）导线若干。

2. 调试前准备

（1）课前预习三相集成触发电路及实训设备相关知识。

（2）清点相关材料、仪器和设备。

（3）填写任务单测试前准备部分。

3. 操作步骤及注意事项

（1）接线。

① 用 10 芯的扁平电缆，将 DJK02 的"三相同步信号输出"端和 DJK02-1"三相同步信号输入"端相连。

② 将 DJK06 上的"给定"输出直接与 DJK02-1 上的移相控制电压 U_{ct} 相接。

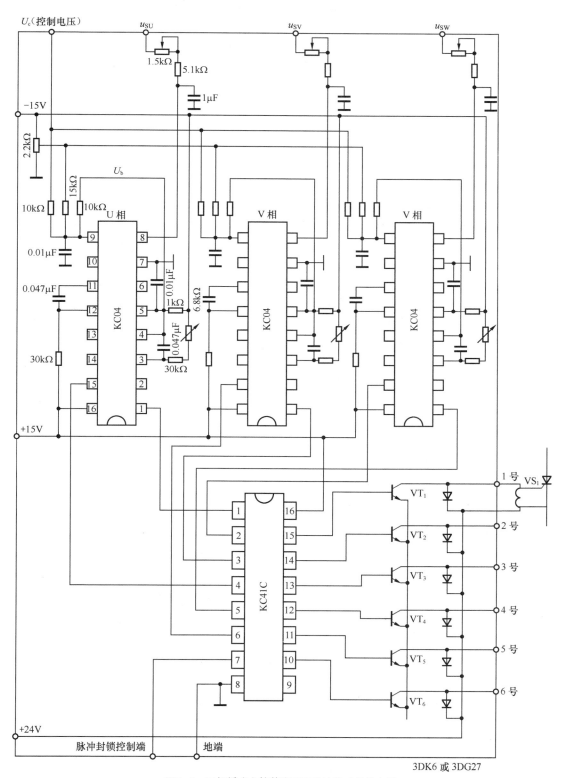

图4-5　三相桥式全控整流双窄脉冲集成触发电路

　　DJK06 和 DJK02-1 两个挂件不共地，在将"给定"接"移相控制电压 U_{ct}"时，地线需用导线连接。

　　③ 用 8 芯的扁平电缆，将 DJK02-1 面板上"触发脉冲输出"和"触发脉冲输入"相连。

　　④ 将 DJK02-1 面板上的 U_{lf} 端接地。

　　⑤ 用 20 芯的扁平电缆，将 DJK02-1 的"正桥触发脉冲输出"端和 DJK02"正桥触发脉冲输入"端相连。

　　（2）三相集成触发电路调试。

　　① 打开 DJK02-1 电源开关，拨动"触发脉冲指示"钮子开关，使"窄"的发光管亮。

　　② 用示波器观察 a、b、c 三相同步电压信号，并将波形以及波形的峰值记录在任务单相应位置。

　　③ 用示波器观察 A、B、C 三相的锯齿波，并调节 A、B、C 三相锯齿波斜率调节电位器（在各观测孔左侧），使三相锯齿波斜率尽可能一致。

　　④ 将 DJK06 上给定开关 S_2 拨到接地位置（即 $U_{ct}=0$），调节 DJK02-1 上的偏移电压电位器，用双踪示波器观察 A 相同步电压信号和"双脉冲观察孔"VS_1 的输出波形，使 $\alpha=150°$（注意此处的 α 表示三相晶闸管电路中的移相角，它的 0° 是从自然换流点开始计算，前面实验中的单相晶闸管电路的 0° 移相角表示从同步信号过零点开始计算，两者存在相位差，前者比后者滞后 30°）。

　　⑤ 将 DJK06 中的 S_1 拨向正给定，S_2 拨向给定。调节给定电压即 U_{ct}，观测 DJK02-1 上"脉冲观察孔"的波形，此时应观测到单宽脉冲和双窄脉冲。

　　⑥ 将 DJK02"正桥触发脉冲"的 6 个开关拨至"通"，观察正桥 $VS_1 \sim VS_6$ 晶闸管门极和阴极之间的触发脉冲是否正常。

　　（3）操作结束后，按要求整理操作台，清扫场地，填写任务单收尾部分。

　　（4）将任务单交老师评价验收。

　　4. 三相集成触发电路调试任务单（见附表 14）

　　5. 任务实施标准

序号	内　　容	配分	等级	评分细则	得　分
1	接线	10	10	接线错误 1 处扣 5 分	
2	调试过程	40	20	测试方法和操作顺序	
			10	示波器使用	
			10	调试方法	
3	实验波形记录	30	30	按要求记录同步电压及锯齿波波形，并标出其幅值和宽度，每错误波形、幅值和宽度 1 项扣 2 分	
4	操作违反	10	10	违反操作规程 1 次扣 10 分 元件损坏 1 个扣 10 分 烧保险 1 次扣 5 分	
5	现场整理	10	10	现场整理干净，设施及桌椅摆放整齐	
			5	经提示后能将现场整理干净	
			0	不合格	
合计					

四、总结与提升

（一）MC787 和 MC788 集成触发器简介

TC787 和 TC788 是采用独有的先进 IC 工艺技术，并参照国外最新集成移相触发集成电路而设计的单片集成电路。它可单电源工作，亦可双电源工作，主要适用于三相晶闸管移相触发和三相功率晶体管脉宽调制电路，以构成多种交流调速和变流装置。它们是目前国内市场上广泛流行的 TCA785 及 KJ（或 KC）系列移相触发集成电路的换代产品，与 TCA785 及 KJ（或 KC）系列集成电路相比，具有功耗小、功能强、输入阻抗高、抗干扰性能好、移相范围宽、外接元件少等优点，而且装调简便、使用可靠，只需一块集成电路，就可完成 3 只 TCA785 与 1 只 KJ041、1 只 KJ042 或 5 只 KJ（3 只 KJ004、1 只 KJ041、1 只 KJ042）（或 KC）系列器件组合才能具有的三相移相功能。因此，TC787/TC788 可广泛应用于三相半控、三相全控、三相过零等电力电子、机电一体化产品的移相触发系统，从而取代 TCA785、KJ004、KJ009、KJ041、KJ042 等同类电路，为提高整机寿命、缩小体积、降低成本提供了一种新的、更加有效的途径。

其引脚排列如图 4-6 所示。

引脚功能及用法如下。

（1）同步电压输入端。引脚 1（V_c）、引脚 2（V_b）及引脚 18（V_a）为三相同步输入电压连接端。在应用中，它们分别接经输入滤波后的同步电压，同步电压的峰值应不超过 TC787/TC788 的工作电源电压 V_{DD}。

（2）脉冲输出端。在半控单脉冲工作模式下，引脚 8（C）、引脚 10（B）、引脚 12（A）分别为与三相同步电压正半周对应的同相触发脉冲输出端，而引脚 7（-B）、引脚 9（-A）、引脚 11（-C）分别为与三相同步电压负半周对应的反相触发脉冲输出端。当 TC787 或 TC788 被设置为全控双窄脉冲工作方式时，引

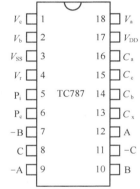

图4-6　TC787(或TC788)的引脚排列
（引脚向下）

脚 8 为与三相同步电压中 C 相正半周及 B 相负半周对应的两个脉冲输出端；引脚 12 为与三相同步电压中 A 相正半周及 C 相负半周对应的两个脉冲输出端；引脚 11 为与三相同步电压中 C 相负半周及 B 相正半周对应的两个脉冲输出端；引脚 9 为与三相同步电压中 A 相同步电压负半周及 C 相电压正半周对应的两个脉冲输出端；引脚 7 为与三相同步电压中 B 相电压负半周及 A 相电压正半周对应的两个脉冲输出端；引脚 10 为与三相同步电压中 B 相正半周及 A 相负半周对应的两个脉冲输出端。应用中，均接脉冲功率放大环节的输入或脉冲变压器所驱动开关管的控制极。

（3）控制端。

① 引脚 4（V_r）：移相控制电压输入端。该端输入电压的高低，直接决定着 TC787/TC788 输出脉冲的移相范围，应用中接给定环节输出，其电压幅值最大为 TC787/TC788 的工作电源电压 V_{DD}。

② 引脚 5（P_i）：输出脉冲禁止端。该端用来进行故障状态下封锁 TC787/TC788 的输出，高电平有效，应用中，接保护电路的输出。

③ 引脚 6（P_c）：TC787/TC788 工作方式设置端。当该端接高电平时，TC787/TC788 输出双脉冲列；而当该端接低电平时，输出单脉冲列。

④ 引脚 13（C_x）：该端连接的电容 C_x 的容量决定着 TC787 或 TC788 输出脉冲的宽度，电容

的容量越大，则脉冲宽度越宽。

⑤ 引脚 14（C_b）、引脚 15（C_c）、引脚 16（C_a）：对应三相同步电压的锯齿波电容连接端。该端连接的电容值大小决定了移相锯齿波的斜率和幅值，应用中分别通过一个相同容量的电容接地。

（4）电源端。TC787/TC788 可单电源工作，亦可双电源工作。单电源工作时引脚 3（V_{SS}）接地，而引脚 17（V_{DD}）允许施加的电压为 8～18V。双电源工作时，引脚 3（V_{SS}）接负电源，其允许施加的电压幅值为-4～-9V，引脚 17（V_{DD}）接正电源，允许施加的电压为+4～+9V。

（二）TC787/TC788 内部结构及工作原理

TC787/TC788 的内部结构及工作原理框图如图 4-7 所示。由图可知，在它们内部集成有 3 个过零和极性检测单元、3 个锯齿波形成单元、3 个比较器、1 个脉冲发生器、1 个抗干扰锁定电路、1 个脉冲形成电路、1 个脉冲分配及驱动电路。它们的工作原理可简述为：经滤波后的三相同步电压通过过零和极性检测单元检测出零点和极性后，作为内部 3 个恒流源的控制信号。3 个恒流源输出的恒值电流给 3 个等值电容 C_a、C_b、C_c 恒流充电，形成良好的等斜率锯齿波。锯齿波形成单元输出的锯齿波与移相控制电压 Vr 比较后取得交相点，该交相点经集成电路内部的抗干扰锁定电路锁定，保证交相唯一而稳定，使交相点以后的锯齿波或移相电压的波动不影响输出。该交相信号与脉冲发生器输出的脉冲（对 TC787 为调制脉冲，对 TC788 为方波）信号经脉冲形成电路处理后变为与三相输入同步信号相位对应且与移相电压大小适应的脉冲信号送到脉冲分配及驱动电路。假设系统未发生过电流、过电压或其他非正常情况，则引脚 5 禁止端的信号无效，此时脉冲分配电路根据用户在引脚 6 设定的状态完成双脉冲（引脚 6 为高电平）或单脉冲（引脚 6 为低电平）的分配功能，并经输出驱动电路功率放大后输出，一旦系统发生过电流、过电压或其他非正常情况，则引脚 5 禁止信号有效，脉冲分配和驱动电路内部的逻辑电路动作，封锁脉冲输出，确保集成电路的 6 个引脚 12、11、10、9、8、7 输出全为低电平。

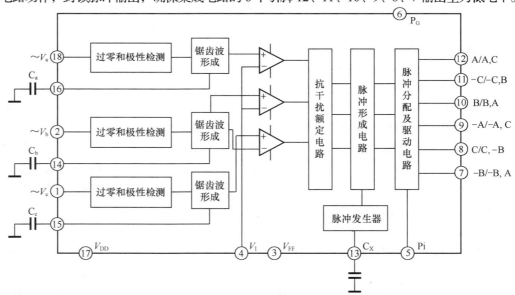

图4-7　MC787和MC788原理框图

图 4-8 所示为用 MC787 组成的三相触发电路原理图，其中三相电压的零线和电源共地，同步电压经 RC 组成的 T 形网络滤波分压，并产生 30° 相移，经电容耦合电路取得同步信号。电路输入端采用等值电阻进行 1／2 分压，以保证信号对称。在电路的 C_u、C_v、C_w 3 个电容上形成锯齿波，移

相电压由 4 脚输入，与锯齿波电压比较取得交点，通过 6 脚半控/全控选择开关可以使用单脉冲或双脉冲输出。5 脚用于故障状态下封锁脉冲输出，该端处于高电平时禁止输出。

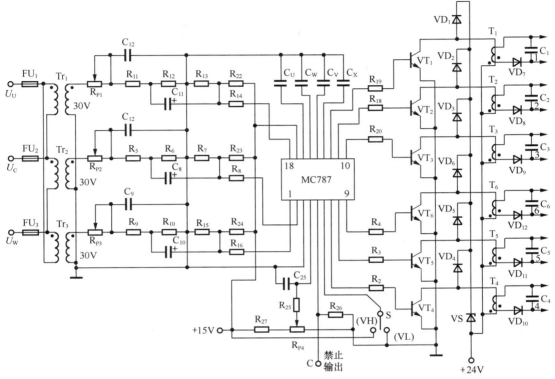

图4-8　MC787组成的三相触发电路原理图

五、习题与思考

1. 试说明集成触发电路的优点。
2. KC04 移相触发器包括哪些基本环节？
3. 试说明 KC41C 的工作原理。

三相半波可控整流电路调试

一、任务描述与目标

当整流负载容量较大，要求直流电压脉动较小，对控制的快速性有要求时，多采用三相整流电路，三相半波是最基本的电路形式，其他类型可视为三相半波相控整流电路以不同方式串联或并联而成。本次任务的目标如下。

- 掌握三相半波整流电路的工作原理，能进行波形分析。
- 能根据整流电路形式及元件参数进行输出电压、电流等参数的计算。
- 会根据电路要求选择合适的元器件，初步具备成本核算意识。
- 在项目实施过程中，培养团队合作精神、强化安全意识和职业行为规范。

二、相关知识

（一）三相半波可控整流电路电阻性负载工作原理及参数计算

三相半波可控整流电路如图 4-9 所示。Tr 为三相整流变压器，晶闸管 VS_1、VS_3、VS_5 的阳极分别与变压器的 U、V、W 三相相连，3 只晶闸管的阴极接在一起经负载电阻 R_d 与变压器的中性线相连，它们组成共阴极接法电路。

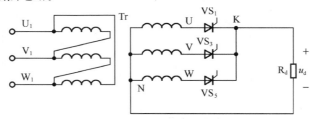

图4-9　三相半波可控整流电路

整流变压器的二次相电压有效值为 U_2，三相电压波形如图 4-10（a）所示，表达式分别为

$$u_U = \sqrt{2}U_2 \sin \omega t$$

$$u_V = \sqrt{2}U_2 \sin\left(\omega t - \frac{2\pi}{3}\right)$$

$$u_W = \sqrt{2}U_2 \sin\left(\omega t + \frac{2\pi}{3}\right)$$

电源电压是不断变化的，三相中哪一相所接的晶闸管可被触发导通，依据晶闸管的单向导电原则，取决于 3 只晶闸管各自所接的 u_u、u_v、u_w 中哪一相电压瞬时值最高，则该相所接晶闸管可被触发导通，而另外两管则承受反向电压而阻断。图中的 1、3、5 交点为电源相电压正半周的相邻交点，称为自然换相点，也就是三相半波可控整流电路各相晶闸管控制角 α 的起点，即 $\alpha=0°$ 的点。由于自然换相点距相电压原点为 30°，所以触发脉冲距对应相电压的原点为 30° $+\alpha$。下面分析当触发延迟角 α 不同时，整流电路的工作原理。

1. 控制角 $\alpha=0°$

当 $\alpha=0°$ 时，晶闸管 VS_1、VS_3、VS_5 相当于 3 只整流二极管，工作原理分析如下。

$\omega t_1 \sim \omega t_3$ 期间，u_U 瞬时值最高，U 相所接的晶闸管 VS_1 触发导通，输出电压 $u_d = u_U$，V 相和 W 相所接 VS_3、VS_5 承受反向线电压而阻断。

$\omega t_3 \sim \omega t_5$ 期间，u_V 瞬时值最高，V 相所接的晶闸管 VS_3 触发导通，输出电压 $u_d = u_V$，VS_1、VS_5 承受反向线电压而阻断。

$\omega t_5 \sim \omega t_7$ 期间，u_W 瞬时值最高，W 相所接的晶闸管 VS_5 触发导通，输出电压 $u_d = u_W$，VS_1、VS_3

承受反向线电压而阻断。

依次循环，每个晶闸管导通 120°，三相电源轮流向负载供电，负载电压 u_d 为三相电源电压正半周包络线，负载电压波形如图 4-10（b）所示。

ωt_1、ωt_3、ωt_5 时刻所对应的 1、3、5 三个点，称为自然换相点，分别是 3 只晶闸管轮换导通的起始点。自然换相点也是各相所接晶闸管可能被触发导通的最早时刻，在此之前由于晶闸管承受反向电压，不能导通，因此把自然换相点作为计算触发延迟角 α 的起点，即该点时 $\alpha=0°$，对应于 $\omega t=30°$。

$\alpha=0°$ 时，晶闸管 VS_1 两端的电压 u_{T1} 的波形如图 4-10（c）所示，分析如下。

$\omega t_1 \sim \omega t_3$ 期间，VS_1 导通，$u_{T1}=0$。

$\omega t_3 \sim \omega t_5$ 期间，VS_3 导通，VS_1 承受反相线电压 u_{UV}。

$\omega t_5 \sim \omega t_7$ 期间，VS_5 导通，VS_1 承受反向线电压 u_{UV}。晶闸管 VS_3、VS_5 的电压波形分析同 VS_1。

2．控制角 $\alpha=30°$

图 4-11 所示为当触发脉冲后移到 $\alpha=30°$ 时的波形。假设电路已在工作，W 相所接的晶闸管 VS_5 导通，经过自然换相点"1"时，由于 U 相所接晶闸管 VS_1 的触发脉冲尚未送到，故无法导通。于是 VS_5 管仍承受 u_W 正向电压继续导通，直到过 U 相自然换相点"1"点 30°，即 $\alpha=30°$ 时，晶闸管 VS_1 被触发导通，输出直流电压波形由 u_W 换成为 u_U，如图 4-11（a）所示波形。VS_1 的导通使晶闸管 VS_5 承受 u_{UW} 反向电压而被强迫关断，负载电流 i_d 从 W 相换到 U 相。依次类推，其他两相也依次轮流导通与关断。负载电流 i_d 波形与 u_d 波形相似，而流过晶闸管 VS_1 的电流 i_{T1} 波形是 i_d 波形的 1/3 区间，如图 4-11（c）所示。当 $\alpha=30°$ 时，晶闸管 VS_1 两端的电压 u_{T1} 波形如图 4-11（d）所示，它可分成 3 部分，晶闸管 VS_1 本身导通，$u_{T1}=0$；VS_3 导通时，$u_{T1}=u_{UV}$；VS_5 导通时，$u_{T1}=u_{UW}$。

3．控制角 $\alpha=60°$

图 4-12 所示为当触发脉冲后移到 $\alpha=60°$ 时的波形，其输出电压 u_d 的波形及负载电流 i_d 的波形均已断续，3 只晶闸管都在本相电源电压过零时自行关断。晶闸管的导通角显然小于 120°，仅为 $\theta_t=90°$。晶闸管 VS_1 两端的电压 u_{T1} 的波形如图 4-12（d）所示，器件本身导通时，$u_{T1}=0$；相邻器件导通时，要承受电源线电压，即 $u_{T1}=u_{UV}$

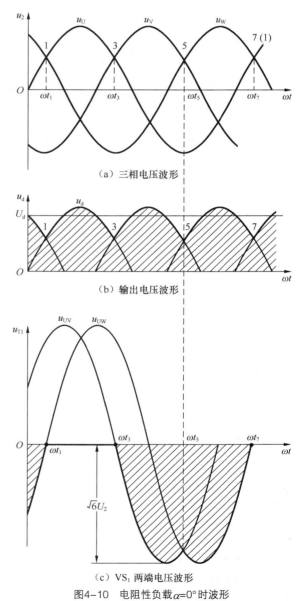

（a）三相电压波形

（b）输出电压波形

（c）VS_1 两端电压波形

图4-10　电阻性负载 $\alpha=0°$ 时波形

与 $u_{T1}=u_{UW}$；当 3 只晶闸管均不导通时，VS$_1$ 承受本身 U 相电源电压，即 $u_{T1}=u_U$。

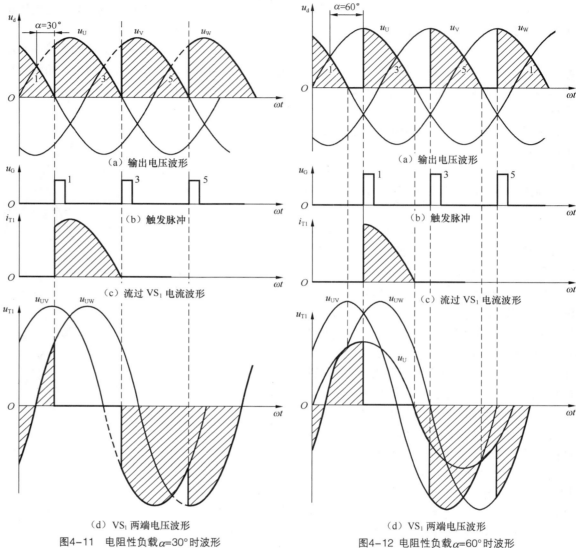

（a）输出电压波形

（b）触发脉冲

（c）流过 VS$_1$ 电流波形

（d）VS$_1$ 两端电压波形

图4-11　电阻性负载 $\alpha=30°$ 时波形

（a）输出电压波形

（b）触发脉冲

（c）流过 VS$_1$ 电流波形

（d）VS$_1$ 两端电压波形

图4-12　电阻性负载 $\alpha=60°$ 时波形

根据以上分析，当触发脉冲后移到 $\alpha=150°$ 时，由于晶闸管已不再承受正向电压而无法导通，$u_d=0$V。由以上分析可以得出如下结论。

（1）改变晶闸管控制角，就能改变整流电路输出电压的波形。当 $\alpha=0°$ 时，输出电压最大；α 角增大，输出电压减小；$\alpha=150°$ 时，输出电压为零。三相半波可控整流电路的移相范围是 $0°\sim150°$。

（2）当 $\alpha\leqslant30°$ 时，u_d 的波形连续，各相晶闸管的导通角均为 $\theta=120°$；当 $\alpha>30°$ 时，u_d 波形出现断续，晶闸管关断点均在各自相电压过零点，晶闸管导通角 $<120°$（$\theta=150°-\alpha$）。

（3）在波形连续时，晶闸管阳极承受的电压波形由 3 段组成：晶闸管导通时，晶闸管两端电压为零（忽略管压降），其他任一相导通时，晶闸管承受相应的线电压；波形断续时，3 个晶闸管均不导通，管子承受的电压为所接相的相电压。

4.　参数计算

（1）整流输出电压 U_d 的平均值计算。

当 $0° \leqslant \alpha \leqslant 30°$ 时，此时电流波形连续，通过分析可得到

$$U_d = \frac{1}{\frac{2\pi}{3}} \int_{\frac{\pi}{6}+\alpha}^{\frac{5\pi}{6}+\alpha} \sqrt{2}U_2 \sin(\omega t) \, d(\omega t) = \frac{3\sqrt{6}}{2\pi} U_2 \cos\alpha = 1.17 U_2 \cos\alpha$$

当 $30° \leqslant \alpha \leqslant 150°$ 时，此时电流波形断续，通过分析可得到

$$U_d = \frac{1}{\frac{2\pi}{3}} \int_{\frac{\pi}{6}+\alpha}^{\pi} \sqrt{2}U_2 \sin(\omega t) \, d(\omega t) = \frac{3\sqrt{2}}{2\pi} U_2 \left[1 + \cos\left(\frac{\pi}{6}+\alpha\right)\right] = 675.0 \left[1 + \cos\left(\frac{\pi}{6}+\alpha\right)\right]$$

（2）直流输出平均电流 I_d。

$$I_d = U_d / R_d$$

（3）流过晶闸管的电流的平均值 I_{dT}。

$$I_{dT} = \frac{1}{3} I_d$$

（4）流过晶闸管的电流的有效值 I_T。

当 $0° \leqslant \alpha \leqslant 30°$ 时，

$$I_T = \sqrt{\frac{1}{2\pi} \int_{\frac{\pi}{6}+\alpha}^{\frac{5\pi}{6}+\alpha} \left(\frac{\sqrt{2}U_2 \sin\omega t}{R_d}\right)^2 d\omega t} = \frac{U_2}{R_d} \sqrt{\frac{1}{3} + \frac{\sqrt{3}}{4\pi} \cos 2\alpha}$$

当 $30° < \alpha \leqslant 150°$ 时，

$$I_T = \sqrt{\frac{1}{2\pi} \int_{\frac{\pi}{6}+\alpha}^{\pi} \left(\frac{\sqrt{2}U_2 \sin\omega t}{R_d}\right)^2 d\omega t} = \frac{U_2}{R_d} \sqrt{\frac{1}{4\pi} \sin 2\left(\frac{\pi}{9}+\alpha\right) + \frac{\pi - (\pi/6+\alpha)}{2\pi}}$$

（5）晶闸管两端承受的最大正反向电压。

由前面的波形分析可以知道，晶闸管承受的最大反向电压为变压器二次侧线电压的峰值。电流断续时，晶闸管承受的是电源的相电压，所以晶闸管承受的最大正向电压为相电压的峰值，

$$U_{RM} = \sqrt{2} \times \sqrt{3}U_2 = \sqrt{6}U_2 = 2.45U_2$$

（二）三相半波可控整流电路大电感负载工作原理及参数计算

1.　工作原理

三相半波可控整流电路大电感负载电路，如图 4-13（a）所示。只要输出电压平均值 U_d 不为零，晶闸管导通角均为 $120°$，与触发延迟角 α 无关，其电流波形近似为方波，图 4-13（c）、（e）分别为 $\alpha=20°$ 和 $\alpha=60°$ 时负载电流波形。

图 4-13（b）、（d）所示分别为 $\alpha=20°$（$0° \leqslant \alpha \leqslant 30°$ 区间）、$\alpha=60°$（$30° < \alpha \leqslant 90°$ 区间）时输出电压 u_d 波形。由于电感 L_d 的作用，当 $\alpha > 30°$ 后，u_d 波形出现负值，如图 4-13（d）所示。当负载电流从大变小时，即使电源电压过零变负，在感应电动势的作用下，晶闸管仍承受正向电压而维持导通。只要电感量足够大，晶闸管导通就能维持到下一相晶闸管被触发导通为止，随后承受反向线电

压而被强迫关断。尽管 $\alpha > 30°$ 后，u_d 波形出现负面积，但只要正面积能大于负面积，其整流输出电压平均值总是大于零，电流 i_d 可连续平稳。

　　显然，当触发脉冲后移到 $\alpha \leqslant 90°$ 后，u_d 波形的正、负面积相等，其输出电压平均值 u_d 为零，所以大电感负载不接续流二极管时，其有效的移相范围只能为 $\alpha = 0° \sim 90°$。

　　晶闸管两端电压波形与电阻性负载分析方法相同。

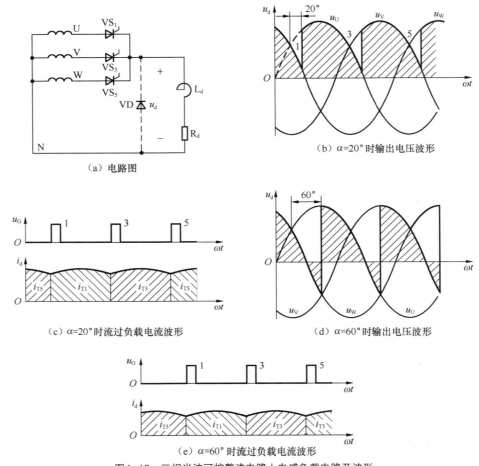

　　（a）电路图

　　（b）$\alpha = 20°$ 时输出电压波形

　　（c）$\alpha = 20°$ 时流过负载电流波形

　　（d）$\alpha = 60°$ 时输出电压波形

　　（e）$\alpha = 60°$ 时流过负载电流波形

图4-13　三相半波可控整流电路大电感负载电路及波形

2. 参数计算

（1）输出电压平均值 U_d。

$$U_d = \frac{1}{\frac{2\pi}{3}} \int_{\frac{\pi}{6}+\alpha}^{\frac{5\pi}{6}+\alpha} \sqrt{2}U_2 \sin(\omega t) \, \mathrm{d}(\omega t) = \frac{3\sqrt{6}}{2\pi}U_2 \cos\alpha = 1.17U_2 \cos\alpha$$

　　由上式可以看出，大电感负载 U_d 的计算公式与电阻性负载在 $0° \leqslant \alpha \leqslant 30°$ 时的 U_d 公式相同。在 $\alpha > 30°$ 后，u_d 波形出现负面积，在同一 α 角时，U_d 值将比电阻负载时小。

（2）负载电流平均值。

$$I_d = U_d / R_d$$

（3）流过晶闸管的电流平均值 I_{dT}。

$$I_{dT} = \frac{1}{3}I_d$$

（4）流过晶闸管电流的有效值 I_T。

$$I_T = \sqrt{\frac{1}{3}}I_d$$

（5）晶闸管两端承受电压最高值 U_{TM}。

$$U_{TM} = \sqrt{6}U_2$$

（三）三相半波可控整流电路电感性负载接续流二极管时工作原理及参数计算

1. 工作原理

为了扩大移相范围并使负载电流 i_d 平稳，可在电感负载两端并接续流二极管，如图 4-13（a）中的 VD。由于续流二极管的作用，u_d 波形已不出现负值，与电阻性负载 u_d 波形相同。

图 4-14（a）、（b）所示为接入续流二极管后，α 分别为 30° 和 60° 时的电压、电流波形。可见，在 $0° \leqslant \alpha \leqslant 30°$ 区间，电源电压均为正值，u_d 波形连续，续流二极管不起作用；当 $30° \leqslant \alpha \leqslant 150°$ 区间，电源电压出现过零变负时，续流二级管及时导通为负载电流提供续流回路，晶闸管承受反向电源相电压而关断。这样 u_d 波形断续但不出现负值。续流二极管 VD 起作用时，晶闸管与续流二极管的导通角分别为

$$\theta_T = 150° - \alpha, \quad \theta_D = 3(\alpha - 30°)$$

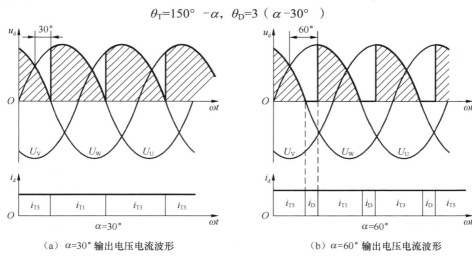

（a）α=30° 输出电压电流波形　　　　　　　（b）α=60° 输出电压电流波形

图4-14　大电感负载接续流二极管后的波形

2. 参数计算

（1）负载电压平均值 U_d 和电流平均值 I_d。

当 $0° \leqslant \alpha \leqslant 30°$ 时，$U_d \approx 1.17U_2 \cos\alpha = U_{do}\cos\alpha$

当 $30° \leqslant \alpha \leqslant 150°$ 时，$U_d \approx 0.675U_2\left[1 + \cos\left(\frac{\pi}{6} + \alpha\right)\right]$

（2）负载电流平均值。

$$I_{\mathrm{d}} = U_{\mathrm{d}} / R_{\mathrm{d}}$$

（3）晶闸管的电流平均值 I_{dT}、有效值 I_{T} 以及承受的最高电压 U_{TM}。

当 $0° \leqslant \alpha \leqslant 30°$ 时

$$I_{\mathrm{dT}} = \frac{1}{3} I_{\mathrm{d}}, I_{\mathrm{T}} = \sqrt{\frac{1}{3}} I_{\mathrm{d}}, U_{\mathrm{TM}} = \sqrt{6} U_2$$

当 $30° \leqslant \alpha \leqslant 150°$ 时，

$$I_{\mathrm{dT}} = \frac{150° - \alpha}{360°} I_{\mathrm{d}}, I_{\mathrm{T}} = \sqrt{\frac{150° - \alpha}{360°}} I_{\mathrm{d}}, U_{\mathrm{TM}} = \sqrt{6} U_2$$

（4）续流二极管平均电流 I_{dD}、有效值 I_{D} 以及承受的最高电压 U_{TM}。

当 $30° < \alpha \leqslant 150°$ 时

$$I_{\mathrm{dD}} = \frac{\alpha - 30°}{120°} I_{\mathrm{d}}, I_{\mathrm{D}} = \sqrt{\frac{\alpha - 30°}{120°}} I_{\mathrm{d}}, U_{\mathrm{DM}} = \sqrt{6} U_2$$

三、任务实施

1. 所需仪器设备

（1）DJDK-1 型电力电子技术及电机控制实验装置（含 DJK01 电源控制屏、DJK02 晶闸管主电路、DJK02-1 三相晶闸管触发电路、DJK06 给定及实验器件、D42 三相可调电阻）1 套。

（2）双踪示波器 1 台。

（3）万用表 1 块。

（4）导线若干。

2. 调试前准备

（1）课前预习三相半波可控整流实验相关知识，熟悉测试接线图。

三相半波整流电路接线如图 4-15 所示。

（2）清点相关材料、仪器和设备。

（3）填写任务单测试前准备部分。

3. 操作步骤及注意事项

（1）触发电路调试。见项目四中任务一的三相集成触发电路调试步骤。

（2）电阻性负载时电路调试。

① 接线。按图 4-15 接线。

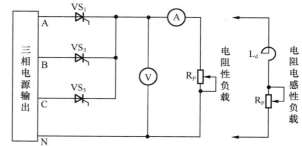

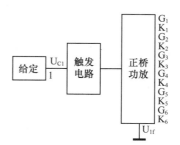

图4-15　三相半波整流电路接线图

　注意

整流电路与三相电源连接时，要注意相序，必须一一对应。

② 调试。按下"启动"按钮，将 DJK01 电源控制屏的电源选择开关打到"直流调速"侧,使输出线电压为 200V（不能打到"交流调速"侧工作）。

　　打开 DJK02-1、DJK06 挂件的电源开关，将"给定"从零开始，慢慢增加移相电压控制电压，使 α 能从 30°～180° 范围内调节，用示波器观察并纪录三相电路中 α=30°、60°、90°、120°、150° 时整流输出电压 u_d 和晶闸管两端电压的波形，并记录相应的电源电压 U_2 及 U_d 的数值于任务单的相应记录表中。

　　　　在接通主电路前，必须先将移相控制电压调到零，将电阻器放在最大阻值处；主电路电压为 220V，测试时防止通过其他导体造成触电。

　　调试结束后，将移相控制电压调到零。

　　（3）电阻电感性负载时电路调试。

　　① 接线。将 700mH 的电抗器与负载电阻 R 串联后接入主电路，负载两端并接续流二极管（将与二极管串联的开关拨到"断"）。

　　　　接线前确认电源已经切断。

　　② 不接续流二极管时电路调试。按下"启动"按钮，打开相应挂件电源开关，将"给定"从零开始，慢慢增加移相电压控制电压，观察不同移相角 α 时 u_d 的输出波形，记录相应的电源电压 U_2 及 U_d、I_d 值，记录于任务单相应记录表中。

　　　　在接通主电路前，必须先将移相控制电压调到零，将电阻器放在最大阻值处；调节过程中请注意观察电流表读数，使得负载电流 I_d 保持在 0.6A 左右（不得超过 0.65A）。

　　调试结束后，将移相控制电压调到零。

　　③ 接续流二极管时电路调试。将与二极管串联的开关拨到"通"，按下"启动"按钮，打开相应挂件电源开关，将"给定"从零开始，慢慢增加移相电压控制电压，观察不同移相角 α 时 u_d 的输出波形，记录相应的电源电压 U_2 及 U_d、I_d 值，记录于任务单相应记录表中。

　　4. 三相半波可控整流电路调试任务单（见附表 15）

　　5. 任务实施标准

序号	内　　容	配分	等级	评 分 细 则	得　　分
1	触发电路调试	10	10	触发脉冲调试不成功扣 10 分	
2	示波器使用	10	10	使用错误 1 次扣 5 分	
3	接线	15	15	接线错误 1 根扣 5 分	
4	调试	45	15	电阻性负载调试过程错误扣 5 分 参数记录缺 1 项扣 2 分	
			15	电阻电感性负载不接 VD 调试过程错误扣 5 分 参数记录缺 1 项扣 2 分	
			15	电阻电感性负载接 VD 调试过程错误扣 5 分 参数记录缺 1 项扣 2 分	

续表

序号	内　容	配分	等级	评分细则	得　分
5	操作规范	10	10	安全文明生产，符合操作规程	
			5	经提示后能规范操作	
			0	不能文明生产，不符合操作规程	
6	现场整理	10	10	现场整理干净，设施及桌椅摆放整齐	
			5	经提示后能将现场整理干净	
			0	不合格	
		合计			

四、总结与提升

（一）共阳极的三相半波可控整流电路工作原理

三相半波可控整流电路，除了上面介绍的共阴极接法外，还有一种是把 3 只晶闸管的阳极连接在一起，而 3 个阴极分别接到三相交流电源上（如图 4-16 所示），这种接法称为共阳极接法。

共阳极接法电路与共阴极接法电路一样，它们都是在晶闸管阳极电位高于阴极电位时才能被触发导通。由于共阳极接法，VS_2、VS_4 和 VS_6 的阴极分别接在三相交流电源 U_u、U_v、U_w 上，因此只能在电源相电压负半周时工作。显然，共阳极接法的 3 只晶闸管 VS_2，VS_4 和 VS_6 的自然换相点分别为图 4-16 中的 2、4 及 6 点。

图 4-16 所示为 $\alpha=30°$ 时，共阳极接法的三相半波可控整流电路的电压与电流波形，在 ωt_1 时刻 W 相电压最负，晶闸管 VS_2 被触发导通，输出整流电压 u_d 为 $-u_w$。到 ωt_2、ωt_3 时刻，VS_4 和 VS_6 管分别被触发导通，负载电压 u_d 依次为 $-u_U$、$-u_V$。

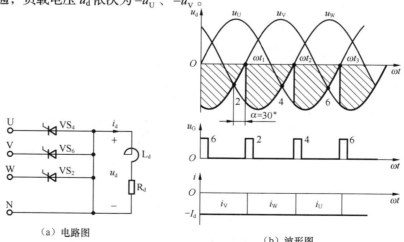

（a）电路图　　　　　　（b）波形图

图4-16　共阳极接法三相半波可控整流电路及波形

由图 4-16 可见，输出电压 u_d 波形与共阴极接法相同，仅是电压极性相反，共阴接法时的 u_d 波形在横坐标的上方，而共阳极接法时 u_d 波形在下方。所以大电感负载时共阳极三相半波可控整流输出平均电压为

$$U_{\mathrm{d}} = -1.17U_2 \cos\alpha = -U_{\mathrm{do}} \cos\alpha$$

式中，负号表示变压器中性线为 U_{d} 的正端，3个连接在一起的阳极为负端。同样，流过整流变压器二次绕组与中性线的电流方向均与共阴极接法相反，电路计算与共阴极接法相同。

（二）三相半波可控整流电路常见故障分析

从前面分析已经知道，正常工作情况下输出电压波形和晶闸管两端电压波形正常。当电路出现异常时，电路输出电压和晶闸管两端波形都会发生相应的变化，这里以三相半波可控整流电路电阻性负载控制角 $\alpha=0°$ 为例，分析如何运用示波器测试整流电路的输出电压和晶闸管两端电压波形判断故障的方法。

在整流电路运行中，如果发生桥臂断路现象，就会出现整流电路缺相运行，最明显的现象就是输出电压下降，这时用示波器观察输出电压的波形，可判断故障的位置。

1. 一个周期缺少一个波头

故障现象：输出电压下降，用示波器观察输出电压波形，发现一个周期缺少一个波头，如图4-17所示。

故障分析：在三相半波可控整流电路中，电路正常工作情况下，当波形连续时每个晶闸管在一个周期内导通 $120°$，晶闸管与输出波头的对应关系为：VS_1 对应相电压 u_U，VS_3 对应相电压 u_V，VS_5 对应相电压 u_W，断开某一相晶闸管的触发脉冲，观察波头是否有变化，如果没有变化，则说明与该相对应的晶闸管或该桥臂有问题。如果电路中无法断开某一晶闸管的触发脉冲，则可通过观察晶闸管两端电压波形来判断故障。通过前面分析我们已经知道，晶闸管导通时两端电压为零，如果某个晶闸管两端电压没有直线段，则说明该晶闸管在一个周期内没有导通过，可以判断故障点就在该晶闸管或该晶闸管所在的桥臂。

2. 输出电压的波头有两个是完整的，剩下一个波头不完整

故障现象：用示波器观察输出电压的波形，发现输出电压的波头有两个是完整的，剩下一个波头不完整，如图4-18所示。

现象分析：从波形可以看出，三个晶闸管都可以正常工作，只是其中一只晶闸管导通了 $120°$，一只晶闸管导通角大于 $120°$，一只晶闸管导通角小于 $120°$。通过断开晶闸管触发脉冲或观察晶闸管两端电压波形可以判断是哪只晶闸管的脉冲延迟。这种故障一般来说是触发电路中三相锯齿波斜率不一致造成的，需调节触发电路中的锯齿波斜率调节电位器即可。

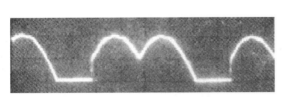

图4-17 三相半波一个晶闸管损坏
或一个桥臂断路时输出电压波形

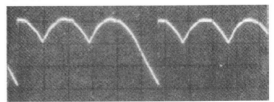

图4-18 三相半波触发脉冲不均匀输出电压波形

五、习题与思考

1. 带电阻性负载三相半波相控整流电路，如触发脉冲左移到自然换流点之前15°处，分析电路工作情况，画出触发脉冲宽度分别为10°和20°时负载两端的电压 u_{d} 波形。

2. 三相半波相控整流电路带大电感负载，$R_d=10\Omega$，相电压有效值 $U_2=220V$。求 $\alpha=45°$ 时负载直流电压 U_d、流过晶闸管的平均电流 I_{dT} 和有效电流 I_T，画出 u_d、i_{T2}、u_{T3} 的波形。

3. 现有单相半波、单相桥式、三相半波三种整流电路带电阻性负载，负载电流 I_d 都是 40A，问流过与晶闸管串联的熔断器的平均电流、有效电流各为多大？

4. 三相半波可控整流电路，如果 3 只晶闸管共用一套触发电路，如图 4-19 所示，每隔 120° 同时给 3 只晶闸管送出脉冲，电路能否正常工作？此时电路带电阻性负载时的移相范围是多少？

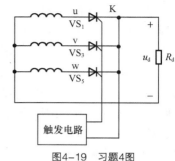

图4-19　习题4图

三相桥式全控整流电路调试

一、任务描述与目标

三相桥式全控整流电路多用于直流电动机或要求实现有源逆变的负载，为使负载电流连续平滑，改善直流电动机的机械特性，利于直流电动机换向及减小火花，一般要串入平波电抗器，相当于负载是含有反电动势的大电感负载。

三相桥式全控整流电路如图 4-20（a）所示，是由一组共阴极接法和另一组共阳极接法的三相半波可控整流电路串联而成。共阴极组 VS_1、VS_3，和 VS_5 在正半周导电，流经变压器的电流为正向电流；共阳极组 VS_4、VS_6 和 VS_2 在负半周导电，流经变压器的电流为反向电流。变压器每相绕组在正、负半周都有电流流过，因此，变压器绕组中没有直流磁通势，同时也提高了变压器绕组的利用率。

本次任务的目标如下。

- 掌握三相桥式全控整流电路的工作原理，能进行波形分析。
- 能根据整流电路形式及元件参数进行输出电压、电流等参数的计算。
- 会根据电路要求选择合适的元器件，初步具备成本核算意识。
- 在项目实施过程中，培养团队合作精神、强化安全意识和职业行为规范。

二、相关知识

（一）三相桥式全控整流电路电阻性负载工作原理及参数计算

1. 工作原理

图 4-20（b）所示为三相桥式全控整流电路电阻性负载当 $\alpha=0°$ 时的电压波形。触发电路先后向各自所控制的晶闸管的门极（对应自然换相点）送出触发脉冲，即在三相电源电压正半波的 1、3、

5 点（正半波自然换相点）向共阴极组晶闸管 VS_1，VS_3 和 VS_5 输出触发脉冲；在三相电源电压负半波的 2、4、6 点（负半波自然换相点）向共阳极组晶闸管 VS_4，VS_6 和 VS_2 输出触发脉冲。图中各线电压的交点处 1～6 就是三相桥式全控整流电路 6 只晶闸管 VS_1～VS_6 的自然换相点，也就是晶闸管触发延迟角 α 的起始点。

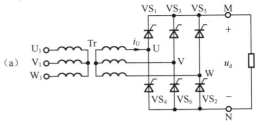

（1）当 $\alpha=0°$ 时，波形如图 4-20 所示。在 $\omega t_1 \sim \omega t_2$ 期间，U 相电位最高，V 相电位最低，此时共阴极组的 VS_1 和共阳极组 VS_6 同时被触发导通，电流由 U 相经 VS_1 流向负载，又经 VS_6 流入 V 相。假设共阴组流过 U 相绕组电流为正，那么共阳极组流过 U 相绕组电流就应为负，则输出电压为

$$u_d=u_U-u_V-u_{UV}$$

经 60° 后进入 $\omega t_2 \sim \omega t_3$ 区间，U 相电位仍然最高，所以 VS_1 继续导通，但 W 相晶闸管 VS_2 的阴极电位变为最低。在自然换相点 2 处，即 ωt_2 时刻，VS_2 被触发导通，VS_2 的导通使 VS_6 承受 u_{VU} 反向电压而被迫关断。这一区间负载电流仍然从 U 相流出，经 VS_1、负载、VS_2 而回到电源 W 相，这一区间的整流输出电压为

$$u_d=u_U-u_W-u_{UW}$$

又经过 60° 后进入 $\omega t_3 \sim \omega t_4$ 区间，V 相电位变为最高，在自然换相点 3 处，即 ωt_3 时刻，VS_3 被触发导通，W 相晶闸管 VS_2 的阴极电位仍为最低，负载电流从 U 相换到从 V 相流出，经 VS_3、负载、VS_2 回到电源 W 相。整流变压 V、W 两相工作，输出电压为

$$u_d=u_V-u_W-u_{VW}$$

其他区间，依此类推，并遵循以下规律。

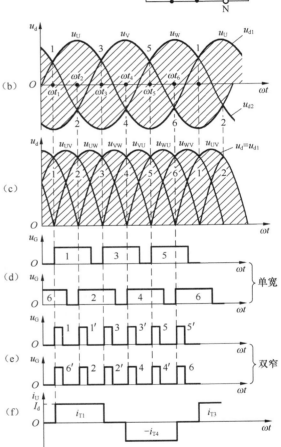

图4-20　三相桥式全控整流电路及 $\alpha=0°$ 波形图

① 三相桥式全控整流电路任一时刻必须有两只晶闸管同时导通，才能形成负载电流，其中一只在共阳极组，另一只在共阴极组。

② 整流输出电压 u_d 波形是由电源线电压 u_{UV}，u_{UW}，u_{VW}，u_{VU}，u_{WU}，u_{WV} 轮流输出所组成的，各线电压正半波交点 1～6 分别是 VS_1～VS_6 的自然换相点。晶闸管的导通顺序及输出电压关系如图 4-21 所示。输出电流的波形与电压波形相似。

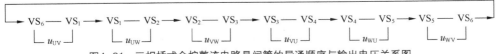

图4-21　三相桥式全控整流电路晶闸管的导通顺序与输出电压关系图

③ 6只晶闸管中每管导通120°，每间隔60°有一只晶闸管换流。

④ 变压器二次侧电流 i_U 波形的特点。VS_1 处于通态时，i_U 为正，波形的形状与同时段的 u_d 波形相同，在 VS_4 处于通态时，i_U 波形的形状也与同时段的 u_d 波形相同，但为负值。

（2）当 $\alpha=30°$ 时，波形如图4-22所示。这种情况与 $\alpha=0°$ 时的区别在于：晶闸管起始导通时刻推迟了30°，因此组成 u_d 的每一段线电压推迟30°，从 ωt_1 开始把一周期等分为6段，u_d 波形仍由6段线电压构成，每一段导通晶闸管的编号等仍符合图4-21中的规律。

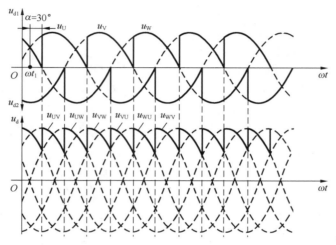

图4-22　三相全控桥整流电路 $\alpha=30°$ 的波形

（3）当 $\alpha=60°$ 时，波形如图4-23所示。此时 u_d 的波形中每段线电压的波形继续后移，u_d 平均值继续降低。当 $\alpha=60°$ 时 u_d 出现为零的点，即 $\alpha=60°$ 时输出电压 u_d 的波形临界连续。但是每只晶闸管的导通角仍然为120°。

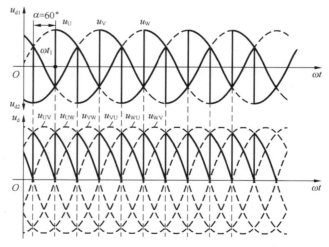

图4-23　三相全控桥整流电路 $\alpha=60°$ 的波形

（4）当 $\alpha=60°$ 时，波形如图4-24所示。此时 $\alpha=90°$ 的波形中每段线电压的波形继续后移，u_d 平均值继续降低。u_d 波形断续，每个晶闸管的导通角小于120°。由以上分析可知，电阻性负载时，三相半波整流电路的移相范围为 $0°\sim120°$。

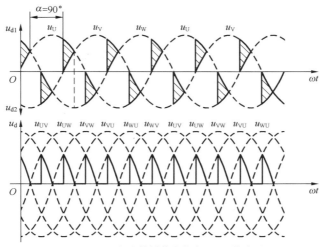

图4-24　三相全控桥整流电路$\alpha=90°$的波形

2. 参数计算

（1）负载电压平均值 U_d。

当 $\alpha \leqslant 60°$ 时，$U_d = \dfrac{1}{\pi / 3} \displaystyle\int_{\frac{\pi}{3}+\alpha}^{\frac{2\pi}{3}+\alpha} \sqrt{6}U_2 \sin \omega t \mathrm{d}(\omega t) = \dfrac{3\sqrt{6}}{\pi}U_2 \cos \alpha = 2.34U_2 \cos \alpha$

当 $\alpha > 60°$ 时，$U_d = \dfrac{1}{\pi / 3} \displaystyle\int_{\frac{\pi}{3}+\alpha}^{\pi} \sqrt{6}U_2 \sin \omega t \mathrm{d}(\omega t) = \dfrac{3\sqrt{6}}{\pi}U_2[1+\cos(\dfrac{\pi}{3}+\alpha)] = 2.34U_2[1+\cos(\dfrac{\pi}{3}+\alpha)]$

（2）负载电流平均值 I_d。

$$I_d = \frac{U_d}{R_d}$$

（3）流过晶闸管电流的平均值 I_{dT}。

$$I_{dT} = \frac{1}{3}I_d$$

（4）流过晶闸管的电流的有效值 I_T。

$$I_T = \sqrt{\frac{1}{3}}I_d = 0.577I_d$$

（5）晶闸管两端承受的最大正反向电压 U_{TM}。

$$U_{TM} = \sqrt{2} \times \sqrt{3}U_2 = \sqrt{6}U_2 = 2.45U_2$$

（二）三相桥式全控整流电路大电感负载不接续流二极管时工作原理及参数计算

1. 工作原理

（1）在 $\alpha < 60°$ 时。由电阻性负载工作原理分析，当 $\alpha < 60°$ 时，三相全控桥式整流电路输出电压 u_d 波形连续，每只晶闸管的导通角都是 $120°$，工作情况与带电阻负载时十分相似，各晶闸管的通断情况、输出整流电压 u_d 波形、晶闸管承受的电压波形等都一样。

两种负载时的区别在于，由于负载不同，同样的整流输出电压加到负载上，得到的负载电流 i_d 波形不同。大电感负载时，由于电感的作用，使得负载电流波形变得平直，当电感足够大的时候，负载电流的波形可近似为一条水平线。

当 $\alpha=30°$ 时，波形如图 4-25 所示。

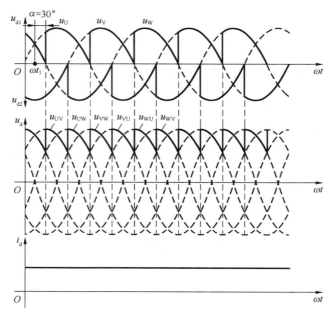

图4-25　三相桥式全控整流电路大电感负载α=30°波形

（2）当α＞60°时。当α＞60°时，由于电感 L 的作用，只要整流输出电压平均值不为零，每只晶闸管的导通角都是120°，与触发延迟角α大小无关，但是 u_d 波形会出现负的部分，负载电流为连续平稳的一条水平线，而流过晶闸管与变压器绕组的电流均为方波。当α=90°时，输出整流电压 u_d 波形正、负面积相等，平均值为零，如图 4-26 所示，带大电感负载时，三相桥式全控整流电路的α角移相范围为 0°～90°。

2．参数计算

（1）负载电压平均值 U_d。

$$U_d = \frac{1}{\pi/3} \int_{\frac{\pi}{3}+\alpha}^{\frac{2\pi}{3}+\alpha} \sqrt{6}U_2 \sin\omega t \mathrm{d}(\omega t) = \frac{3\sqrt{6}}{\pi}U_2 \cos\alpha = 2.34U_2 \cos\alpha \qquad (30° \leqslant \alpha \leqslant 90°)$$

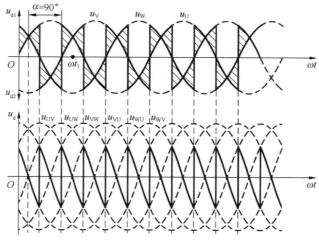

图4-26　三相桥式全控整流电路大电感负载α=90°波形

（2）负载电流平均值 I_d。

$$I_d = U_d / R_d$$

（3）晶闸管的电流平均值 I_{dT}、有效值 I_T。

$$I_{dT} = \frac{1}{3} I_d \ , \quad I_T = \sqrt{\frac{1}{3}} I_d$$

（4）晶闸管两端承受的最高电压 U_{TM}。

$$U_{TM} = \sqrt{2} \times \sqrt{3} U_2 = \sqrt{6} U_2 = 2.45 U_2$$

（5）当整流变压器为采用星形接法，带电阻电感负载时，变压器二次侧电流波形为正负半周各宽 120°、前沿相差 180°的矩形波，其有效值为

$$I_2 = \sqrt{\frac{1}{2\pi}\left(I_d^2 \times \frac{2}{3}\pi + (-I_d)^2 \times \frac{2}{3}\pi\right)} = \sqrt{\frac{2\pi}{3}} I_d = 0.816 I_d$$

（三）三相桥式全控整流电路大电感负载接续流二极管时工作原理及参数计算

1. 工作原理

三相全控桥式整流电路大电感负载电路中，当 $\alpha > 60°$ 时，输出电压的波形出现负值，使输出电压平均值下降，可在大电感负载两端并接续流二极管 VD，这样不仅可以提高输出电压的平均值，而且可以扩大移相范围并使负载电流更平稳。

当 $\alpha \leq 60°$ 时，输出电压波形和参数计算与大电感负载不接续流二极管时相同，续流二极管不起作用，每个晶闸管导通 120°。

当 $\alpha > 60°$ 时，三相电源电压每相过零变负时，电感的感应电动势使续流二极管承受正向电压而导通，晶闸管关断。

续流期间输出电压 $u_d = 0$，使得波形不出现负向电压。可见输出电压波形与电阻性负载时输出电压波形相同，晶闸管导通角 $\theta < 120°$。

2. 参数计算

（1）输出电压平均值 U_d。

① $\alpha \leq 60°$ 时，$\theta = 120°$，$U_d = 2.34 U_2 \cos\alpha$

② $\alpha > 60°$ 时，$\theta < 120°$，$U_d = 2.34 U_2 \left[1 + \cos\left(\frac{\pi}{3} + \alpha\right)\right]$

（2）负载电流平均值 I_d。

$$I_d = U_d / R_d$$

（3）流过晶闸管电流的平均值 I_{dT} 和有效值 I_T。

$$I_{dT} = \frac{\theta_T}{360°} I_d = \begin{cases} \dfrac{1}{3} I_d & (\alpha \leq 60°) \\ \dfrac{120° - \alpha}{360°} I_d & (60° < \alpha \leq 120°) \end{cases}$$

$$I_T = \sqrt{\frac{\theta_T}{360°}} I_d = \begin{cases} \sqrt{\dfrac{1}{3}} I_d & (\alpha \leq 60°) \\ \sqrt{\dfrac{120° - \alpha}{360°}} I_d & (60° < \alpha \leq 120°) \end{cases}$$

（4）流过续流二极管电流的平均值 I_{dD} 和有效值 I_D。

当 $\alpha \leqslant 60°$ 时，续流二极管不导通，没有电流流过。

当 $\alpha > 60°$ 时，

$$I_{dD} = \frac{\theta_D}{360°}I_d = \frac{\alpha - 60°}{120°}I_d$$

$$I_D = \sqrt{\frac{\theta_D}{360°}}I_d = \sqrt{\frac{\alpha - 60°}{120°}}I_d$$

（5）晶闸管两端承受的最高电压 U_{TM}。

$$U_{TM} = \sqrt{2} \times \sqrt{3}U_2 = \sqrt{6}U_2 = 2.45U_2$$

三、任务实施

1. 所需仪器设备

（1）DJDK-1 型电力电子技术及电机控制实验装置（含 DJK01 电源控制屏、DJK02 晶闸管主电路、DJK02-1 三相晶闸管触发电路、DJK06 给定及实验器件、D42 三相可调电阻）1 套。

（2）双踪示波器 1 台。

（3）万用表 1 块。

（4）导线若干。

2. 调试前准备

（1）课前预习三相全控桥式整流电路实验相关知识，熟悉测试接线图。

三相全控桥式整流电路接线如图 4-27 所示。

（2）清点相关材料、仪器和设备。

（3）填写任务单测试前准备部分。

3. 操作步骤与注意事项

（1）触发电路调试。见项目四中任务一的三相集成触发电路调试步骤。

（2）电阻性负载时电路调试。

① 接线。按图 4-27 接线。

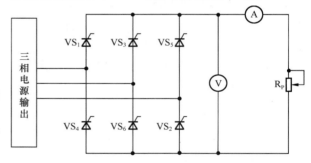
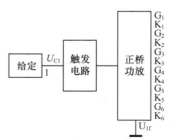

图4-27　三相全控桥式整流电路接线图

整流电路与三相电源连接时，要注意相序，必须一一对应。

② 调试。按下"启动"按钮，将 DJK01 电源控制屏的电源选择开关打到"直流调速"侧，使输出线电压为200V（不能打到"交流调速"侧工作）。打开 DJK02-1、DJK06 挂件的电源开关，将"给定"从零开始，慢慢增加移相控制电压，使 α 能从30°～120°范围内调节，用示波器观察并记

录三相电路中 $\alpha=30°$ 、$60°$ 、$90°$ 、$120°$ 时整流输出电压 u_d 和晶闸管两端电压 u_T 的波形，并记录相应的电源电压 U_2 及 U_d 的数值于任务单的相应记录表中。

　　　　　　在接通主电路前，必须先将移相控制电压调到零，将电阻器放在最大阻值处；主电路电压为 220V，测试时防止通过其他导体造成触电。

调试结束后，将移相控制电压调到零。

（3）电阻电感性负载时电路调试。

①　接线。将 700mH 的电抗器与负载电阻 R 串联后接入主电路，负载两端并接续流二极管（将与二极管串联的开关拨到"断"）。

　　　　　　接线前确认电源已经切断。

②　不接续流二极管时电路调试。按下"启动"按钮，打开相应挂件电源开关，将"给定"从零开始，慢慢增加移相控制电压，观察不同移相角 α 时 u_d 的输出波形，记录相应的电源电压 U_2 及 U_d、I_d 值，记录于任务单相应记录表中。

　　　　　　在接通主电路前，必须先将移相控制电压调到零，将电阻器放在最大阻值处；调节过程中请注意观察电流表读数，使得负载电流 I_d 保持在 0.6A 左右（不得超过 0.65A）。

调试结束后，将移相控制电压调到零。

③　接续流二极管时电路调试。将与二极管串联的开关拨到"通"，按下"启动"按钮，打开相应挂件电源开关，将"给定"从零开始，慢慢增加移相控制电压，观察不同移相角 α 时 u_d 的输出波形，记录相应的电源电压 U_2 及 U_d、I_d 值，记录于任务单相应记录表中。

4. **三相桥式全控整流电路调试任务单**（见附表 16）

5. **任务实施标准**

序号	内　　容	配分	等级	评 分 细 则	得　分
1	触发电路调试	10	10	触发脉冲调试不成功扣 10 分	
2	示波器使用	10	10	使用错误 1 次扣 5 分	
3	接线	15	15	接线错误 1 根扣 5 分	
4	调试	45	15	电阻性负载调试过程错误扣 5 分 参数记录缺 1 项扣 2 分	
			15	电阻电感性负载不接 VD 调试过程错误扣 5 分 参数记录缺 1 项扣 2 分	
			15	电阻电感性负载接 VD 调试过程错误扣 5 分 参数记录缺 1 项扣 2 分	

续表

序号	内 容	配分	等级	评分细则	得 分
5	操作规范	10	10	安全文明生产，符合操作规程	
			5	经提示后能规范操作	
			0	不能文明生产，不符合操作规程	
6	现场整理	10	10	现场整理干净，设施及桌椅摆放整齐	
			5	经提示后能将现场整理干净	
			0	不合格	
合计					

四、总结与提升

（一）触发电路与主电路电压的同步

制作或修理调整晶闸管装置时，常会碰到一种故障现象。在单独检查晶闸管主电路时，接线正确，元件完好；单独检查触发电路时，各点电压波形、输出脉冲正常，调节控制电压 U_c 时，脉冲移相符合要求。但是当主电路与触发电路连接后，工作不正常，直流输出电压 u_d 波形不规则、不稳定，移相调节不能工作。这种故障是由于送到主电路各晶闸管的触发脉冲与其阳极电压之间相位没有正确对应，造成晶闸管工作时控制角不一致，甚至使有的晶闸管触发脉冲在阳极电压负值时出现，当然不能导通。怎样才能消除这种故障使装置工作正常呢？这就是本节要讨论的触发电路与主电路之间的同步（定相）问题。

1. 同步的定义

前面分析可知，触发脉冲必须在管子阳极电压为正时的某一区间内出现，晶闸管才能被触发导通，而在锯齿波移相触发电路中，送出脉冲的时刻是由接到触发电路不同相位的同步电压 u_s 来定位，由控制与偏移电压大小来决定移相。因此必须根据被触发晶闸管的阳极电压相位，正确供给触发电路特定相位的同步电压，才能使触发电路分别在各晶闸管需要触发脉冲的时刻输出脉冲。这种正确选择同步信号电压相位以及得到不同相位同步信号电压的方法，称为晶闸管装置的同步或定相。

2. 触发电路同步电压的确定

触发电路同步电压的确定包括两方面内容。

（1）根据晶闸管主电路的结构、所带负载的性质及采用的触发电路的形式，确定出该触发电路能够满足移相要求的同步电压与晶闸管阳极电压的相位关系。

（2）用三相同步变压器的不同连接方式或再配合阻容移相得到上述确定的同步电压。

下面用三相全控桥式电路带电感性负载来具体分析。

如图 4-28 主电路接线，电网三相电源为 U_1、V_1、W_1，经整流变压器 TR 供给晶闸管桥路，对应电源为 U、V、W，假定控制角为 0°，则 $u_{G1} \sim u_{G6}$ 6 个触发脉冲应在各自的自然换相点，且依次相隔 60°。保证每个晶闸管的控制角一致，6 块触发板 1CF～6CF 输入的同步信号电压 u_s 也必须依次相隔 60°。为了得到 6 个不同相位的同步电压，通常用 1 只三相同步变压器 TS，它具有两组二次绕组，二次侧得到相隔 60° 的 6 个同步信号电压分别输入 6 个触发电路。因此只要 1 块触发板的同步信号电压相位符合要求，那其他 5 个同步信号电压相位也肯定正确。那么，每个触发电路的同步信号电压 u_S 与被触发晶闸管的阳极电压必须有怎样的相位关系，这决定于主电路的不同形式、不同的触发电路、负载性质以及不同的移相要求。

　　如对于同步电压为锯齿波触发电路，NPN 型晶体管时，同步信号负半周的起点对应于锯齿波的起点，通常使锯齿波的上升段为 240°，上升段起始的 30° 和终了的 30° 线性度不好，舍去不用，使用中间的 180°。锯齿波的中点与同步信号的 300° 位置对应，使 $U_d=0$ 的触发角 α 为 90°。当 $\alpha < 90°$ 时为整流工作，$\alpha > 90°$ 时为逆变工作。将 $\alpha=90°$ 确定为锯齿波的中点，锯齿波向前向后各有 90° 的移相范围。于是 $\alpha=90°$ 与同步电压的 300° 对应，也就是 $\alpha=0°$ 与同步电压的 210° 对应。$\alpha=0°$ 对应于 u_U 的 30° 的位置，则同步信号的 180° 与 u_U 的 0° 对应，说明同步电压 u_S 应滞后于阳极电压 u_U 180°。如图 4-28 所示。

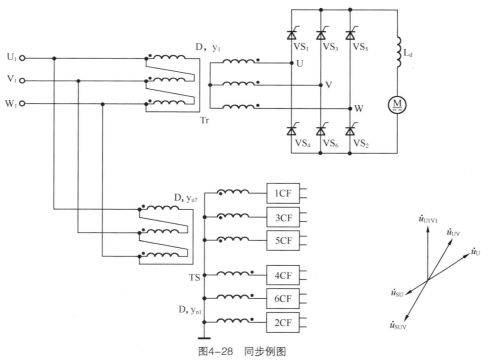

图4-28　同步例图

3. 实现同步的方法

实现同步的方法步骤如下。

（1）根据主电路的结构、负载的性质及触发电路的形式与脉冲移相范围的要求，确定该触发电路的同步电压 u_S 与对应晶闸管阳极电压 u_U 之间的相位关系。

（2）根据整流变压器 TR 的接法，以定位某线电压作参考矢量，画出整流变压器二次电压也就是晶闸管阳极电压的矢量，再根据步骤①确定的同步电压 u_S 与晶闸管阳极电压 u_U 的相位关系，画出电源的同步相电压和同步线电压矢量。

（3）根据同步变压器二次线电压矢量位置，确定同步变压器 TS 的钟点数的接法，然后确定出 u_{SU}、u_{SV}、u_{SW} 分别接到 VS_1、VS_3、VS_5 管触发电路输入端；确定出 $u_{S(-U)}$、$u_{S(-V)}$、$u_{S(-W)}$ 分别接到 VS_4、VS_6、VS_2 管触发电路的输入端，这样就保证了触发电路与主电路的同步。

4. 同步举例

【例4-1】 三相全控桥整流电路，直流电动机负载，不要求可逆运转，整流变压器 TR 为 D，y1 接线组别，触发电路采用本书锯齿波同步的触发电路，考虑锯齿波起始段的非线性，故留出 60° 余量。试按简化相量图的方法来确定同步变压器的接线组别及变压器绕组联结法，如图 4-28 所示。

解 以 VS$_1$ 管的阳极电压与相应的 1CF 触发电路的同步电压定相为例。

① 根据题意，要求同步电压 u_S 相位应滞后阳极电压 u_u180°。

② 根据相量图，同步变压器接线组别应为 D，y$_{n7}$ 和 D，y$_{n1}$。

③ 根据已求得同步变压器结线组别，就可以画出变压器绕组的结线组别，再将同步电压分别接到相应触发电路的同步电压接线端，即能保证触发脉冲与主电路的同步。

（二）三相桥式全控整流电路常见故障分析

下面以三相全控桥式整流电路电感性负载，控制角 $\alpha=60°$ 为例，用示波器观察到的不正常的输出电压波形，来分析故障，查找故障点。

1. 输出电压波形比正确的波形少 2 个波头

故障现象：用示波器观察到输出电压波形比正确的波形少 2 个波头，如图 4-29 所示。

故障分析：用示波器测得每个周期输出电压波形与正确波形相比波头少了 2 个，在 ωt_1 时刻不能换相，到 ωt_2 时刻才恢复正常换相，$\omega t_1 \sim \omega t_2$ 相位差为 120°；三相全控桥电路每个周期输出电压的 6 个波头应该是 u_{UV}、u_{UW}、u_{VW}、u_{VU}、u_{WU}、u_{WV}，少两个波头正好相位差是 120°。波形种出现负值是由于电感 L 中的储能释放，回馈给电源所致。正常运行时每个桥臂导通 120°，无论少哪 2 个波头，都可以判断出是有一个桥臂断路，例如少了 u_{UV}、u_{UW}，说明是共阴极组接 U 相的 VS$_1$ 所在的桥臂断路。如果少了 u_{UW}、u_{VW}，说明是共阳极组接 W 相的 VS$_2$ 所在的桥臂断路。但到底是哪个桥臂断路，波头上没有符号指明，需要进一步检查。在各桥臂熔断器完好，连接线无松脱的前提下，用示波器测量各晶闸管两端电压波形。哪个管的波形没有导通段，即是故障所在，或者是管子坏，或者是没有触发脉冲。

2. 每个周期只少 1 个波头

故障现象：用示波器观察输出电压波形，每个周期少 1 个波头，如图 4-30 所示。

故障分析：每个周期的波形波头只少 1 个，只有 60° 相位差，因此不会是桥臂短路，问题出现在触发电路。根据三相全控桥电路触发脉冲为双窄脉冲的特点，ωt_1 时未通说明主脉冲丢失，ωt_2 时导通是补脉冲的作用。到底哪个管子的触发电路出了问题，需测量各管子两端电压波形，正常管子导通 120°，导通段只有 60° 的管子，其触发电路有问题，进一步检查该触发电路的同步移相环节，即可找出故障所在。

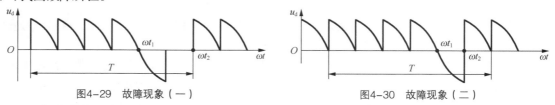

图4-29　故障现象（一）　　　　　　　图4-30　故障现象（二）

3. 每个周期只有 2 个连续波头，其中已个波头提前输出，连续少了 4 个波头

故障现象：用示波器观察输出电压波形，每个周期只有 2 个连续波头，其中 1 个波头提前输出，连续少了 4 个波头如图 4-31 所示。

故障分析：三相桥式全控整流电路输出电压波形的 6 个波头应该是：u_{UV}、u_{UW}、u_{VW}、u_{VU}、u_{WU}、u_{WV}，无论连续少了哪 4 个波头，都说明是属于同一连接组（共阴极组或共阳极组）不同相的 2 个桥臂断路。例如少了 u_{UV}、u_{UW}、u_{VW}、u_{VU}，则说明是接 U 相的 VS_1 和接 V 相的 VS_3 管所在的桥臂断路。

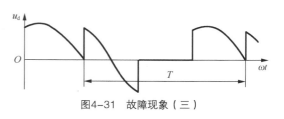

图4-31　故障现象（三）

如果少的是 u_{VU}、u_{WU}、u_{WV}、u_{UV}，则说明是接接 U 相的 VS_4 和接 V 相的 VS_6 管所在的桥臂断路。但到底是哪个桥臂断路，波头上没有符号指明，参照故障现象一的方法进一步检查，即可找出故障点。

（三）整流电路的保护

整流电路的保护主要是晶闸管的保护，因为晶闸管元件有许多优点，但与其他电气设备相比，过电压、过电流能力差，短时间的过电流、过电压都可能造成元件损坏。为使晶闸管装置能正常工作而不损坏，只靠合理选择元件还不行，还要设计完善的保护环节，以防不测，具体保护电路如下。

1. 过电压保护

过电压保护有交流侧保护、直流侧保护和器件保护。过电压保护设置如图 4-32 所示。其中 H 属于器件保护，H 左边设置的是交流侧保护，H 右边设置的为直流侧保护。

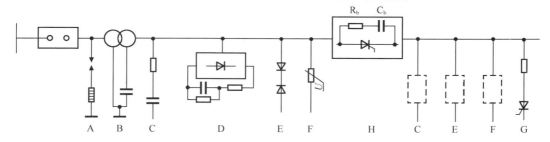

A—避雷器　B—接地电容　C—阻容保护　D—整流式阻容保护
E—硒堆保护　F—压敏保护　G—晶闸管泄能保护　H—换相过电压保护

图4-32　晶闸管过电压保护设置图

（1）晶闸管的关断过电压及其保护。晶闸管关断引起的过电压，可达工作电压峰值的 5～6 倍，是由于线路电感（主要是变压器漏感）释放能量而产生的。一般情况采用的保护方法是在晶闸管的两端并联 RC 吸收电路，如图 4-33 所示。

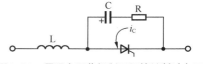

图4-33　用阻容吸收抑制晶闸管关断过电压

（2）交流侧过电压保护。由于交流侧电路在接通或断开时感应出过电压，一般情况下，能量较大，常用的保护措施有如下 3 种。

① 阻容吸收保护电路。其应用广泛，性能可靠，但正常运行时，电阻上消耗功率，引起电阻发热，且体积大，对于能量较大的过电压不能完全抑制。根据稳压二极管的稳压原理，目前较多采用非线性电阻吸收装置，常用的有硒堆与压敏电阻。

② 硒堆就是成组串联的硒整流片。单相时用两组对接后再与电源并联，三相时用 3 组对接成 Y 形或用 6 组接成 D 形。

③ 压敏电阻是由氧化锌、氧化铋等烧结而成，每一颗氧化锌晶粒外面裹着一层薄薄的氧化锌，构成像硅稳压二极管一样的半导体结构，具有正反向都很陡的稳压特性。

（3）直流侧过电压的保护。保护措施一般与交流过电压保护一致。

2．过电流保护

晶闸管装置出现的元件误导通或击穿、可逆传动系统中产生环流、逆变失败以及传动装置生产机械过载及机械故障引起电动机堵转等，都会导致流过整流元件的电流大大超过其正常管子电流，即产生所谓的过电流。通常采用的保护措施如图 4-34 所示。

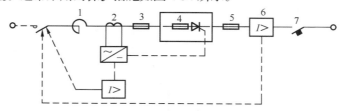

1—进线电抗限流；2—电流检测和过流继电器；3、4、5—快速熔断器；
6—过电流继电器；7—直流快速开关
图4-34　晶闸管装置可采用的过电流保护措施

（1）在交流进线中串接电抗器（称交流进线电抗），或采用漏抗较大的变压器是限制短路电流以保护晶闸管的有效办法，缺点是在有负载时要损失较大的电压降。

（2）灵敏过电流继电器保护。继电器可装在交流侧或直流侧，在发生过电流故障时动作，使交流侧自动开关或直流侧接触器跳闸。由于过电流继电器和自动开关或接触器动作需几百毫秒，故只能保护由于机械过载引起的过电流，或在短路电流不大时，才能对晶闸管起保护作用。

（3）限流与脉冲移相保护。交流互感器 TA 经整流桥组成交流电流检测电路得到一个能反映交流电流大小的电压信号去控制晶闸管的触发电路。当直流输出端过载，直流电流 I_d 增大时，交流电流也同时增大，检测电路输出超过某一电压，使稳压管击穿，于是控制晶闸管的触发脉冲左移，即控制角增大，使输出电压 U_d 减小，I_d 减小，以达到限流的目的，调节电位器即可调节负载电流限流值。

当出现严重过电流或短路时，故障电流迅速上升，此时限流控制可能来不及起作用，电流就已超过允许值。在全控整流带大电感负载时，为了尽快消除故障电流，可控制晶闸管的触发脉冲快速左移到整流状态的移相范围之外，使输出端瞬时值出现负电压，电路进入逆变状态，将故障电流迅速衰减到 0，这种称为拉逆变保护。

（4）直流快速开关保护。在大容量、要求高、经常容易短路的场合，可采用装在直流侧的直流快速开关作直流侧的过载与短路保护。这种快速开关经特殊设计，它的开关动作时间只有 2ms，全部断弧时间仅 25～30ms，目前国内生产的直流快速开关为 DS 系列。从保护角度看，快速开关的动作时间和切断整定电流值应该和限流电抗器的电感相协调。

（5）快速熔断器保护。熔断器是最简单有效的保护元件，针对晶闸管、硅整流元件过流能力差，专门制造了快速熔断器，简称快熔。与普通熔断器相比，它具有快速熔断特性，通常能做到当电流达到 5 倍额定电流时，熔断时间小于 0.02s，在流过通常的短路电流时，快熔能保证在晶闸管损坏之前，切断短路电流，故适用与短路保护场合。快熔的选择：$1.57 I_{T(AV)} > I_{RD} > I_T$，$I_T$ 为实际管子最大电流有效值。

3．电压与电流上升率的限制

（1）晶闸管的正向电压上升率的限制。晶闸管在阻断状态下，它的 J_2 结面存在着结电容。当加在晶闸管上的正向电压上升率较大时，便会有较大的充电电流流过 J_2 结面，起到触发电流的作用，使晶闸管误导通。晶闸管的误导通会引起很大的浪涌电流，使快速熔断器熔断或使晶闸管损坏。

变压器的漏感和保护用的 RC 电路组成滤波环节，对过电压有一定的延缓作用，使作用于晶闸管的正向电压上升率大大地减小，因而不会引起晶闸管的误导通。晶闸管的阻容保护也有抑制的作用。

（2）电流上升率及其限制。晶闸管在导通瞬间，电流集中在门极附近，随着时间的推移导通区才逐渐扩大，直到整个结面导通为止。在此过程中，电流上升率应限制在通态电流临界上升率以内，否则将导致门极附近过热，损坏晶闸管。晶闸管在换相过程中，导通的晶闸管电流逐渐增大，产生换相电流上升率。通常由于变压器漏感的存在而受到限制。晶闸管换相过程中，相当于交流侧线电压短路，交流侧阻容保护电路电容中的储能很快地释放，使导通的晶闸管产生较大的 di/dt。采用整流式阻容保护，可以防止这一原因造成过大的 di/dt。晶闸管换相结束时，直流侧输出电压瞬时值提高，使直流侧阻容保护有一个较大的充电电流，造成导通的晶闸管 di/dt 增大。采用整流式阻容保护，可以减小这一原因造成过大的 di/dt。

五、习题与思考

1. 三相全控桥式整流电路带大电感负载，负载电阻 R_d=4Ω，要求 U_d 从 0～220V 之间变化。试求：

（1）不考虑控制角裕量时，整流变压器二次线电压。

（2）计算晶闸管电压、电流值，如电压、电流取 2 倍裕量，选择晶闸管型号。

2. 在图 4-35 所示电路中，当 α=60°时，画出下列故障情况下的 u_d 波形。

（1）熔断器 1FU 熔断。

（2）熔断器 2FU 熔断。

（3）熔断器 2FU、3FU 同时熔断。

图4-35 习题题2图

3. 若用示波器观察三相桥式全控整流电路，电感性负载，控制角 α=60°时波形分别如图 4-36（a）、（b）所示，试判断电路的故障。

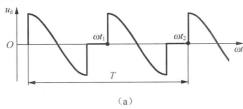

（a）

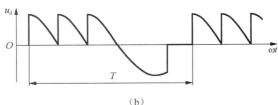

（b）

图4-36 习题3图

4. 三相半波可控整流电路，整流变压器的联接组别是 D/Y—5，锯齿波同步触发电路中的信号综合管是 NPN 型三极管。试确定同步变压器 TS 的接法钟点数为几点钟时，触发同步定相才是正确的，并画出矢量图。

5. 在晶闸管两端并联 R、C 吸收回路的主要作用有哪些？其中电阻 R 的作用是什么？

三相桥式全控有源逆变电路调试

一、任务描述与目标

生产实践中把直流电转变成交流电的过程称为逆变，实现逆变过程的电路称为逆变电路。一套电路既做整流又做逆变，称为变流器。将变流器的交流侧接到交流电网上，把直流侧的直流电源逆变为同频率的交流电反送到交流电网上，称为有源逆变。有源逆变常用于直流可逆调速、绕线式异步电动机串级调速以及高压直流输电等方面。

本次任务的目标如下。

- 掌握有源逆变电路的工作原理。
- 掌握逆变电路的分析方法。
- 了解有源逆变电路的实际应用。
- 在项目实施过程中，培养团队合作精神、强化安全意识和职业行为规范。

二、相关知识

（一）有源逆变的工作原理

整流与有源逆变的根本区别就表现在两者能量传送方向的不同。一个相控整流电路，只要满足一定条件，也可工作于有源逆变状态。这种装置称为变流装置或变流器。

1. 两电源间的能量传递

如图 4-37 所示，我们来分析一下两个电源间的功率传递问题。

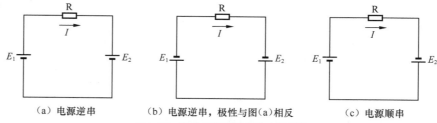

（a）电源逆串　　　　（b）电源逆串，极性与图（a）相反　　　　（c）电源顺串

图4-37　两个直流电源间的功率传递

图 4-37（a）所示为两个电源同极性连接，称为电源逆串。当 $E_1 > E_2$ 时，电流 I 从 E_1 正极流出，流入 E_2 正极，为顺时针方向，其大小为

$$I = \frac{E_1 - E_2}{R}$$

在这种连接情况下，电源 E_1 输出功率 $P_1 = E_1 I$，电源 E_2 则吸收功率 $P_2 = E_2 I$，电阻 R 上消耗的功率为 $P_R = P_1 - P_2 = R I^2$，P_R 为两电源功率之差。

图 4-37（b）所示也为两电源同极性相连，但两电源的极性与 4-37（a）图正好相反。当 $E_2 > E_1$ 时，电流仍为顺时针方向，但是从 E_2 正极流出，流入 E_1 正极，其大小为

$$I = \frac{E_2 - E_1}{R}$$

在这种连接情况下，电源 E_2 输出功率，而 E_1 吸收功率，电阻 R 仍然消耗两电源功率之差，即 $R_R = P_2 - P_1$。

图 4-37（c）所示为两电源反极性连接，称为电源顺串。此时电流仍为顺时针方向，大小为

$$I = \frac{E_1 + E_2}{R}$$

此时电源 E_1 与 E_2 均输出功率，电阻上消耗的功率为两电源功率之和，即 $P_R = P_1 + P_2$。若回路电阻很小，则 I 很大，这种情况相当于两个电源间短路。

通过上述分析，我们知道以下几点。

① 无论电源是顺串还是逆串，只要电流从电源正极端流出，则该电源就输出功率；反之，若电流从电源正极端流入，则该电源就吸收功率。

② 两个电源逆串连接时，回路电流从电动势高的电源正极流向电动势低的电源正极。如果回路电阻很小，即使两电源电动势之差不大，也可产生足够大的回路电流，使两电源间交换很大的功率。

③ 两个电源顺串时，相当于两电源电动势相加后再通过 R 短路，若回路电阻 R 很小，则回路电流会非常大，这种情况在实际应用中应当避免。

2．工作原理

在上述两电源回路中，若用晶闸管变流装置的输出电压代替 E_1，用直流电机的反电动势代替 E_2，就成了晶闸管变流装置与直流电机负载之间进行能量交换的问题，如图 4-38 所示。

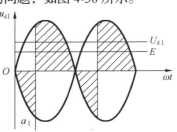

（b）整流状态下的波形图

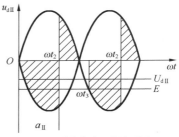

（c）逆变状态下的波形图

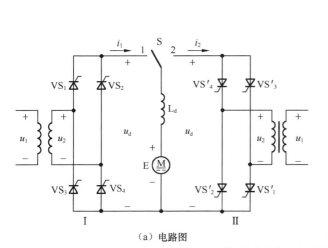

（a）电路图

图4-38　单相桥式变流电路整流与逆变原理

图 4-38（a）中有两组单相桥式变流装置，均可通过开关 S 与直流电动机负载相连。将开关拨向位置 1，且让 I 组晶闸管的控制角 $\alpha_1 < 90°$，则电路工作在整流状态，输出电压 U_{d1} 上正下负，波形如图 4-38（b）所示。此时，电动机作电动运行，电动机的反电动势 E 上正下负，并且通过调整 α 角使 $|U_{d1}| > |E|$，则交流电压通过 I 组晶闸管输出功率，电动机则吸收功率。负载中电流 I_d 值为

$$I_d = \frac{U_{d1} - E}{R}$$

将开关 S 快速拨向位置 2。由于机械惯性，电动机转速不变，则电动机的反电动势 E 不变，且极性仍为上正下负。此时，若仍按控制角 $\alpha_{II} < 90°$ 触发 II 组晶闸管，则输出电压 U_{dII} 为上正下负，与 E 形成两电源顺串连接。这种情况与图 4-37（c）所示相同，相当于短路事故，因此不允许出现。

若当开关 S 拨向位置 2 时，又同时将触发脉冲控制角调整到 $\alpha_{II} > 90°$，则 II 组晶闸管输出电压 U_{dII} 将为上负下正，波形如图 4-38（c）所示。假设由于惯性原因电动机转速不变，反电动势不变，并且调整 α 角使 $|U_{dII}| < |E|$，则晶闸管在 E 与 u_2 的作用下导通，负载中电流为

$$I_d = \frac{E - U_{dII}}{R}$$

这种情况下，电动机输出功率，运行于发电制动状态，II 组晶闸管吸收功率并将功率送回交流电网。这种情况就是有源逆变。

由以上分析及输出电压波形可以看出，逆变时的输出电压波形与整流时相同，计算公式仍为

$$U_d = 0.9U_2 \cos\alpha$$

因为此时控制角 $\alpha > 90°$，使得计算出来的结果小于零，为了计算方便，我们令 $\beta = 180° - \alpha$，称 β 为逆变角，则

$$U_d = 0.9U_2 \cos\alpha = 0.9U_2 \cos(180° - \beta) = -0.9U_2 \cos\beta$$

综上所述，实现有源逆变必须满足下列条件。

① 变流装置的直流侧必须外接电压极性与晶闸管导通方向一致的直流电源，且其值稍大于变流装置直流侧的平均电压。

② 变流装置必须工作在 $\beta < 90°$（即 $\alpha > 90°$）区间，使其输出直流电压极性与整流状态时相反，才能将直流功率逆变为交流功率送至交流电网。

上述两条必须同时具备才能实现有源逆变。为了保持逆变电流连续，逆变电路中都要串接大电感。

要指出的是，半控桥或接有续流二极管的电路，因它们不可能输出负电压，也不允许直流侧接上直流输出反极性的直流电动势，所以这些电路不能实现有源逆变。

（二）逆变失败与逆变角的限制

1. 逆变失败的原因

晶闸管变流装置工作在逆变状态时，如果出现电压 U_d 与直流电动势 E 顺向串联，则直流电动势 E 通过晶闸管电路形成短路，由于逆变电路总电阻很小，必然形成很大的短路电流，造成事故，这种情况称为逆变失败，或称为逆变颠覆。

现以单相全控桥式逆变电路为例说明。在图 4-39 所示电路中，原本是 VS_2 和 VS_3 导通，输出电压 u_2'；在换相时，应由 VS_2、VS_3 换相为 VS_1 和 VS_4 导通，输出电压为 u_2。但由于逆变角 β 太小，小于换相重叠角 γ，因此在换相时，两组晶闸管会同时导通。而在换相重叠完成后，已过了自然换相

点，使得 u_2' 为正，而 u_2 为负，VS_1 和 VS_4 因承受反压不能导通，VS_2 和 VS_3 则承受正压继续导通，输出 u_2'。这样就出现了逆变失败。

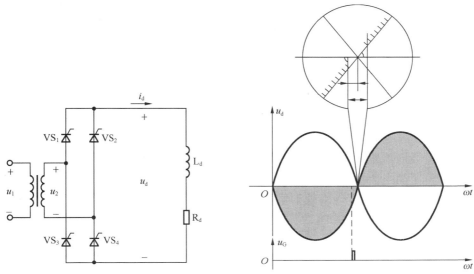

图4-39　有源逆变换流失败

造成逆变失败的原因主要有以下几种情况。

① 触发电路故障。如触发脉冲丢失、脉冲延时等不能适时、准确的向晶闸管分配脉冲的情况，均会导致晶闸管不能正常换相。

② 晶闸管故障。如晶闸管失去正常导通或阻断能力，该导通时不能导通，该阻断时不能阻断，均会导致逆变失败。

③ 逆变状态时交流电源突然缺相或消失。由于此时变流器的交流侧失去了与直流电动势 E 极性相反的电压，致使直流电动势经过晶闸管形成短路。

④ 逆变角 β 取值过小，造成换相失败。因为电路存在大感性负载，会使该导通的晶闸管不能瞬间导通，该关断的晶闸管也不能瞬间完全关断，因此就存在换相时两个管子同时导通的情况，这种在换相时两个晶闸管同时导通的所对应的电角度称为的换相重叠角。逆变角可能小于换相重叠角，即 $\beta < \gamma$，则到了 $\beta = 0°$ 点时刻换流还未结束，此后使得该关断的晶闸管又承受正向电压而导通，尚未导通的晶闸管则在短暂的导通之后又受反压而关断，这相当于触发脉冲丢失，造成逆变失败。

2. 逆变失败的限制

为了防止逆变失败，应当合理选择晶闸管的参数，对其触发电路的可靠性、元件的质量以及过电流保护性能等都比整流电路有更高的要求。逆变角的最小值也应严格限制，不可过小。

逆变时允许的最小逆变角 $\beta_{\min}$ 应考虑几个因素：不得小于换向重叠角 γ，考虑晶闸管本身关断时所对应的电角度，考虑一个安全裕量等，这样最小逆变角 $\beta_{\min}$ 的取值一般为

$$\beta_{\min} \geqslant 30° \sim 35°$$

为防止 β 小于 $\beta_{\min}$，有时要在触发电路中设置保护电路，使减小 β 时，不能进入 $\beta < \beta_{\min}$ 的区域。此外还可在电路中加上安全脉冲产生装置，安全脉冲位置就设在 $\beta_{\min}$ 处，一旦工作脉冲移入 $\beta_{\min}$ 处，安全脉冲保证在 $\beta_{\min}$ 处触发晶闸管。

（三）三相全控桥有源逆变电路

图 4-40 所示为三相全控桥带电动机负载的电路，当 $\alpha<90°$ 时，电路工作在整流状态，当 $\alpha>90°$ 时，电路工作在逆变状态。两种状态除 α 角的范围不同外，晶闸管的控制过程是一样的，即都要求每隔 60° 依次轮流触发晶闸管使其导通 120°，触发脉冲都必须是宽脉冲或双窄脉冲。逆变时输出直流电压的计算式为

$$U_{\text{d}} = U_{\text{d}0} \cos \alpha = -U_{\text{d}0} \cos \beta = -2.34 U_2 \cos \beta \quad (\alpha>90°)$$

图 4-40（b）为 $\beta=30°$ 时三相全控桥直流输出电压 u_{d} 的波形。共阴极组晶闸管 VS_1、VS_3、VS_5 分别在脉冲 u_{G1}、u_{G3}、u_{G5} 触发时换流，由阳极电位低的管子导通换到阳极电位高的管子导通；共阳极组晶闸管 VS_2、VS_4、VS_6 分别在脉冲 u_{G2}、u_{G4}、u_{G6} 触发时换流，由阴极电位高的管子导通换到阴极电位低的管子导通。晶闸管两端电压波形与三相半波有源逆变电路相同。

下面再分析一下晶闸管的换流过程。在 VS_5、VS_6 导通期间，发 u_{G1}、u_{G6} 脉冲，则 VS_6 继续导通，而 VS_1 在被触发之前，由于 VS_5 处于导通状态，已使其承受正向电压 u_{UW}，所以一旦触发，VS_1 即可导通，若不考虑换相重叠的影响，当 VS_1 导通之后，VS_5 就会因承受反向电压 u_{WU} 而关断，从而完成了从 VS_5 到 VS_1 的换流过程，其他管的换流过程可由此类推。

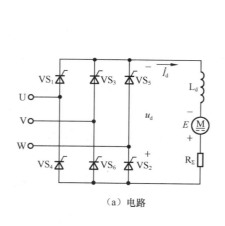
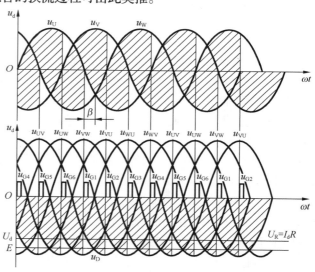

（a）电路

（b）$\beta=30°$时三相全控桥直流输出电压波形

图4-40　三相全控桥式有源逆变电路

应当指出，传统的有源逆变电路开关元件通常采用普通晶闸管，但近年来出现的可关断晶闸管既具有普通晶闸管的优点，又具有自关断能力，工作频率也高，因此在逆变电路中很有可能取代普通晶闸管。

┃三、任务实施

1．所需仪器设备

（1）DJDK-1 型电力电子技术及电机控制实验装置（含 DJK01 电源控制屏、DJK02 晶闸管主电路、DJK02-1 三相晶闸管触发电路、DJK06 给定及实验器件、DJK10 变压器、D42 三相可调电阻）1 套。

（2）双踪示波器1台。

（3）万用表1块。

（4）导线若干。

2．调试前准备

（1）课前预习三相桥式全控有源逆变电路实验相关知识，熟悉测试接线图。

三相桥式全控有源逆变电路接线如图4-41所示。

在三相桥式有源逆变电路中，电阻、电感与整流的一致，而三相不控整流及心式变压器均在DJK10挂件上，其中心式变压器用作升压变压器，逆变输出的电压接心式变压器的的Am、Bm、Cm端，返回电网的电压从高压端A、B、C输出，变压器接成Y/Y接法。

图中的R均使用D42三相可调电阻，将两个900Ω并联；电感L_d在DJK02面板上，选用700mH，直流电压、电流表由DJK02获得。

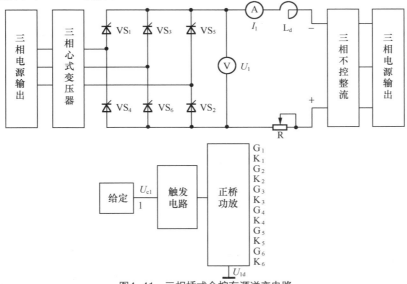

图4-41　三相桥式全控有源逆变电路

（2）清点相关材料、仪器和设备。

（3）填写任务单测试前准备部分。

3．操作步骤与注意事项

（1）触发电路调试。

见上节三相集成触发电路调试步骤。

（2）三相桥式全控有源逆变电路。

按图4-41接线，将DJK06上的"给定"输出调到零（逆时针旋到底），将电阻器放在最大阻值处，按下"启动"按钮，调节给定电位器，增加移相电压，使β在30°～90°范围内调节，同时，根据需要不断调整负载电阻R，使得电流I_d保持在0.6A左右（注意I_d不得超过0.65A）。用示波器观察并记录$\beta=30°$、60°、90°时的电压u_d和晶闸管两端电压u_T的波形，并记录相应的U_d数值于任务单中。

（3）故障现象的模拟。

当$\beta=60°$时，将触发脉冲钮子开关拨向"断开"位置，模拟晶闸管失去触发脉冲时的故障，

观察并记录这时的 u_d、u_T 波形的变化情况。

4. 三相桥式全控有源逆变电路调试任务单（见附表 17）

5. 任务实施标准

序号	内　　容	配分	等级	评分细则	得　分
1	触发电路测试	10	10	触发脉冲调试不成功扣 10 分	
2	示波器使用	10	10	使用错误 1 次扣 5 分	
3	接线	15	15	接线错误 1 根扣 5 分	
4	调试	45	30	调试过程错误扣 10 分 参数记录缺 1 项扣 2 分	
			15	故障模拟操作过程错误扣 5 分 参数记录缺 1 项扣 5 分	
5	操作规范	10	10	安全文明生产，符合操作规程	
			5	经提示后能规范操作	
			0	不能文明生产，不符合操作规程	
6	现场整理	10	10	现场整理干净，设施及桌椅摆放整齐	
			5	经提示后能将现场整理干净	
			0	不合格	
	合计				

四、总结与提升

（一）晶闸管直流电动机可逆拖动系统概述

有源逆变电路有较多的应用领域，常见的有直流电机可逆拖动、绕线式交流异步电动机串级调速以及高压直流输电等方面。

晶闸管直流电动机可逆拖动系统，是指用晶闸管变流装置控制直流电动机正反运转的控制系统。很多生产设备如起重提升设备、电梯、轧钢机轧辊等均要求电动机能够正反双向运转，这就是可逆拖动问题。对于直流他励电动机来说，改变电枢两端电压的极性或改变励磁绕组两端电压的极性均可改变其运转方向，这可根据应用场合和设备容量的不同要求加以选用。这里重点介绍采用两组晶闸管变流桥反并联组成的直流电动机可逆拖动系统。

另外，按照所用晶闸管变流装置组数的不同，一般又可通过两种方法实现电动机的正反转控制，一种是采用一组晶闸管变流器给电动机供电，用接触器控制电枢电压极性的电路；另一种是采用两组晶闸管变流器反极性连接组成的可逆电路。前者虽然线路简单，价格便宜，但仅适用于要求不高、容量不大的场合，后者则可用于容量大、要求过渡过程快、动作频繁的设备。这里重点介绍采用两组晶闸管变流器的可逆电路。

两组晶闸管变流器反极性连接，有两种供电方式，一种是两组变流器由一个交流电源或一个整流变压器供电，称为反并联连接；另一种是两个变流器分别由一个整流变压器的两个二次绕组供电，或由两个整流变压器供电，称为交叉连接。两种连接方式的原理相似，下面只以反并联连接的可逆电路为例加以介绍。

为了分析直流电动机可逆系统的运转状态及其与变流器工作状态之间的关系，首先介绍一下电动机的四象限运行图。四象限运行图是根据直流电动机的转矩（或电流）与转速之间的关系，在平面 4 个象限上作出的表示电动机运行状态的图。图 4-42 所示即为反并联可逆系统的四象限运行图。从图中可以看出，第 I 和第 III 象限内电动机的转速与转矩同号，电动机在第 I 和第 III 象限分别运行在"正转电动"和"反转电动"状态，第 II 和第 IV 象限内电动机的转速与转矩异号，电动机分别运行在"正转发电"和"反转发电"状态。电动机究竟能在几个象限上运行，这与其控制方式和电路结构有关。如果电动机在 4 个象限上都能运行，则说明电动机的控制系统功能较强。

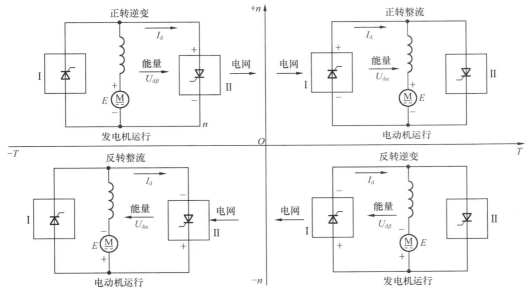

图4-42 反并联可逆系统的四象限运行图

根据对环流的处理方法不同，反并联可逆电路又可分为几种不同的工作方式：逻辑控制无环流、配合控制有环流以及错位控制无环流等工作方式。下面对前两种方式分别加以介绍。

（二）逻辑控制无环流可逆电路

在反并联可逆电路中，在电动机励磁磁场方向不变的前提下，由 I 组桥整流供电电动机正转，由 II 组桥整流供电电动机反转。可见，采用反并联供电可使直流电动机如图 4-42 那样运行在 4 个象限内。

然而必须注意，在反并联供电时，如果两组整流桥同时工作在整流状态，就会在电路中产生很大的环流。环流是只在整流变压器和两组晶闸管变流桥之间流动而不流经电动机的电流。环流一般不作有用功，环流产生的损耗可使电器元件发热，甚至还会造成短路事故，因此必须设法使变流装置不产生环流。

逻辑控制无环流可逆电路就是利用逻辑单元来控制变流器之间的切换过程，使电路在任何时间内只允许两组桥路中的一组桥路工作而另一组桥路处于阻断状态，这样在任何瞬间都不会出现两组变流桥同时导通的情况，也就不会产生环流。比如，当电动机正向运行时，I 组桥处于工作状态，将 II 组桥的触发脉冲封锁，使其处于阻断状态。反之，反向运行时，则 II 组桥工作，I 组桥被阻断。现对其工作过程作详细分析。

电动机正转：给 I 组变流桥加触发脉冲，$\alpha_I < 90°$，为整流状态；II 组桥封锁阻断。电动机为"正

转电动"运行，工作在图 4-42 中的第Ⅰ象限。

电动机由正转过渡到反转：在此过程中，系统应能实现回馈制动，把电动机轴上的机械能变为电能回送到电网中去，此时电动机的电磁转矩变成制动转矩。在正转运行中的电动机需要反转时，应先使电动机迅速制动，因此就必须改变电枢电流的方向，但对Ⅰ组桥来说，电流不能反向流动，需要切换到Ⅱ组桥。但这种切换并不是把原来工作着的Ⅰ组桥触发脉冲封锁后，立即开通原来封锁着的Ⅱ组桥。因为已导通的晶闸管不可能在封锁的那一瞬间立即关断，而必须等到阳极电压降到零以后，主回路电流小于维持电流才能开始关断。因此，切换过程是这样进行的：开始切换时，将Ⅰ组桥的触发脉冲后移到 $\alpha_I > 90°$（$\beta_I < 90°$）。由于存在机械惯性，反电动势 E 暂时未变。这时，Ⅰ组桥的晶闸管在 E 的作用下本应关断，但由于 i_D 迅速减小，电抗器 L_d 中会产生下正上负的感应电动势，其值大于 E，因此电路进入有源逆变状态，电抗器 L_d 中的一部分储能经Ⅰ组桥逆变反送回电网。注意，此间电动机仍处于电动工作状态，消耗 L_d 的另一部分储能。由于逆变发生在原本工作着的变流桥中，故称为"本桥逆变"。当电流 i_d 下降到零后（i_d 通过系统中装设的零电流检测环节检测），将Ⅰ组桥封锁，并延时 3～10ms，待确保Ⅰ组桥恢复阻断后，再开放Ⅱ组桥的触发脉冲，使其进入有源逆变状态。此时电动机做"正转发电"运行，工作在第Ⅱ象限，电磁转矩变成制动转矩，电动机轴上的机械能经Ⅱ组变流桥变为交流电能回馈至电网。此间为了保持电动机在制动过程中有足够的转矩，使电动机快速减速，还应随着电动机转速的下降，不断地增加逆变角 β_{II}，使Ⅱ组桥路输出电压 $U_{d\beta}$ 随电动势 E 的减小而同步减小，则流过电动机的制动电流 $I_d = (E - U_{d\beta})/R$ 在整个制动过程中维持在最大允许值。直至转速为零时，$\beta_{II} = 90°$。此后，继续增大 β_{II}，使 $\beta_{II} > 90°$，则Ⅱ组桥进入整流状态，电动机开始反转，进入第Ⅲ象限的"反转电动"运行状态。

以上就是电动机由正转过渡到反转的全过程，即由第Ⅰ象限经第Ⅱ象限进入第Ⅲ象限的过程。同样，电动机从反转过渡到正转的过程是由第Ⅲ象限经第Ⅳ象限到第Ⅰ象限的过程。

由于任何时刻两组变流器都不会同时工作，因此不存在环流，更没有环流损耗，因此，用来限制环流的均衡电抗器（$L_1 \sim L_4$）也可取消。

逻辑无环流可逆电路在工业生产中有着广泛的应用。然而，逻辑无环流系统的控制比较复杂，动态性能较差。在中小容量可逆拖动中有时采用下述有环流反并联可逆系统。

（三）有环流反并联可逆系统

有环流反并联可逆系统是反并联的两组变流桥同时都有触发脉冲，在工作中两组桥都能保持连续导通状态，负载电流 i_d 的反向也是连续变化的过程，不必象逻辑无环流系统那样依据检测 i_d 的方向来确定变流桥的阻断与开通，因而动态性能较好。但由于两组桥都参与工作，因而需要防止在两组桥之间出现直流环流。这就要求当一组桥工作在整流状态时，另一组桥必须工作在逆变状态，并严格保持 $\alpha_I = \beta_{II}$ 或 $\alpha_{II} = \beta_I$，也就是 $\alpha_I + \alpha_{II} = 180°$。这样才能使两组桥的直流侧电压大小相等，极性逆串，不会产生直流环流。这种运行方式也称为 $\alpha = \beta$ 工作制的配合控制。

$\alpha = \beta$ 工作制触发脉冲的具体实施。用一个控制电压 U_c 控制Ⅰ、Ⅱ两组变流桥的控制角，使它们同步的向相反的方向变化。

① 当 $U_c = 0$ 时，两组桥的控制角相等，均为 90°，则 $\alpha_I = \alpha_{II}$（$= \beta_{II}$）$= 90°$，电动机转速为零。

② 当 U_c 增大时，Ⅰ组桥的触发脉冲左移，使 $\alpha_I < 90°$，进入整流状态，交流电源通过Ⅰ组桥向电动机提供能量，电动机处于正转电动状态；Ⅱ组桥的触发脉冲右移相同角度，使 $\beta_{II} < 90°$，（且 $\beta_{II} = \alpha_I$），此时Ⅱ组桥虽有输出电压 U_d，但因不满足 $|E| > |U_d|$ 而没有逆变电流，称这种状态为待逆变状态。

③ 欲使电动机反转，只要使 U_c 减小，可使 α_I 与 β_{II} 同步增大，两组桥的直流输出电压值 U_{dI}、U_{dII} 立即同步减小。但由于机械惯性的作用，E 并未变化，因而有 $E > U_{dI} = U_{dII}$，E 给 II 组桥施以正向电压，使 II 组桥满足了有源逆变条件而导通，产生逆变电流，该桥从待逆变状态转为逆变状态，电动机电流反向，产生制动转矩，使电动机降速；I 组桥则受到 E 的反向电压作用，但不能满足 $U_d > E$，因而没有直流电流输出，称这种状态为待整流状态。继续增大 α_I 及 β_{II}，并保持 E 稍大于 U_d，则电动机在整个减速过程中能够始终产生制动转矩，从而实现快速制动。

④ 当 α_I 与 β_{II} 增至 90° 时，两组变流桥的输出直流电压开始改变极性，此时电动机转速也减至零，$E=0$，此后 I 组桥因 $\beta_I < 90°$ 进入待逆变状态，II 组桥因 $\alpha_{II} < 90°$ 进入整流状态，交流电源通过 II 组桥向电动机供电，电动机处于反转电动状态。

同样，也可分析由反转到正转的转变过程。可见，在 $\alpha = \beta$ 工作制中，改变两组变流装置的控制角可以实现电动机的四象限运行。

严格保持 $\alpha_I = \beta_{II}$，虽然可使两组桥的输出电压平均值相等，即 $U_{dI} = U_{dII}$，避免了两组桥的直流环流，但是两组桥输出端的瞬时值 u_{dI} 与 u_{dII} 并不相等，因而会出现瞬时电压差 $\Delta u_d = u_{dI} - U_{dII}$，称为均衡电压或环流电压，因此在两组桥之间会引起不经过负载的脉动的环流 i_C。α 角不同，i_C 值也不同。在三相半波和三相桥的反并联电路中，$\alpha = \beta = 60°$ 时环流最大，图 4-43 所示为三相半波 $\alpha_I = \beta_{II} = 60°$ 时的波形情况。为了限制环流，必须串接均衡电抗器。在可逆系统中通常将环流值限制在额定直流输出电流的 3%～10%。

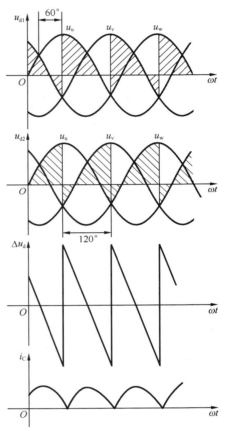

图4-43　三相半波 $\alpha_I = \beta_{II} = 60°$ 时有环流可逆电路的波形

五、习题与思考

1. 有源逆变的工作原理是什么？实现有源逆变的条件是什么？变流装置有源逆变工作时，其直流侧为什么能出现负的直流电压？

2. 单相半控桥能否实现有源逆变？

3. 设单相桥式整流电路有源逆变电路的逆变角为 $\beta=60°$，试画出输出电压 u_d 的波形图。

4. 导致逆变失败的原因是什么？有源逆变最小逆变角受哪些因素限制？最小逆变角一般取为多少？

5. 试举例说明有源逆变有哪些应用？

项目五

开关电源电路

开关电源是利用现代电力电子技术，控制开关管开通和关断的时间比率，改变输出电压的一种电源，是一种高效率、高可靠性、小型化、轻型化的稳压电源，是电子设备的主流电源。随着电力电子技术的发展和创新，使得开关电源技术也在不断地创新，这为开关电源提供了广阔的发展空间。图5-1 所示为常见的 PC 主机开关电源。

图5-1　PC主机开关电源

开关电源电路原理框图如图 5-2 所示，输入电压为 AC/220V，50Hz 的交流电，经过滤波，再由整流桥整流后变为 300V 左右的高压直流电，然后通过功率开关管的导通与截止将直流电压变成连续的脉冲，再经变压器隔离降压及输出滤波后变为低压的直流电。开关管的导通与截止由 PWM（脉冲宽度调制）控制电路发出的驱动信号控制。

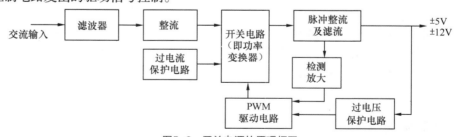

图5-2　开关电源的原理框图

开关电源中，开关管通断频率很高，经常使用的是全控型器件，如大功率晶体管 GTR、场效应晶体管 MOSFET 和绝缘门极晶体管 IGBT。由高压直流到低压多路直流的电路称 DC/DC 变换，是开关电源的核心技术。本项目介绍 GTR、MOSFET、IGBT、GTO 几种全控型器件以及开关电源主电路——DC/DC 变换电路。

GTR、MOSFET、IGBT、GTO 及其测试

一、任务描述与目标

前面分析的电路中，用到的普通晶闸管和双向晶闸管都属于半控型器件，即通过控制信号可以控制其导通而不能控制其关断的器件。这类器件在用于直流输入电压的电路如 DC/DC 变换电路、逆变电路中时，存在如何将器件关断的问题。全控型器件，控制极不仅可以控制导通，而且可以控制关断的器件，也称自关断器件，从根本上解决了开关切换和换流的问题。本次任务主要介绍 GTR、Power MOSFET、IGBT、GTO 4 四种全控型器件及其测试，任务目标如下。

- 观察 GTR、Power MOSFET、IGBT、GTO 的外形，认识器件的外形结构、端子及型号。
- 通过测试，会判别器件的管脚、判断器件的好坏。
- 通过选择器件，掌握器件的基本参数、具备成本核算意识。

二、相关知识

（一）GTR（大功率晶体管）

大功率晶体管按英文 Giant Transistor 直译为巨型晶体管，也叫电力晶体管，是一种耐高电压、大电流的双极结型晶体管（Bipolar Junction Transistor，BJT），所以有时也称为 Power BJT。它具有耐压高、电流大、开关特性好、饱和压降低、开关时间短、开关损耗小等特点，在电源、电机控制、通用逆变器等中等容量、中等频率的电路中应用广泛。但由于其驱动电流较大、耐浪涌电流能力差、易受二次击穿而损坏的缺点，正逐步被功率 MOSFET 和 IGBT 所代替。

1. GTR 的结构和工作原理

（1）GTR 基本结构及测试。通常把集电极最大允许耗散功率在 1W 以上，或最大集电极电流在 1A 以上的三极管称为大功率晶体管，其结构和工作原理都和小功率晶体管非常相似。由 3 层半导体、2 个 PN 结组成，有 PNP 和 NPN 两种结构，其电流由两种载流子（电子和空穴）的运动形成，所以称为双极型晶体管。

图 5-3（a）所示为 NPN 型功率晶体管的内部结构，电气图形符号如图 5-3（b）所示。大多数 GTR 是用三重扩散法制成的，或者是在集电极高掺杂的 N^+ 硅衬底上用外延生长法生长一层 N 漂移层，然后在上面扩散 P 基区，接着扩散掺杂的 N^+ 发射区。

大功率晶体管通常采用共发射极接法，图 5-3（c）所示为共发射极接法时的功率晶体管内部主要载流子流动示意图。图中，1 为从基极注入的越过正向偏置发射结的空穴，2 为与电子复合的空穴，3 为因热骚动产生的载流子构成的集电结漏电流，4 为越过集电极电流的电子，5 为发射极电子流在基极中因复合而失去的电子。

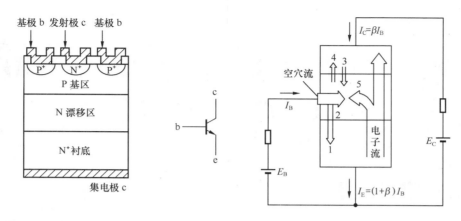

（a）GTR 的结构　　　（b）电气图形符号　　　（c）内部载流子的流动

图5-3　GTR的结构、电气图形符号和内部载流子流动

　　一些常见大功率晶体三极管的外形如图 5-4 所示。从图可见，大功率晶体管的外形除体积比较大外，其外壳上都有安装孔或安装螺钉，便于将三极管安装在外加的散热器上。因为对大功率三极管来讲，单靠外壳散热是远远不够的。例如，50W 的硅低频大功率晶体管，如果不加散热器工作，其最大允许耗散功率仅为 2～3W。

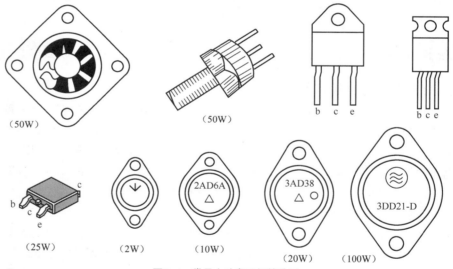

图5-4　常见大功率三极管外形

　　对于大功率晶体三极管，外形一般分为 F 型、G 型两种。如图 5-5（a）所示，F 型管从外形上只能看到 2 个电极，将引脚底面朝上，2 个电极引脚置于左侧，上面为 e 极，下面为 b 极，底座为 c 极。G 型管的 3 个电极的分布如图 5-5（b）所示。

　　（2）工作原理。在电力电子技术中，GTR

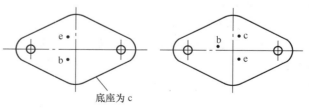

（a）F 型大功率三极管　　　（b）G 型大功率三极管

图5-5　大功率晶体三极管电极识别

主要工作在开关状态。晶体管通常连接成共发射极电路，NPN 型 GTR 通常工作在正偏（$I_B>0$）时大电流导通；反偏（$I_B<0$）时处于截止高电压状态。因此，给 GTR 的基极施加幅度足够大的脉冲驱动信号，它将工作于导通和截止的开关工作状态。

（3）GTR 的测试。

① 用万用表判别大功率晶体管的电极和类型。假若不知道管子的引脚排列，则可用万用表通过测量电阻的方法作出判别。

- 判定基极。大功率晶体管的漏电流一般都比较大，所以用万用表来测量其极间电阻时，应采用满度电流比较大的低电阻挡为宜。

测量时将万用表置于 $R×1$ 挡或 $R×10$ 挡，一表笔固定接在管子的任一电极，用另一表笔分别接触其他 2 个电极，如果万用表读数均为小阻值或均为大阻值，则固定接触的那个电极即为基极。如果按上述方法做一次测试判定不了基极，则可换一个电极再试，最多 3 次即作出判定。

- 判别类型。确定基极之后，假设接基极的是黑表笔，而用红表笔分别接触另外 2 个电极时如果电阻读数均较小，则可认为该管为 NPN 型。如果接基极的是红表笔，用黑表笔分别接触其余 2 个电极时测出的阻值均较小，则该三极管为 PNP 型。

- 判定集电极和发射极。在确定基极之后，再通过测量基极对另外 2 个电极之间的阻值大小比较，可以区别发射极和集电极。对于 PNP 型晶体管，红表笔固定接基极，黑表笔分别接触另外 2 个电极时测出 2 个大小不等的阻值，以阻值较小的接法为准，黑表笔所接的是发射极。而对于 NPN 型晶体管，黑表笔固定接基极，用红表笔分别接触另外 2 个电极进行测量，以阻值较小的这次测量为准，红表笔所接的是发射极。

② 通过测量极间电阻判断 GTR 的好坏。将万用表置于 $R×1$ 挡或 $R×10$ 挡，测量管子 3 个极间的正反向电阻便可以判断管子性能好坏。实测几种大功率晶体管极间电阻如表 5-1 所示。

表 5-1　　　　　　　　　　　实测几种大功率晶体管极间电阻

晶体管型号	接　　法	R_{EB}（Ω）	R_{CB}（Ω）	R_{DC}（Ω）	万用表型号	挡　　位
3AD6B	正	24	22	∞	108-1T	$R×10$
	反	∞	∞	∞		
3AD6C	正	26	26	1400	500	$R×10$
	反	∞	∞	∞		
3AD30C	正	19	18	30k	108-1T	$R×10$
	反	∞	∞	∞		
3DD12B	正	130	120	∞	500	$R×10$ $R×10k$
	反	64k	∞	72k		

③ 检测大功率晶体管放大能力的简单方法。测试电路如图 5-6 所示。将万用表置于 $R×1$ 挡，并准备好一只 500Ω～1kΩ 之间的小功率电阻器 R_b。测试时先不接入 R_b，即在基极为开路的情况下测量集电极和发射极之间的电阻，此时万用表的指示值应为无穷大或接近无穷大位置（锗管的阻值稍小一些）。如果此时阻值很小甚至接近于零，说明被测大功率晶体管穿透电流太大或已击穿损坏，应将其剔除。然后将电阻 R_b 接在被测管的基极和集电极之间，此时万用表指针将向右偏转，偏转角度越大，说明被测管的放大能力越强。

如果接入 R_b 与不接入 R_b 时比较，万用表指针偏转大小差不多，则说明被测管的放大能力很小，甚至无放大能力，这样的三极管当然不能使用。

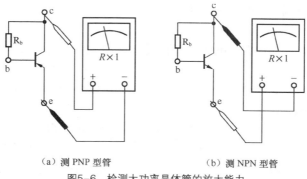

（a）测 PNP 型管　　　　　　　　（b）测 NPN 型管

图5-6　检测大功率晶体管的放大能力

④ 检测大功率晶体管的穿透电流 I_{CEO}。大功率晶体管的穿透电流 I_{CEO} 测量电路如图 5-7 所示。

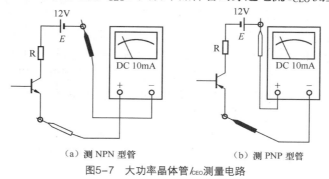

（a）测 NPN 型管　　　　　　　　（b）测 PNP 型管

图5-7　大功率晶体管 I_{CEO} 测量电路

图 5-7 中 12V 直流电源可采用干电池组或直流稳压电源，其输出电压事先用万用表 DC 50V 挡测定。进行 I_{CEO} 测量时，将万用表置于 DC 10mA 挡，电路接通后，万用表指示的电流即为 I_{CEO}。

⑤ 测量共发射极直流电流放大系数 h_{FE}。GTR 的 h_{FE} 测量电路如图 5-8 所示。这里要求 12V 的直流稳压电源额定输出电流大于 600mA；限流电阻 R 为 20Ω（±5%），功率≥5W；二极管 VD 选用 2CP 或 2CK 型硅二极管。基极电流用万用表的 DC 100mA 挡测量。此测量电路能基本上满足的测试条件为 $U_{CE}≈1.5～2V$；$I_C≈500mA$。

操作方法。先不接万用表，按图 5-8 所示电路连接好后合上开关 S。然后用万用表的红、黑表笔去接触 A、B 端，即可读出基极电流 I_B。于是 h_{FE} 可按下式算出

$$h_{FE} = \frac{I_C}{I_B}$$

式中 I_B 单位为 mA，I_C 为 500mA（测试条件）。例如，测得 $I_B = 20mA$，可算出 $h_{FE} = 500/20 = 25$。

⑥ 测量饱和压降 U_{CES} 及 U_{BES}。大功率晶体管的饱和压降 U_{CES} 及 U_{BES} 测量电路如图 5-9 所示。图 5-9 中 12V 直流稳压源额定输出电流最好不小于 1A，至少应≥0.6A；限流电阻 R_1、R_2 的标称值分别为 20Ω/5W、200Ω/0.25W。于是电路所建立的测试条件为 $I_C≈600mA$，$I_B≈60mA$。

操作方法。将万用表置于 DC10V 挡，测出集电极 c 和发射极 e 之间的电压即为 U_{CES}，测出基极 b 和发射极 e 之间的电压即为 U_{BES}。

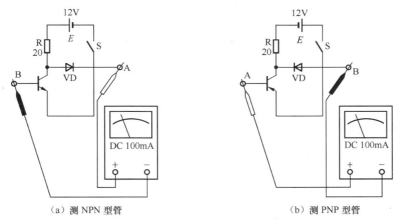

（a）测 NPN 型管　　　　　　　　（b）测 PNP 型管

图5-8　大功率晶体管h_{FE}测量电路

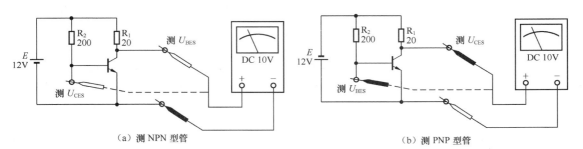

（a）测 NPN 型管　　　　　　　　（b）测 PNP 型管

图5-9　大功率晶体管U_{CES}及U_{BES}测量电路

2. GTR 的特性与主要参数

（1）GTR 的基本特性。

① 静态特性。共发射极接法时，GTR 的典型输出特性如图 5-10 所示，可分为 3 个工作区。

- 截止区。在截止区内，$I_B \leqslant 0$，$U_{BE} \leqslant 0$，$U_{BC} < 0$，集电极只有漏电流流过。

- 放大区。$I_B > 0$，$U_{BE} > 0$，$U_{BC} < 0$，$I_C = \beta I_B$。

- 饱和区。$I_B > \dfrac{I_{CS}}{\beta}$，$U_{BE} > 0$，$U_{BC} > 0$。$I_{CS}$ 是集电极饱和电流，其值由外电路决定。2 个 PN 结都为正向偏置是饱和的特征。饱和时集电极、发射极间的管压降 U_{CES} 很小，相当于开关接通，这时尽管电流很大，但损耗并不大。GTR 刚进入饱和时为临界饱和，如果 I_B 继续增加，则为过饱和。GTR 用作开关时，应工作在深度饱和状态，这有利于降低 U_{CES} 和减小导通时的损耗。

② 动态特性。动态特性描述 GTR 开关过程的瞬态性能，又称开关特性。GTR 在实际应用中，通常工作在频繁开关状态。为正确、有效地使用 GTR，应了解其开关特性。图 5-11 所示为 GTR 开关特性的基极、集电极电流波形。

整个工作过程分为开通过程、导通状态、关断过程、阻断状态 4 个不同的阶段。图 5-11 中开通时间 t_{on} 对应着 GTR 由截止到饱和的开通过程，关断时间 t_{off} 对应着 GTR 饱和到截止的关断过程。

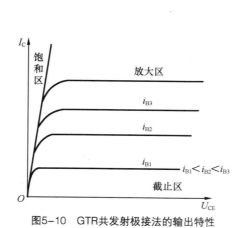

图5-10　GTR共发射极接法的输出特性

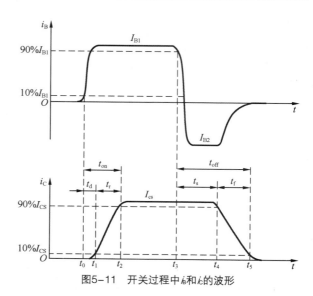

图5-11　开关过程中 i_b 和 i_c 的波形

GTR 的开通过程是从 t_0 时刻起注入基极驱动电流，这时并不能立刻产生集电极电流，过一小段时间后，集电极电流开始上升，逐渐增至饱和电流值 I_{CS}。把 i_C 达到 $10\%I_{CS}$ 的时刻定为 t_1，达到 $90\%I_{CS}$ 的时刻定为 t_2，则把 $t_0 \sim t_1$ 这段时间称为延迟时间，以 t_d 表示，把 t_1 到 t_2 这段时间称为上升时间，以 t_r 表示。

要关断 GTR，通常给基极加一个负的电流脉冲。但集电极电流并不能立即减小，而要经过一段时间才能开始减小，再逐渐降为零。把 i_B 降为稳态值 I_{B1} 的 90% 的时刻定为 t_3，i_C 下降到 90% I_{CS} 的时刻定为 t_4，下降到 $10\%I_{CS}$ 的时刻定为 t_5，则把 $t_3 \sim t_4$ 这段时间称为储存时间，以 t_s 表示，把 $t_4 \sim t_5$ 这段时间称为下降时间，以 t_f 表示。

延迟时间 t_d 和上升时间 t_r 之和是 GTR 从关断到导通所需要的时间，称为开通时间，以 t_{on} 表示，则 $t_{on} = t_d + t_r$。

储存时间 t_s 和下降时间 t_f 之和是 GTR 从导通到关断所需要的时间，称为关断时间，以 t_{off} 表示，则 $t_{off} = t_s + t_f$。

GTR 在关断时漏电流很小，导通时饱和压降很小。因此，GTR 在导通和关断状态下损耗都很小，但在关断和导通的转换过程中，电流和电压都较大，所以开关过程中损耗也较大。当开关频率较高时，开关损耗是总损耗的主要部分。因此，缩短开通和关断时间对降低损耗，提高效率和运行可靠性很有意义。

（2）GTR 的参数。这里主要讲述 GTR 的极限参数，即最高工作电压、最大工作电流、最大耗散功率和最高工作结温等。

① 最高工作电压。GTR 上所施加的电压超过规定值时，就会发生击穿。击穿电压不仅和晶体管本身特性有关，还与外电路接法有关。

$U_{(BR)CBO}$：发射极开路时，集电极和基极间的反向击穿电压。

$U_{(BR)CEO}$：基极开路时，集电极和发射极之间的击穿电压。

$U_{(BR)CER}$：实际电路中，GTR 的发射极和基极之间常接有电阻 R，这时用 $U_{(BR)CER}$ 表示集电极和发射极之间的击穿电压。

$U_{(BR)CES}$：当 R 为 0，即发射极和基极短路，用 $U_{(BR)CES}$ 表示其击穿电压。

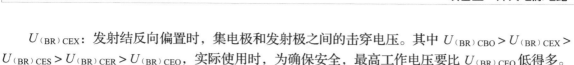

$U_{(BR)CEX}$：发射结反向偏置时，集电极和发射极之间的击穿电压。其中 $U_{(BR)CBO} > U_{(BR)CEX} > U_{(BR)CES} > U_{(BR)CER} > U_{(BR)CEO}$，实际使用时，为确保安全，最高工作电压要比 $U_{(BR)CEO}$ 低得多。

② 集电极最大允许电流 I_{CM}。GTR 流过的电流过大，会使 GTR 参数劣化，性能将变得不稳定，尤其是发射极的集边效应可能导致 GTR 损坏。因此，必须规定集电极最大允许电流值。通常规定共发射极电流放大系数下降到规定值的 1/2～1/3 时，所对应的电流 I_C 为集电极最大允许电流，用 I_{CM} 表示。实际使用时还要留有较大的安全余量，一般只能用到 I_{CM} 值的一半或稍多些。

③ 集电极最大耗散功率 P_{CM}。集电极最大耗散功率是在最高工作温度下允许的耗散功率，用 P_{CM} 表示。它是 GTR 容量的重要标志。晶体管功耗的大小主要由集电极工作电压和工作电流的乘积来决定，它将转化为热能使晶体管升温，晶体管会因温度过高而损坏。实际使用时，集电极允许耗散功率和散热条件与工作环境温度有关。所以在使用中应特别注意值 I_C 不能过大，散热条件要好。

④ 最高工作结温 T_{JM}。GTR 正常工作允许的最高结温，以 T_{JM} 表示。GTR 结温过高时，会导致热击穿而烧坏。

3. GTR 命名及型号含义

（1）国产晶体三极管的型号及命名。国产晶体三极管的型号及命名通常由以下 4 部分组成。

① 第一部分，用 3 表示三极管的电极数目。

② 第二部分，用 A、B、C、D 字母表示三极管的材料和极性。其中 A 表示三极管为 PNP 型锗管，B 表示三极管为 NPN 型锗管，C 表示三极管为 PNP 型硅管，D 表示三极管为 NPN 型硅管。

③ 第三部分，用字母表示三极管的类型。X 表示低频小功率管，G 表示高频小功率管，D 表示低频大功率管，A 表示高频大功率管。

④ 第四部分，用数字和字母表示三极管的序号和挡级，用于区别同类三极管器件的某项参数的不同。现举例说明如下。

3DD102B——NPN 低频大功率硅三极管；

3AD30C——PNP 低频大功率锗三极管；

3AA1——PNP 高频大功率锗三极管。

（2）日本半导体分立器件型号命名方法。日本生产的半导体分立器件，由 5～7 部分组成。通常只用到前 5 部分，其各部分的符号意义如表 5-2 所示。

表 5-2　　　　　　　　日本生产的半导体分立器件型号命名方法

第 一 部 分	第 二 部 分	第 三 部 分	第 四 部 分	第 五 部 分
2 表示三极或具有 2 个 PN 结的其他器件	S 表示已在日本电子工业协会 JEIA 注册登记的半导体分立器件	A 表示 PNP 型高频管 B 表示 PNP 型低频管 C 表示 NPN 型高频管 D 表示 NPN 型低频管	用数字表示在日本电子工业协会 JEIA 登记的顺序号	A、B、C、D、E、F 表示这一器件是原型号产品的改进产品

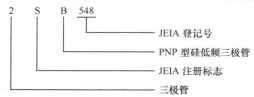

（3）美国半导体分立器件型号命名方法。美国晶体管或其他半导体器件的命名法较混乱。美国

电子工业协会半导体分立器件命名方法如表5-3所示。

表 5-3　　　　　　　　　　美国半导体分立器件型号命名方法

第 一 部 分	第 二 部 分	第 三 部 分	第 四 部 分	第 五 部 分
用符号表示器件用途的类型。JAN 表示军级、JANTX 表示特军级、JANTXV 表示超特军级、JANS 表示宇航级、（无）表示非军用品	2 表示三极管	N 表示该器件已在美国电子工业协会（EIA）注册登记	美国电子工业协会登记顺序号	用字母表示器件分档

如 2N6058——表示已在美国电子工业协会（EIA）注册登记的三极管。

（4）国际电子联合会半导体器件型号命名方法。德国、法国、意大利、荷兰、比利时等欧洲国家以及匈牙利、罗马尼亚、南斯拉夫、波兰等东欧国家，大都采用国际电子联合会半导体分立器件型号命名方法。这种命名方法由 4 个基本部分组成，各部分的符号及意义如表 5-4 所示。

表 5-4　　　　　　　　　国际电子联合会半导体器件型号命名方法

第 一 部 分	第 二 部 分	第 三 部 分	第 四 部 分
A 表示锗材料 B 表示硅材料	C 表示低频小功率三极管 D 表示低频大功率三极管 F 表示高频小功率三极管 L 表示高频大功率三极管 S 表示小功率开关管 U 表示大功率开关管	用数字或字母加数字表示登记号	A、B、C、D、E 表示同一型号的器件按某一参数进行分档的标志

如 BDX51-表示 NPN 硅低频大功率三极管。

（二）Power MOSFET（功率场效应晶体管）

Power MOSFET（功率场效应晶体管，也叫电力场效应晶体管），是一种单极型的电压控制器件，不但有自关断能力，而且有驱动功率小、开关速度快、安全工作区宽等特点。由于其易于驱动和开关频率可高达 500kHz，特别适于高频化电力电子装置，如应用于 DC/DC 变换、开关电源、便携式电子设备、航空航天以及汽车等电子电器设备中。但因为其电流、热容量小，耐压低，一般只适用于小功率电力电子装置。

1. Power MOSFET 的结构及工作原理

（1）Power MOSFET 结构。功率场效应晶体管是压控型器件，其门极控制信号是电压。它的 3 个极分别是：栅极（G）、源极（S）、漏极（D）。功率场效应晶体管有 N 沟道和 P 沟道两种。N 沟道中载流子是电子，P 沟道中载流子是空穴，都是多数载流子。其中每一类又可分为增强型和耗尽型两种。耗尽型就是当栅源两极间电压 $U_{GS}=0$ 时存在导电沟道，漏极电流 $I_D\neq0$;增强型就是当 $U_{GS}=0$ 时没有导电沟道，$I_D=0$，只有当 $U_{GS}>0$（N 沟道）或 $U_{GS}<0$（P 沟道）时才开始有 I_D。功率 MOSFET 绝大多数是 N 沟道增强型，这是因为电子作用比空穴大得多。N 沟道和 P 沟道 MOSFET 的电气图形符号如图 5-12 所示。

功率场效应晶体管与小功率场效应晶体管原理基本相同，但是为了提高电流容量和耐压能力，在芯片结构上却有很大不同，功率场效应晶体管采用小单元集成结构来提高电流容量和耐压能力，并且采用垂直导电排列来提高耐压能力。几种功率场效应晶体管的外形如图 5-13 所示。大多数功率场效应晶体管的引脚位置排列顺序是相同的，即从场效应晶体管的底部（管体的背面）看，按逆时针方向依次为漏极 D、源极 S、栅极 G_1 和栅极 G_2。因此，只要用万用表测出漏极 D 和源极 S，即可找出 2 个栅极。

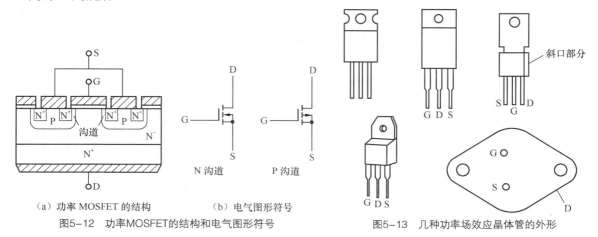

（a）功率 MOSFET 的结构　　（b）电气图形符号

图5-12　功率MOSFET的结构和电气图形符号

图5-13　几种功率场效应晶体管的外形

（2）工作原理。当 D、S 加正电压（漏极为正，源极为负），$U_{GS}=0$ 时，P 体区和 N 漏区的 PN 结反偏，D、S 之间无电流通过。如果在 G、S 之间加一正电压 U_{GS}，由于栅极是绝缘的，所以不会有电流流过，但栅极的正电压会将其下面 P 区中的空穴推开，而将 P 区中的少数载流子电子吸引到栅极下面的 P 区表面。当 U_{GS} 大于某一电压 U_T 时，栅极下 P 区表面的电子浓度将超过空穴浓度，从而使 P 型半导体反型成 N 型半导体而成为反型层，该反型层形成 N 沟道而使 PN 结 J_1 消失，漏极和源极导电。电压 U_T 称开启电压或阈值电压，U_{GS} 超过 U_T 越多，导电能力越强，漏极电流越大。

2. 功率 MOSFET 测试

（1）功率 MOSFET 电极判别。对于内部无保护二极管的功率场效应管，可通过测量极间电阻的方法首先确定栅极 G。将万用表置于 $R \times 1k$ 挡，分别测量 3 个引脚之间的电阻，如果测得某个引脚与其余 2 个引脚间的正、反向电阻均为无穷大，则说明该引脚就是 G，如图 5-14 所示。

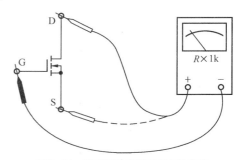

然后确定源极 S 和漏极 D。将万用表置于 $R \times 1k$ 挡，先将被测管 3 个引脚短接一下，接着以交换表笔的方法测 2 次电阻，在正常情况下，2 次所测电阻必定一大一小，其中阻值较小的一次测量中，黑表笔所接的一端为源极 S，红表笔所接的一端为漏极 D，如图 5-15 所示。

图5-14　判别场效应管栅极G的方法

如果被测管子为 P 沟道型管，则 S、D 极间电阻大小规律与上述 N 沟道型管相反。因此，通过测量 S、D 极间正向和反向电阻，也就可以判别管子的导电沟道的类型。这是因为场效应管的 S 极与 D 极之间有一个 PN 结，其正、反向电阻存在差别的缘故。

（2）判别功率场效应管好坏的简单方法。对于内部无保护二极管的功率场效应晶体管，可由万用表的 $R \times 10k$ 挡，测量栅极 G 与漏极 D 间、栅极 G 与源极 S 间的电阻应均为无穷大。否则，说明被测管性能不合格，甚至已经损坏。

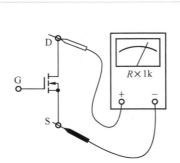
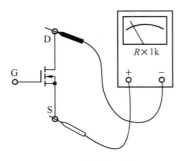

（a）电阻较小　　　　　　　　　　　（b）电阻较大

图5-15　判别场效应管的源极S和漏极D

下述检测方法则不论内部有无保护二极管的管子均适用，具体操作如下（以N沟道场效应管为例）。

① 将万用表置于 $R \times 1\mathrm{k}$ 挡，再将被测管G与S短接一下，然后红表笔接被测管的D极，黑表笔接S极，此时所测电阻应为数千欧，如图5-16所示。如果阻值为0或∞，说明管子已坏。

② 将万用表置于 $R \times 10\mathrm{k}$ 挡，再将被测管G极与S极用导线短接好，然后红表笔接被测管的S极，黑表笔接D极，此时万用表指示应接近无穷大，如图5-17所示，否则说明被测VMOS管内部PN结的反向特性比较差。如果阻值为0，说明被测管已经损坏。

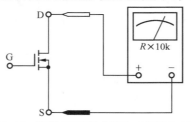
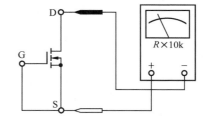

图5-16　检测功率场效应管S、D间正向电阻　　　　图5-17　检测功率场效应管S、D间反向电阻

③ 简单测试放大能力。紧接上述测量后将G、S间短路线拿掉，表笔位置保持原来不动，然后将D极与G极短接一下再脱开，相当于给栅极G充电，此时万用表指示的阻值应大幅度减小并稳定在某一阻值，如图5-18所示。此阻值越小说明管子的放大能力越强。如果万用表指针向右摆动幅度很小，说明被测管放大能力较差。对于性能正常的管子在紧接上述操作后，保持表笔原来位置不动，指针将维持在某一数值，然后将G与S短接一下，即给栅极放电，于是万用表指示值立即向左偏转至无穷大位置，如图5-19所示（若被测管为P沟道管，则上述测量中应将表笔位置对换）。

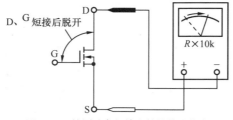
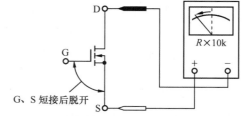

图5-18　检测功率场效应管的放大能力　　　　图5-19　G、S极短路时S、D间电阻返回至无穷大（∞）

3. Power MOSFET 的特性与参数

（1）功率 MOSFET 的特性。

① 转移特性。I_D 和 U_GS 的关系曲线反映了输入电压和输出电流的关系，称为 MOSFET 的转移

特性。如图 5-20（a）所示。从图中可知，I_D 较大时，I_D 与 U_{GS} 的关系近似线性，曲线的斜率被定义为功率 MOSFET 的跨导，即：$G_{FS} = \dfrac{\mathrm{d}I_D}{\mathrm{d}U_{GS}}$。

MOSFET 是电压控制型器件，其输入阻抗极高，输入电流非常小。

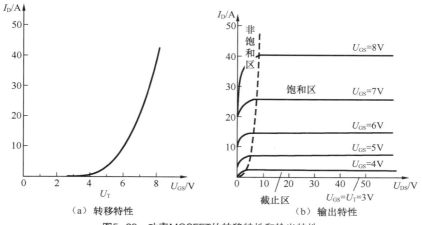

图5-20　功率MOSFET的转移特性和输出特性

② 输出特性。图 5-20（b）所示为 MOSFET 的漏极伏安特性，即输出特性。从图中可以看出，MOSFET 有 3 个工作区。

截止区。$U_{GS} \leqslant U_T$，$I_D=0$，这和大功率晶体管的截止区相对应。

饱和区。$U_{GS} > U_T$，$U_{DS} \geqslant U_{GS}-U_T$，当 U_{GS} 不变时，I_D 几乎不随 U_{DS} 的增加而增加，近似为一常数，故称饱和区。这里的饱和区并不和大功率晶体管的饱和区对应，而对应于后者的放大区。当用作线性放大时，功率 MOSFET 工作在该区。

非饱和区。$U_{GS} > U_T$，$U_{DS} < U_{GS}-U_T$，漏源电压 U_{DS} 和漏极电流 I_D 之比近似为常数。该区对应于功率 MOSFET 的饱和区。当功率 MOSFET 作开关应用而导通时，即工作在该区。

在制造功率 MOSFET 时，为提高跨导并减少导通电阻，在保证所需耐压的条件下，应尽量减小沟道长度。因此，每个功率 MOSFET 元都要做得很小，每个元能通过的电流也很小。为了能使器件通过较大的电流，每个器件由许多个功率 MOSFET 元组成。

③ 开关特性。图 5-21（a）是用来测试 MOSFET 开关特性的电路。图中 u_P 为矩形脉冲电压信号源，波形如图 5-21（b）所示，R_S 为信号源内阻，R_G 为栅极电阻，R_L 为漏极负载电阻，R_F 用于检测漏极电流。因为功率 MOSFET 存在输入电容 C_{in}，所以当脉冲电压 u_P 的前沿到来时，C_{in} 有充电过程，栅极电压 U_{GS} 呈指数曲线上升，如图 5-21（b）所示。当 U_{GS} 上升到开启电压 U_T 时开始出现漏极电流 i_D。从 u_P 的前沿时刻到 $u_{GS}=U_T$ 的时刻，这段时间称为开通延迟时间 $t_{d(on)}$。此后，i_D 随 U_{GS} 的上升而上升。u_{GS} 从开启电压上升到功率 MOSFET 进入非饱和区的栅压 U_{GSP} 这段时间称为上升时间 t_r，这时相当于大功率晶体管的临界饱和，漏极电流 i_D 也达到稳态值。i_D 的稳态值由漏极电压和漏极负载电阻所决定，U_{GSP} 的大小和 i_D 的稳态值有关。u_{GS} 的值达 U_{GSP} 后，在脉冲信号源 u_P 的作用下继续升高直至到达稳态值，但 i_D 已不再变化，相当于功率晶体管处于饱和。功率 MOSFET 的开通时间 t_{on} 为开通延迟时间 $t_{d(on)}$ 与上升时间 t_r 之和，即

$$t_{on} = t_{d(on)} + t_r$$

当脉冲电压 u_P 下降到零时，栅极输入电容 C_{in} 通过信号源内阻 R_S 和栅极电阻 R_G（≥R_S）开始放电，栅极电压 u_{GS} 按指数曲线下降，当下降到 U_{GSP} 时，漏极电流 i_D 才开始减小，这段时间称为关断延迟时间 $t_{d(off)}$。此后，C_{in} 继续放电，u_{GS} 从 U_{GSP} 继续下降，i_D 减小，到 u_{GS} 小于 U_T 时沟道消失，i_D 下降到零。这段时间称为下降时间 t_f。关断延迟时间 $t_{d(off)}$ 和下降时间 t_f 之和为关断时间 t_{off}，即

$$t_{off} = t_{d(off)} + t_f$$

从上面的分析可以看出，功率 MOSFET 的开关速度和其输入电容的充放电有很大关系。使用者虽然无法降低其 C_{in} 值，但可以降低栅极驱动回路信号源内阻 R_S 的值，从而减小栅极回路的充放电时间常数，加快开关速度。功率 MOSFET 的工作频率可达 100kHz 以上。

功率 MOSFET 是场控型器件，在静态时几乎不需要输入电流。但是在开关过程中需要对输入电容充放电，仍需要一定的驱动功率。开关频率越高，所需要的驱动功率越大。

（2）功率 MOSFET 的主要参数。

① 漏极电压 U_{DS}。它就是 MOSFET 的额定电压，选用时必须留有较大安全余量。

② 漏极最大允许电流 I_{DM}。它就是 MOSFET 的额定电流，其大小主要受管子的温升限制。

③ 栅源电压 U_{GS}。栅极与源极之间的绝缘层很薄，承受电压很低，一般不得超过 20V，否则绝缘层可能被击穿而损坏，使用中应加以注意。

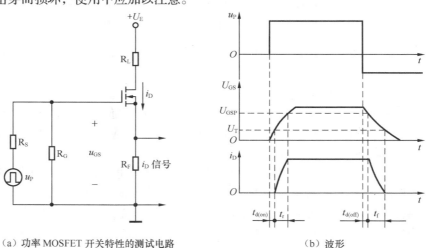

（a）功率 MOSFET 开关特性的测试电路　　　　（b）波形

图5-21　功率MOSFET的开关过程

总之，为了安全可靠，在选用 MOSFET 时，对电压、电流的额定等级都应留有较大余量。

4. MOSFET 命名及型号含义

（1）国产场效应晶体管的型号及命名。国产场效应晶体管的第一种命名方法与晶体三极管相同，第一位数字表示电极数目，第二位字母代表材料（D 表示 P 型硅，反型层是 N 沟道，C 表示 N 型硅 P 沟道，第三位字母 J 代表结型场效应管，O 代表绝缘栅场效应管。例如，3DJ6D 是结型 N 沟道场效应三极管，3DO6C 是绝缘栅型 N 沟道场效应三极管。第二种命名方法是 CS××#，CS 代表场效应管，××以数字代表型号的序号，#用字母代表同一型号中的不同规格。例如，CS14A、CS45G 等。

（2）美国晶体管型号命名法。美国晶体管型号命名法规定较早，又未做过改进，型号内容很不完备。对于材料、极性、主要特性和类型，在型号中不能反映出来。例如，2N 开头的既可能是一般晶体管，也可能是场效应管。因此，仍有一些厂家按自己规定的型号命名法命名。

① 组成型号的第一部分是前缀，第五部分是后缀，中间的三部分为型号的基本部分。

② 除去前缀以外，凡型号以 1N、2N 或 3NLL 开头的晶体管分立器件，大都是美国制造的，或按美国专利在其他国家制造的产品。

③ 第四部分数字只表示登记序号，而不含其他意义。因此，序号相邻的两器件可能特性相差很大。例如，2N3464 为硅 NPN，高频大功率管，而 2N3465 为 N 沟道场效应管。

④ 不同厂生产的性能基本一致的器件，都使用同一个登记号。同一型号中某些参数的差异常用后缀字母表示。因此，型号相同的器件可以通用。

⑤ 登记序号数大的通常是近期产品。

（三）IGBT（绝缘门极晶体管）

IGBT（Insulated Gate Bipolar Transistor，绝缘门极晶体管，也称绝缘栅极双极型晶体管），是一种新发展起来的复合型电力电子器件。由于它结合了 MOSFET 和 GTR 的特点，既具有输入阻抗高、速度快、热稳定性好和驱动电路简单的优点，又具有输入通态电压低，耐压高和承受电流大的优点，非常适合应用于直流电压为 600V 及以上的变流系统，如交流电机、变频器、开关电源、照明电路、牵引传动等领域。

1. IGBT 的结构和基本工作原理

（1）IGBT 的基本结构。IGBT 也是三端器件，它的 3 个极为漏极（D）、栅极（G）和源极（S），有时也将 IGBT 的漏极称为集电极（C），源极称为发射极（E）。图 5-22（a）所示为一种由 N 沟道功率 MOSFET 与晶体管复合而成的 IGBT 的基本结构。与图 5-12 对照可以看出，IGBT 比功率 MOSFET 多一层 P^+ 注入区，因而形成了一个大面积的 P^+N^+ 结 J_1，这样使得 IGBT 导通时由 P^+ 注入区向 N 基区发射少数载流子，从而对漂移区电导率进行调制，使得 IGBT 具有很强的通流能力。其简化等值电路如图 5-22（b）所示。可见，IGBT 是以 GTR 为主导器件，MOSFET 为驱动器件的复合管，图中 R_N 为晶体管基区内的调制电阻。图 5-22（c）所示为 IGBT 的电气图形符号。

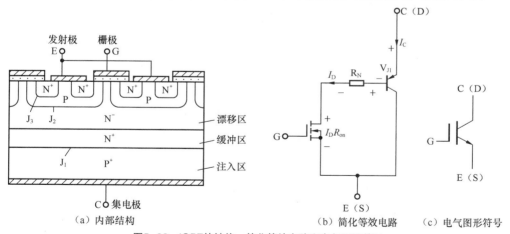

（a）内部结构　　　（b）简化等效电路　　（c）电气图形符号

图5-22　IGBT的结构、简化等效电路和电气图形符号

IGBT 外形如图 5-23 所示。对于 TO 封装的 IGBT 管的引脚排列是将引脚朝下，标有型号面朝自己，从左到右数，1 脚为栅极或称门极 G，2 脚为集电极 C，3 脚为发射极 E，如图 5-23（a）所示。对于 IGBT 模块，器件上一般标有引脚，如图 5-23（b）所示。

G　C　E　　　　　TO-3P

（a）TO 封装的 IGBT 管　　　　　（b）IGBT 模块

图5-23　IGBT的外形

（2）工作原理。IGBT 的驱动原理与功率 MOSFET 基本相同，它是一种压控型器件。其导通和关断是由栅极和发射极间的电压 U_{GE} 决定的，当 U_{GE} 为正且大于开启电压 $U_{GE(th)}$ 时，MOSFET 内形成沟道，并为晶体管提供基极电流使其导通。当栅极与发射极之间加反向电压或不加电压时，MOSFET 内的沟道消失，晶体管无基极电流，IGBT 关断。

上面介绍的 PNP 晶体管与 N 沟道 MOSFET 组合而成的 IGBT 称为 N 沟道 IGBT，记为 N-IGBT，其电气图形符号如图 5-17 所示。对应的还有 P 沟道 IGBT，记为 P-IGBT。N-IGBT 和 P-IGBT 统称为 IGBT。由于实际应用中以 N 沟道 IGBT 为多，因此下面仍以 N 沟道 IGBT 为例进行介绍。

（3）IGBT 简单测试。

① IGBT 管脚判别。将万用表拨到 $R×1k$ 挡，用万用表测量时，若某一极与其他两极阻值为无穷大，调换表笔后该极与其他两极间的阻值仍为无穷大，则判断此极为栅极（G）。其余两极再用万用表测量，若测得阻值为无穷大，调换表笔后测量阻值较小。在测量阻值较小的一次中，则判断红表笔接的为集电极 C，黑表笔接的为发射极 E。

② IGBT 测试。判断好坏用万用表的 $R×10k$ 挡，将黑表笔接 IGBT 的集电极 C，红表笔接 IGBT 的发射极 E，此时万用表的指针在零位。用手指同时触及一下栅极 G 和集电极 C，这时 IGBT 被触发导通，万用表的指针摆向阻值较小的方向，并能指示在某一位置。然后再用手指同时触及一下栅极 G 和发射极 E，这时 IGBT 被阻断，万用表的指针回零。此时即可判断 IGBT 是好的。

2．IGBT 的基本特性与主要参数

（1）IGBT 的基本特性。

① 静态特性。与功率 MOSFET 相似，IGBT 的转移特性和输出特性分别描述器件的控制能力和工作状态。图 5-24（a）所示为 IGBT 的转移特性，它描述的是集电极电流 I_C 与栅射电压 U_{GE} 之间的关系，与功率 MOSFET 的转移特性相似。开启电压 $U_{GE(th)}$ 是 IGBT 能实现电导调制而导通的最低栅射电压。$U_{GE(th)}$ 随温度升高而略有下降，温度升高 1℃，其值下降 5mV 左右。在+25℃时，$U_{GE(th)}$ 的值一般为 2～6V。

图 5-24（b）所示为 IGBT 的输出特性，也称伏安特性，它描述的是以栅射电压为参考变量时，集电极电流 I_C 与集射极间电压 U_{CE} 之间的关系。此特性与 GTR 的输出特性相似，不同的是参考变量，IGBT 为栅射电压 U_{GE}，GTR 为基极电流 I_B。IGBT 的输出特性也分为 3 个区域：正向阻断区、有源区和饱和区。这分别与 GTR 的截止区、放大区和饱和区相对应。此外，当 $u_{CE}<0$，IGBT 为反向阻断工作状态。在电力电子电路中，IGBT 工作在开关状态，因而是在正向阻断区和饱和区之间来回转换。

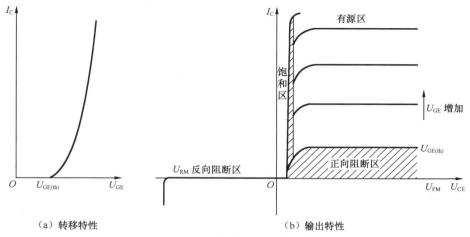

（a）转移特性　　　　　　　　　　　（b）输出特性

图5-24　IGBT的转移特性和输出特性

② 动态特性。图 5-25 所示为 IGBT 开关过程的波形图。IGBT 的开通过程与功率 MOSFET 的开通过程很相似，这是因为 IGBT 在开通过程中大部分时间是作为 MOSFET 来运行的。从驱动电压 u_{GE} 的前沿上升至其幅度的 10%的时刻起，到集电极电流 I_C 上升至其幅度的 10%的时刻止，这段时间开通延迟时间 $t_{d(ON)}$。而 I_C 从 10% I_{CM} 上升至 90%I_{CM} 所需的时间为电流上升时间 t_R。同样，开通时间 t_{ON} 为开通延迟时间 $t_{d(ON)}$ 与上升时间 t_r 之和。开通时，集射电压 u_{CE} 的下降过程分为 t_{fv1} 和 t_{fv2} 两段。前者为 IGBT 中 MOSFET 单独工作的电压下降过程，后者为 MOSFET 和 PNP 晶体管同时工作的电压下降过程。由于 u_{CE} 下降时 IGBT 中 MOSFET 的栅漏电容增加，而且 IGBT 中的 PNP 晶体管由放大状态转入饱和状态也需要一个过程，因此 t_{fv2} 段电压下降过程变缓。只有在 t_{fv2} 段结束时，IGBT 才完全进入饱和状态。

IGBT 关断时，从驱动电压 u_{GE} 的脉冲后沿下降到其幅值的 90%的时刻起，到集电极电流下降至 90%I_{CM} 止，这段时间称为关断延迟时间 $t_{d(OFF)}$。集电极电流从 90%I_{CM} 下降至 10%I_{CM} 的这段时间为电流下降时间。二者之和为关断时间 t_{OFF}。电流下降时间可分为 t_{fi1} 和 t_{fi2} 两段。其中 t_{fi1} 对应 IGBT 内部的 MOSFET 的关断过程，这段时间集电极电流 I_C 下降较快；t_{fi2} 对应 IGBT 内部的 PNP 晶体管的关断过程，这段时间内 MOSFET 已经关断，IGBT 又无反向电压，所以 N 基区内的少子复合缓慢，造成 I_C 下降较慢。由于此时集射电压已经建立，因此较长的电流下降时间会产生较大的关断损耗。为解决这一问题，可以与 GTR 一样通过减轻饱和程度来缩短电流下降时间。

可以看出，IGBT 中双极型 PNP 晶体管的存在，虽然带来了电导调制效应的好

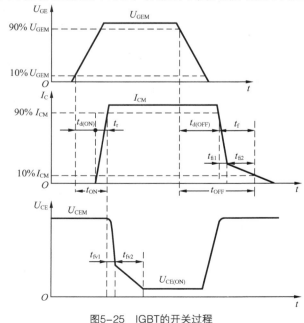

图5-25　IGBT的开关过程

处，但也引入了少数载流子储存现象，因而 IGBT 的开关速度要低于功率 MOSFET。

（2）主要参数。

① 集电极—发射极额定电压 U_{CES}。这个电压值是厂家根据器件的雪崩击穿电压而规定的，是栅极—发射极短路时 IGBT 能承受的耐压值，即 U_{CES} 值小于等于雪崩击穿电压。

② 栅极—发射极额定电压 U_{GES}。IGBT 是电压控制器件，通过加到栅极的电压信号控制 IGBT 的导通和关断，而 U_{GES} 就是栅极控制信号的电压额定值。目前，IGBT 的 U_{GES} 值大部分为+20V，使用中不能超过该值。

③ 额定集电极电流 I_C。该参数给出了 IGBT 在导通时能流过管子的持续最大电流。

3. IGBT 命名及型号含义

IGBT 管各国厂家的型号命名不尽相同，但大致有以下规律。

（1）管子型号前半部分数字表示该管的最大工作电流值，如 G40××××、20N×××× 就分别表示其最大工作电流为 40A、20A。

（2）管子型号后半部分数字则表示该管的最高耐压值，如 G×××150××、××N120x×× 就分别表示最高耐压值为 1.5kV、1.2kV。

（3）管子型号后缀字母含"D"则表示该管内含阻尼二极管。但未标"D"并不一定是无阻尼二极管，因此在检修时一定要用万用表检测验证，避免出现不应有的损失。

（四）GTO（可关断晶闸管）

GTO（Gate Turn-Off Thyristor，可关断晶闸管，也称门极可关断晶闸管），是一种具有自关断能力的晶闸管。它的主要特点是，既可用门极正向触发信号使其触发导通，又可向门极加负向触发电压使其关断。由于不需用外部电路强迫阳极电流为 0 而使之关断，仅由门极触发信号去关断，这就简化了电力变换主电路，提高了工作的可靠性，减少了关断损耗，与普通晶闸管相比还可以提高电力电子变换的最高工作频率。因此，GTO 是一种比较理想的大功率开关器件。

1. GTO 的结构及工作原理

（1）GTO 的结构。GTO 的基本结构与普通晶闸管相同，也是属于 PNPN 4 层 3 端器件，其 3 个电极分别为阳极（A）、阴极（K）、门极（控制极，G），图 5-26 所示为可关断晶闸管（GTO）的外形和图形符号。GTO 是多元的功率集成器件，它内部包含了数十个甚至是数百个共阳极的 GTO 元，这些小的 GTO 元的阴极和门极则在器件内部并联在一起，且每个 GTO 元阴极和门极距离很短，有效地减小了横向电阻，因此可以从门极抽出电流而使它关断。

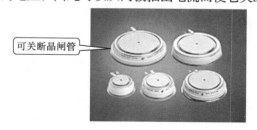

（a）GTO 的外形　　　　　（b）GTO 的图形符号

图 5-26　可关断晶闸管（GTO）的外形及符号

其内部结构如图 5-27 所示。

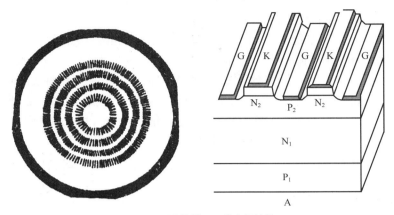

图5-27 可关断GTO的内部结构

常见 GTO 外形和符号如图 5-28 所示。

（2）GTO 的工作原理。GTO 的触发导通原理与普通晶闸管相似，阳极加正向电压，门极加正触发信号后，使 GTO 导通。但是它的关断原理、方式与普通晶闸管大不相同。普通晶闸管门极正信号触发导通后就处于深度饱和状态维持导通，除非阳、阴极之间正向电流小于维持电流 I_H 或电源切断之后才会由导通状态变为阻断状态。而 GTO 导通后接近临界饱和状态，可给门极加上足够大的负电压破坏临界状态使其关断。

2．GTO 的测试

（1）电极判别。

将万用表置于 $R \times 10$ 挡或 $R \times 100$ 挡，轮换测量可关断晶闸管的 3 个引脚之间的电阻，如图 5-29 所示。

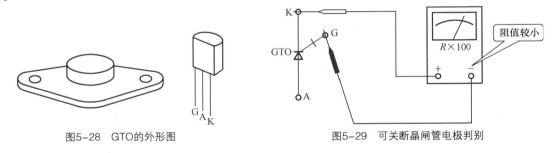

图5-28 GTO的外形图   图5-29 可关断晶闸管电极判别

结果：电阻比较小的一对引脚是门极 G 和阴极 K。测量 G、K 之间正、反向电阻，电阻指示值较小时红表笔所接的引脚为 K，黑表笔所接的引脚为 G，而剩下的引脚是 A。

（2）可关断晶闸管好坏判别。

① 用万用表 $R \times 10$ 挡或 $R \times 100$ 挡测量晶闸管阳极 A 与阴极 K 之间的电阻，或测量阳极 A 与门极 G 之间的电阻。

结果：如果读数小于 $1k\Omega$，器件已击穿损坏。

原因：该晶闸管严重漏电。

② 用万用表 $R \times 10$ 挡或 $R \times 100$ 挡测量门极 G 与阴极 K 之间的电阻。

结果：如正反向电阻均为无穷大（∞），该管也已损坏。

原因：被测晶闸管门极、阴极之间断路。

（3）可关断晶闸管触发特性检测的简易测试方法。

如图 5-30 所示。将万用表置于 $R \times 1$ 挡，黑表笔接可关断晶闸管的阳极 A，红表笔接阴极 K，门极 G 悬空，这时晶闸管处于阻断状态，电阻应为无穷大，如图 5-30（a）所示。

在黑表笔接触阳极 A 的同时也接触门极 G，于是门极 G 受正向电压触发（同样也是万用表内 1.5V 电源的作用），晶闸管成为低阻导通状态，万用表指针应大幅度向右偏，如图 5-30（b）所示。

保持黑表笔接 A，红表笔接 K 不变，G 重新悬空（开路），则万用表指针应保持低阻指示不变，如图 5-30（c）所示，说明该可关断晶闸管能维持导通状态，触发特性正常。

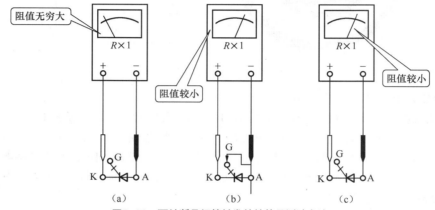

图5-30　可关断晶闸管触发特性简易测试方法

（4）可关断晶闸管关断能力的初步检测。测试方法如图 5-31 所示。采用 1.5V 干电池一节，普通万用表一只。

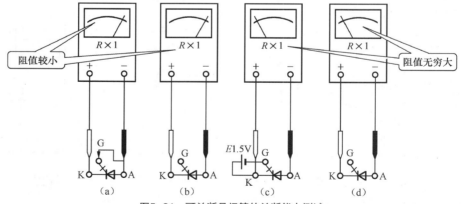

图5-31　可关断晶闸管的关断能力测试

将万用表置于 $R \times 1$ 挡，黑表笔接晶闸管阳极 A，红表笔接阴极 K，这时万用表指示的电阻应为无穷大，然后用导线将门极 G 与阳极 A 接通，于是门极 G 受正电压触发，使晶闸管导通，万用表指示应为低电阻，即指针向右偏转，如图 5-31（a）所示。将门极 G 开路后万用表指针偏转应保持不变，即晶闸管仍应维持导通状态，如图 5-31（b）所示。然后将 1.5V 电池的正极接阴极 K、电池负极接门极 G，则晶闸管立即由导通状态变为阻断状态，万用表的电阻为无穷大，说明被测晶闸管关断能力正常。

如果手头有 2 只万用表，那么可将其中的 1 只仪表（置于 $R \times 10$ 挡）作为负向触发信号使用（相当于 1.5V，黑表笔接 K，红表笔触碰 G），参照图 5-31 所示的方法，同样可以检测可关断晶闸管是否具有正常关断能力。

（5）测量可关断晶闸管的 β_{OFF} 值。

① 第一种测量方法。测量晶闸管 β_{OFF} 的一种方法如图 5-32 所示。

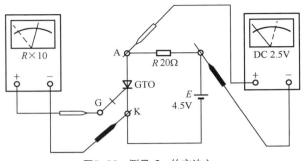

图5-32 测量 β_{OFF} 的方法之一

在可关断晶闸管（GTO）的阳极回路串联阻值为 20Ω 的电阻 R（功率为 3W），则根据欧姆定律，测出 R 两端的电压就可算出流过 R 的电流，即为 GTO 阳极电流（万用表置于直流电压 DC2.5V 挡）。而使 GTO 关断时的反向触发电流可根据万用表 $R \times 10$ 挡指示值及该挡的内阻算出。具体操作方法如下。

第一，接图 5-32 所示连接电路，万用表置于直流电压 2.5V 挡，红表笔接晶闸管 GTO 的阳极 A，黑表笔接电源正极，测得 GTO 导通时 R 两端的电压为 U_R。

第二，将另一只万用表置于 $R \times 10$ 挡，黑表笔接晶闸管的阴极 K，当红表笔接门极 G 时，晶闸管立即由导通变为阻断，这时连接在阳极回路的电阻 R 两端电压降为零。从左边万用表读出 G-K 两极之间电阻 R_{GK}，并从电阻测量刻度尺读出 $R \times 10$ 挡的欧姆中心值 R（欧姆表内阻与指针偏转无关，例如，500 型万用表 $R \times 10$ 挡欧姆中心值为 100Ω）。

第三，计算

$$\beta_{OFF} = \frac{U_R (R_{GK} + R_O)}{U_1 R}$$

式中　U_R——晶闸管导通时 R 两端电压，单位为 V；

R_{GK}——晶闸管由导通变为关断（阻断）时测得 G、K 间的电阻，单位为 Ω；

R_O——万用表 $R \times 10$ 挡欧姆中心值，单位为 Ω；

U_1——万用表 $R \times 1$ 挡内置电池电压，通常 U_1=1.5V；

R——晶闸管阳极回路外接电阻，单位为 Ω。

② 第二种测量方法。如果手头备有 2 只万用表的型号规格相同，那么对于小功率可关断晶闸管，无需附加电源，就可以估测 β_{OFF}，测量方法更加简单，如图 5-33 所示。

第一，测量晶闸管导通时 A、K 极间电阻 R_A。

第二，测量由导通变为关断时 G、K 极间的电阻 R_{GK}。

第三，按下式计算 β_{OFE}。

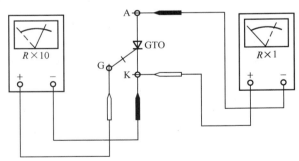

图5-33 测量 β_{OFF} 的方法之二

$$\beta_{OFF} = \frac{R_{GK} + R_{O2}}{R_A + R_{O1}}$$

式中：R_{GK}——晶闸管由导通变为关断时 G、K 间电阻测量值，单位为 Ω；

R_{O2}——万用表 $R \times 10$ 挡欧姆中心值，单位为 Ω；

R_A——晶闸管导通时 G、K 间电阻测量值，单位为 Ω；

R_{O1}——万用表 $R \times 1$ 挡欧姆中心值，单位为 Ω。

第二种方法对大功率晶闸管不适用。

3. GTO 的特性与主要参数

（1）GTO 的阳极伏安特性。

GTO 的阳极伏安特性与普通晶闸管相似，如图 5-34 所示。当外加电压超过正向转折电压 U_{DRM} 时，GTO 即正向开通，正向开通次数多了就会引起 GTO 的性能变差。但若外加电压超过反向击穿电压 U_{RRM}，则发生雪崩击穿现象，造成元件永久性损坏。

用 90%U_{DRM} 值定义为正向额定电压，用 90%U_{RRM} 值定义为反向额定电压。

（2）GTO 的主要参数。GTO 的大多数参数如断态重复峰值电压 U_{DRM} 和反向重复峰值电压 U_{RRM} 以及通态平均电压 U_T 的定义都与普通型晶闸管相同，不过 GTO 承受反向电压的能力较小，一般 U_{RRM} 明显小于 U_{DRM}，擎住电流 I_L 和维持电流 I_H 的定义也与普通型晶闸管相同，但对于同样电流容量的器件，GTO 的 I_H 要比普通型晶闸管大得多。GTO 还有一些特殊参数，这里只讨论这些意义不同的参数。

① 最大可关断阳极电流 I_{ATO}。最大可关断阳极电流 I_{ATO} 是可以通过门极进行关断的最大阳极电流，当阳极电流超过 I_{ATO} 时，门极负电流脉冲不可能将 GTO 关断。通常将最大可关断阳极电流 I_{ATO} 作为 GTO 的额定电流。应用中，最大可关断阳极电流 I_{ATO} 还与工作频率、门极负电流的波形、工作温度以及电路参数等因素有关，它不是一个固定不变的数值。

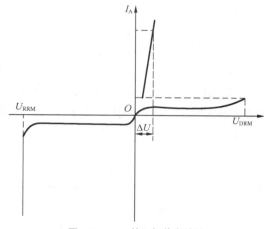

图5-34　GTO的阳极伏安特性

② 门极最大负脉冲电流 I_{GRM}。门极最大负脉冲电流 I_{GRM} 为关断 GTO 门极施加的最大反向电流。

③ 电流关断增益 β_{OFF}。电流关断增益 β_{OFF} 为 I_{ATO} 与 I_{GRM} 的比值，即 $\beta_{OFF}=I_{ATO}/I_{GRM}$。$\beta_{OFF}$ 反映门极电流对阳极电流控制能力的强弱，β_{OFF} 值越大控制能力越强。这一比值比较小，一般为 5 左右，这就是说，要关断 GTO 门极的负电流的幅度也是很大的。如 $\beta_{OFF}=5$，GTO 的阳极电流为 1 000A，那么要想关断它必须在门极加 200A 的反向电流。可以看出，尽管 GTO 可以通过门极反向电流进行可控关断，但其技术实现并不容易。

三、任务实施

1. 所需仪器设备

（1）大功率晶体管 GTR、Power MOSFET、IGBT、GTO 各 1 个。

（2）万用表 1 块。

2. 测试前准备

（1）课前预习相关知识。

（2）清点相关材料、仪器和设备。

（3）填写任务单测试前准备部分。

3. 操作步骤及注意事项

（1）观察管子外形。观察 GTR、MOSFET、IGBT、GTO 外形，从外观上判断 3 个管脚，记录器件型号，说明型号的含义，将数据记录在任务单测试过程记录中。

请勿将器件掉落地上，以免摔坏或踩坏。

（2）器件测试。

① GTR 测试。

- 判别管脚及测试器件好坏。将万用表置于 $R×1$ 挡或 $R×10$ 挡，测量管子 3 个极间的正反向电阻，判断所测管子的电极及类型，并将数据记录在任务单测试过程记录中，并与观察的结果比较并判断管子好坏。

正确使用万用表，测试时需小心，勿掰断管脚。

- 性能测试。根据管子类型，用万用表检测管子的放大能力、测量穿透电流 I_{CEO}、共发射极直流电流放大系数 h_{FE}、饱和压降的测量 U_{CES} 和 U_{BES}，将所测数据记录在任务单测试过程记录中，并判断管子性能。

② MOSFET 测试。

- 判别管脚及测试器件好坏。将万用表置于 $R×10k$ 挡，测量 3 个极间的电阻，判断管子的管脚，将所测数据记录在任务单测试过程记录中，并与观察的结果比较并判断管子好坏。
- 性能测试。用万用表检测 G、S 短接后 S 和 D 两极间正向电阻，G、S 短接时 S 和 D 两极间反向电阻及放大能力，将所测数据记录在任务单测试过程记录中，并判断管子性能。

③ IGBT 测试。

- 管脚判别。将万用表置于 $R×1k$ 挡，测量 3 个极间的电阻，判断管子的管脚，并将所测数据记录在任务单测试过程记录中，并与观察的结果比较并判断管子好坏。
- 性能测试。用万用表的 $R×10k$ 挡，测试 R_{CE}、IGBT 触发后 R_{CE}、IGBT 阻断后 R_{CE}，将所测数据记录在任务单测试过程记录中，并判断管子性能。

④ GTO 测试。

- 管脚判别。将万用表置于 $R×10$ 挡或 $R×100$ 挡，测量 3 个极间的电阻，判断管子的管脚，将所测数据记录在任务单测试过程记录中，并与观察的结果比较并判断管子好坏。
- 性能测试。用万用表测试 GTO 的触发特性、关断能力、β_{OFF} 值，将所测数据记录在任务单测试过程记录中，并判断管子性能。

（3）操作结束后，按要求整理操作台，清扫场地，填写任务单收尾部分。

（4）将任务单交老师评价验收。

4. GTR、MOSFET、IGBT、GTO 测试任务单（见附表 18）

5. 任务实施标准

序号	内　容	配分	等级	评 分 细 则	得　分
1	认识器件	20	20	能从外形认识器件，错误 1 个扣 5 分	
2	型号说明	20	20	能说明型号含义，错误 1 个扣 5 分	
3	器件测试	40	20	管脚及好坏识别，每错 1 个扣 5 分	
			20	性能测试，每错 1 个扣 5 分	
4	结论	10	10	判断错误 1 个扣 5 分	
5	现场整理	10	10	经提示后能将现场整理干净扣 5 分 不合格，本项 0 分	
				合计	

四、习题与思考

1. 简述大功率晶体管 GTR 的结构及工作原理。
2. 大功率晶体管 GTR 的基本特性是什么？
3. 大功率晶体管 GTR 有哪些主要参数？
4. 说明功率场效应晶体管（功率 MOSFET）的开通和关断原理及其优缺点。
5. 功率 MOSFET 有哪些主要参数？
6. 使用功率 MOSFET 时要注意哪些保护措施？
7. 简述绝缘门极晶体管 IGBT 结构及工作原理。
8. IGBT 与 GTR 相比，主要有哪些优缺点？
9. IGBT 主要参数有哪些？
10. 简述可关断晶闸管 GTO 的结构及工作原理。
11. 可关断晶闸管 GTO 主要参数有哪些？
12. 哪些因素影响可关断晶闸管 GTO 的导通和关断？

任务二　DC/DC 变换电路调试

一、任务描述与目标

开关电源可分为 AC/DC 和 DC/DC 两大类。DC/DC 已实现模块化，且设计技术及生产工艺在国内外已相对成熟和标准化，并得到用户的认可，因而应用较广。而 AC/DC 因其自身特点使其在模块化进程中，遇到较为复杂的技术和工艺，应用相对较少。本次任务介绍 DC/DC 变换电路的基本概念和工作原理以及开关状态控制电路内容，任务目标如下。

- 熟悉 DC/DC 变换电路的基本概念。
- 能分析 DC/DC 变换电路和开关状态控制电路。
- 了解开关状态控制方式及 PWM 控制电路的基本构成和原理。
- 会调试 DC/DC 变换电路和开关状态控制电路
- 在小组合作实施项目过程中培养与人合作的精神。
- 学会分析问题和解决问题的方法。
- 强化成本核算和安全用电意识、规范职业行为。

二、相关知识

（一）DC/DC 电路的工作原理

DC/DC 电路也叫直流斩波电路，是将直流电压变换成固定的或可调的直流电压的电路。按输入、输出有无变压器可分有隔离型、非隔离型两类，这里主要介绍非隔离型电路。

非隔离型电路根据电路形式的不同可以分为降压型电路、升压型电路、升降压电路、库克式斩波电路和全桥式斩波电路。其中降压式和升压式斩波电路是基本形式，升降压式和库克式是它们的组合，而全桥式则属于降压式类型。下面重点介绍基本斩波器的工作原理和升压、降压斩波电路。

1. 基本斩波器的工作原理

最基本的直流斩波电路如图 5-35（a）所示，负载为纯电阻 R_O 当开关 S 闭合时，负载电压 $u_O=U_d$，并持续时间 T_{ON}；当开关 S 断开时，负载上电压 $u_O=0V$，并持续时间 T_{OFF}。故 $T=T_{ON}+T_{OFF}$ 为斩波电路的工作周期，斩波器的输出电压波形如图 5-35（b）所示。若定义斩波器的占空比 $k=\dfrac{T_{ON}}{T}$，则由波形图上可得输出电压得平均值为

$$U_O = \frac{T_{ON}}{T_{ON}+T_{OFF}}U_d = \frac{T_{ON}}{T}U_d = kU_d$$

只要调节 k，即可调节负载的平均电压。

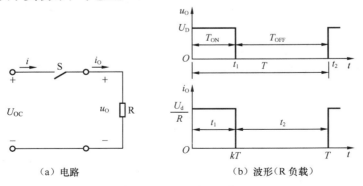

（a）电路   （b）波形（R 负载）

图5-35 基本斩波电路及其波形

占空比 k 的改变可以通过改变 T_{ON} 或 T_{OFF} 来实现，通常斩波器的工作方式有如下两种。

脉宽调制工作方式：维持 T 不变，改变 T_{ON}。

频率调制工作方式：维持 T_{ON} 不变，改变 T。

但被普遍采用的是脉宽调制工作方式，因为采用频率调制工作方式容易产生谐波干扰而且滤波器设计也比较困难。

2. 降压斩波电路

（1）电路的结构。降压斩波电路是一种输出电压的平均值低于输入直流电压的电路。它主要用于直流稳压电源和直流电机的调速。降压斩波电路的原理图及工作波形如图 5-36 所示。图中，U 为固定电压的直流电源，VT 为晶体管开关（可以是大功率晶体管，也可以是功率场效应晶体管）。L、R、电动机为负载，为在晶体管 VT 关断时给负载中的电感电流提供通道，还设置了续流二极管 VD。

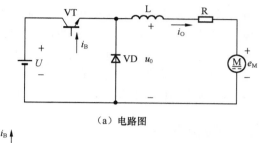

（a）电路图

（2）电路的工作原理。$t=0$ 时刻，驱动 VT 导通，直流电源向负载供电，忽略 VT 的导通压降，负载电压 $U_O=U$，负载电流按指数规律上升。

$t=t_1$ 时刻，撤去 VT 的驱动使其关断，因感性负载电流不能突变，负载电流通过续流二极管 VD 续流，忽略 VD 导通压降，负载电压 $U_O=0$，负载电流按指数规律下降。为使负载电流连续且脉动小，一般需串联较大的电感 L，L 也称为平波电感。

$t=t_2$ 时刻，再次驱动 VT 导通，重复上述工作过程。

由前面的分析知，这个电路的输出电压平均值为 $U_O = \dfrac{T_{ON}}{T_{ON}+T_{OFF}}U = \dfrac{T_{ON}}{T}U = kU$ ，由于 $k<1$，所以 $U_O<U$，即斩波器输出电压平均值小于输入电压，故称为降压斩波电路。而负载平均电流为

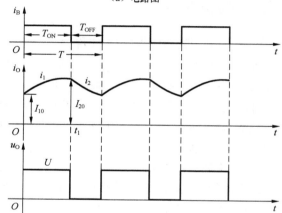

（b）电流连续时的波形

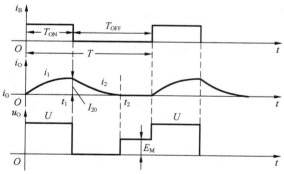

（c）电流断续时的波形

图5-36　降压斩波电路的原理图及工作波形

$$I_O = \frac{U_O - U}{R}$$

当平波电感 L 较小时，在 VT 关断后，未到 t_2 时刻，负载电流已下降到零，负载电流发生断续。负载电流断续时，其波形如图 5-36（c）所示。由图可见，负载电流断续期间，负载电压 $u_O=e_M$。因此，负载电流断续时，负载平均电压 U_O 升高，带直流电动机负载时，特性变软，是所不希望的。所以在选择平波电感 L 时，要确保电流断续点不在电动机的正常工作区域。

3. 升压斩波电路

（1）电路的结构。升压斩波电路的输出电压总是高于输入电压。升压式斩波电路与降压式斩波电路最大的不同点是，斩波控制开关 VT 与负载呈并联形式连接，储能电感与负载呈串联形式连接，升压斩波电路的原理图及工作波形如图 5-37 所示。

（2）电路的工作原理。当 VT 导通时（T_{ON}），能量储存在 L 中。由于 VD 截止，所以 T_{ON} 期间负载电流由 C 供给。在 T_{OFF} 期间，VT 截止，储存在 L 中的能量通过 VD 传送到负载和 C，其电压的极性与 U 相同，且与 U 相串联，产生升压作用。

如果忽略损耗和开关器件上的电压降，则有

$$U_O = \frac{T_{ON} + T_{OFF}}{T_{OFF}} U = \frac{T}{T_{OFF}} U = \frac{1}{1-k} U$$

上式中的 T/T_{OFF} 表示升压比，调节其大小，即可改变输出电压 U_O 的大小。

式中 $T/T_{OFF} \geqslant 1$，输出电压高于电源电压，故称该电路为升压斩波电路。

4. 升降压斩波电路

（1）电路的结构。升降压斩波电路可以得到高于或低于输入电压的输出电压。电路原理图如图 5-38 所示，该电路的结构特征是储能电感与负载并联，续流二极管 VD 反向串联接在储能电感与负载之间。电路分析前可先假设电路中电感 L 很大，使电感电流 i_L 和电容电压及负载电压 u_O 基本稳定。

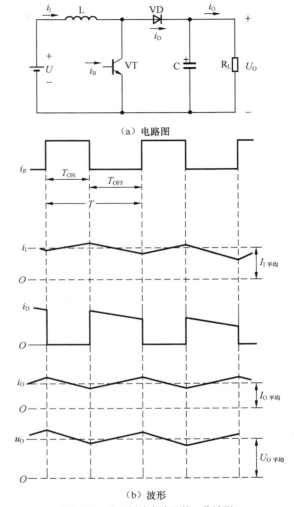

（a）电路图

（b）波形

图5-37　升压斩波电路及其工作波形

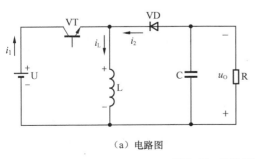

（a）电路图

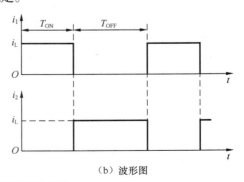

（b）波形图

图5-38　升降压斩波电路及其工作波形

（2）电路的工作原理。电路的基本工作原理是，VT 导通时，电源 U 经 VT 向 L 供电使其储能，此时二极管 VD 反偏，流过 VT 的电流为 i_1。由于 VD 反偏截止，电容 C 向负载 R 提供能量并维持输出电压基本稳定，负载 R 及电容 C 上的电压极性为上负下正，与电源极性相反。

VT 关断时，电感 L 极性变反，VD 正偏导通，L 中储存的能量通过 VD 向负载释放，电流为 i_2，同时电容 C 被充电储能。负载电压极性为上负下正，与电源电压极性相反，该电路也称作反极性斩波电路。

稳态时，一个周期 T 内电感 L 两端电压 u_L 对时间的积分为零，即

$$\int_0^T u_L \mathrm{d}t = 0$$

当 VT 处于通态期间，$u_L = U$；而当 VT 处于断态期间，$u_L = -u_O$。于是有

$$U T_{ON} = U_O T_{OFF}$$

所以输出电压为

$$U_O = \frac{T_{ON}}{T_{OFF}} U = \frac{T_{ON}}{T - T_{ON}} U = \frac{k}{1-k} U$$

上式中，若改变占空比 k，则输出电压既可高于电源电压，也可能低于电源电压。

由此可知，当 $0 < k < 1/2$ 时，斩波器输出电压低于直流电源输入，此时为降压斩波器。当 $1/2 < k < 1$ 时，斩波器输出电压高于直流电源输入，此时为升压斩波器。

（二）开关状态控制电路

1. 开关状态控制方式的种类

开关电源中，开关器件开关状态的控制方式主要有占空比控制和幅度控制两大类。

（1）占空比控制方式。占空比控制又包括脉冲宽度控制和脉冲频率控制两大类。

① 脉冲宽度控制。脉冲宽度控制是指开关工作频率（即开关周期 T）固定的情况下直接通过改变导通时间（T_{ON}）来控制输出电压 U_O 大小的一种方式。因为改变开关导通时间 T_{ON} 就是改变开关控制电压 u_C 的脉冲宽度，因此又称脉冲宽度调制（PWM）控制。

PWM 控制方式的优点是，因为采用了固定的开关频率，因此，设计滤波电路时就简单方便。其缺点是，受功率开关管最小导通时间的限制，对输出电压不能作宽范围的调节，此外，为防止空载时输出电压升高，输出端一般要接假负载（预负载）。

目前，集成开关电源大多采用 PWM 控制方式。

② 脉冲频率控制。脉冲频率控制是指开关控制电压 u_C 的脉冲宽度（即 T_{ON}）不变的情况下，通过改变开关工作频率（改变单位时间的脉冲数，即改变 T）而达到控制输出电压 U_O 大小的一种方式，又称脉冲频率调制（PFM）控制。

（2）幅度控制方式。幅度控制是通过改变开关的输入电压 U_s 的幅值而控制输出电压 U_O 大小的控制方式，但要配以滑动调节器。

2. PWM 控制电路的基本构成和原理

图 5-39 是 PWM 控制电路的基本组成和工作波形。可见，PWM 控制电路由以下几部分组成。

（1）基准电压稳压器，提供一个供输出电压进行比较的稳定电压和一个内部 IC 电路的电源。

（2）振荡器，为 PWM 比较器提供一个锯齿波和与该锯齿波同步的驱动脉冲控制电路的输出。

（3）误差放大器，使电源输出电压与基准电压进行比较。

（4）以正确的时序使输出开关管导通的脉冲倒相电路。

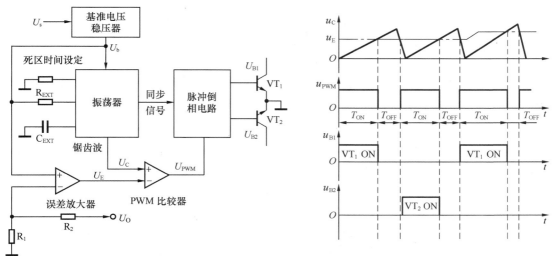

图5-39 PWM控制电路

其基本工作过程是，输出开关管在锯齿波的起始点被导通。由于锯齿波电压比误差放大器的输出电压低，所以 PWM 比较器的输出较高，因为同步信号已在斜坡电压的起始点使倒相电路工作，所以脉冲倒相电路将这个高电位输出使 VT$_1$ 导通，当斜坡电压比误差放大器的输出高时，PWM 比较器的输出电压下降，通过脉冲倒相电路使 VT$_1$ 截止，下一个斜坡周期则重复这个过程。

3. PWM 控制器集成芯片介绍

（1）SG1524/2524/3524 系列 PWM 控制器。SG1524 是双列直插式集成芯片，其结构框图如图 5-40 所示。它包括基准电源、锯齿波振荡器、电压比较器、逻辑输出、误差放大以及检测和保护等部分。SG2524 和 SG3524 也属这个系列，内部结构及功能相同，仅工作电压及工作温度有差异。

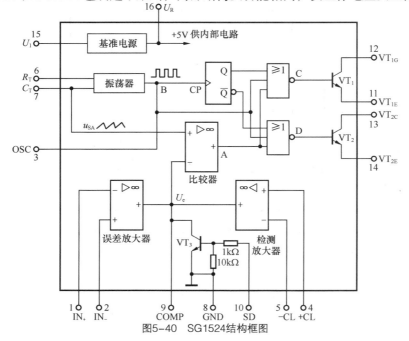

图5-40 SG1524结构框图

基准电源由 15 脚输入 8～30V 的不稳定直流电压，经稳压输出+5V 基准电压，供片内所有电路使用，并由 16 脚输出+5V 的参考电压供外部电路使用，其最大电流可达 100mA。

振荡器通过 7 脚和 6 脚分别对地接上一个电容 C_T 和电阻 R_T 后，在 C_T 上输出频率为 $f_{osc}=\dfrac{1}{R_TC_T}$ 的锯齿波。比较器反向输入端输入直流控制电压 U_e，同相输入端输入锯齿波电压 U_{SA}。当改变直流控制电压大小时，比较器输出端电压 u_A 即为宽度可变的脉冲电压，送至 2 个"或非门"组成的逻辑电路。

每个"或非门"有 3 个输入端，其中，一个输入为宽度可变的脉冲电压 u_A；一个输入分别来自触发器输出的 Q 和 $\overline{Q}$ 端（它们是锯齿波电压分频后的方波）；再一个输入（B 点）为锯齿波同频的窄脉冲。在不考虑第 3 个输入窄脉冲时，2 个"或非门"输出（C、D 点）分别经三极管 VT_1、VT_2 放大后的波形 T_1、T_2 如图 5-41 所示。它们的脉冲宽度由 U_e 控制，周期比 u_{SA} 大一倍，且 2 个波形的相位差为 180°。这样的波形适用于可逆 PWM 电路。"或非门"第 3 个输入端的窄脉冲使这期间 2 个三极管同时截止，以保证 2 个三极管的导通有一短时间间隔，可作为上、下两管的死区。当用于不可逆 PWM 时，可将 2 个三极管的 e 极并联使用。

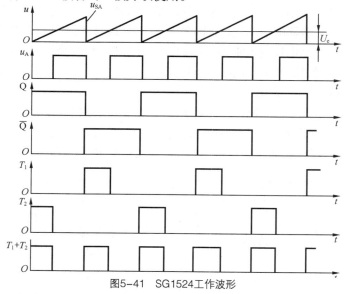

图5-41　SG1524工作波形

误差放大器在构成闭环控制时，可作为运算放大器接成调节器使用。如将 1 脚和 9 端短接，该放大器作为一个电压跟随器使用，由 2 脚输入给定电压来控制 SG1524 输出脉冲宽度的变化。

当保护输入端 10 脚的输入达一定值时，三极管 VT_3 导通，使比较器的反相端为零，A 端一直为高电平，VT_1、VT_2 均截止，以达到保护的目的。检测放大器的输入可检测出较小的信号，当 4、5 端输入信号达到一定值时，同样可使比较器的反相输入端为零，亦起保护作用。使用中可利用上述功能来检测需要限制的信号（如电流）对主电路实现保护。

表 5-5 是 SG3524 的引脚功能。

（2）SG3525A 的 PWM 控制器。SG3525A 是 SG3524 的改进型，凡是利用 SG1524/SG2524/ SG3524 的开关电源电路都可以用 SG3525A 来代替。应用时应注意两者的引脚功能的不同。

表 5-5   SG3524 的引脚功能

引　脚　号	功　　　能	引　脚　号	功　　　能
1	IN_ 为误差放大器反向输入	9	COMP 为频率补偿
2	IN_+ 为误差放大器同向输入	10	SD 为关断控制
3	OSC 为振荡器输出	11	VT_{1C} 为输出晶体管 A 的集电极
4	CL_+ 为限流比较器的同相输入	12	VT_{1E} 为输出晶体管 A 的发射极
5	CL_+ 为限流比较器的同相输入	13	VT_{2C} 为输出晶体管 B 的集电极
6	R_T 为定时电阻	14	VT_{2E} 为输出晶体管 B 的发射极
7	C_T 为定时电容器	15	U_I 为输入电压
8	GND 为地	16	U_R 为基准电压

图 5-42 是 SG3525A 系列产品的内部原理图。

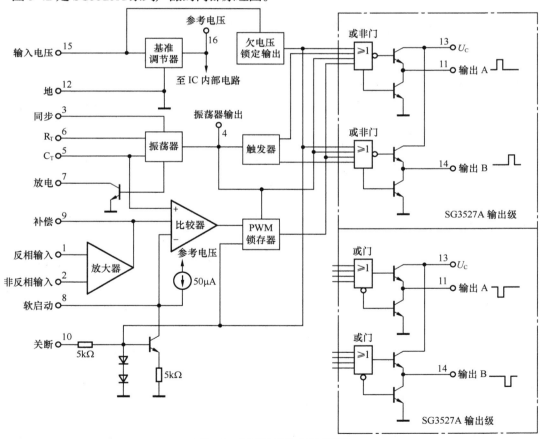

图5-42　SG3525A的内部原理图

图 5-42 的右下角是 SG3527A 的输出级。除输出级以外，SG3527A 与 SG3525A 完全相同。SG3525A 的输出是正脉冲，而 SG3527A 的输出是负脉冲。

表 5-6 是 SG3525A 的引脚功能。

表 5-6　　　　　　　　　　　　SG3525A 的引脚功能

引　脚　号	功　　　能	引　脚　号	功　　　能
1	IN₋ 为误差放大器反向输入	9	COMP 为频率补偿
2	IN₊ 为误差放大器同向输入	10	SD 为关断控制
3	SYNC 为同步	11	OUT$_A$ 为输出 A
4	OUTosc 为振荡器输出	12	GND 为地
5	C$_T$ 为定时电容器	13	U_C 为集电极电压
6	R$_T$ 为定时电阻	14	OUT$_B$ 为输出 B
7	DIS 为放电	15	U_I 为输入电压
8	SS 为软启动	16	U_{REF} 为基准电压

与 SG1524/SG2524/SG3524 相比较，SG3525A 的改进之处有以下 7 点。

① 芯片内部增加了欠压锁定器和软启动电路。

② SG1524/SG2524/SG3524 没有限流电路，而是采用关断控制电路对逐个脉冲电流和直流输出电流进行限流控制。

③ SG3525A 内设有高精度基准电压源。精度为 5.1V ± 1%，优于 SG1524/SG2524/SG3524 的基准电源。

④ 误差放大器的供电由输入电压 U_i 来提供，从而扩大了误差放大器的共模电压输入范围。

⑤ 脉宽调制比较器增加了一个反相输入端，误差放大器和关断电路送到比较器的信号具有不同的输入端，这就避免了关断电路对误差放大器的影响。

⑥ PWM 锁存器由关断置位，由振荡器送来的时钟脉冲复位。这可保证在每个周期内只有比较器送来的单脉冲。当关断信号使输出关断，即使关断信号消失，也只有下一个周期的时钟脉冲使锁存器复位，才能恢复输出。这就保证了关断电路能有效地控制输出关断。

⑦ SG3525A 的最大改进是输出级的结构。它是双路吸收/流出输出驱动器。它具有较高的关断速率，适合于驱动功率 MOS 器件。

（3）SG3525A 的典型应用电路。

① SG3525A 驱动 MOSFET 管的推挽式驱动电路如图 5-43 所示。其输出幅度和拉灌电流能力都适合于驱动功率 MOSFET 管。SG3525A 的 2 个输出端交替输出驱动脉冲，控制 2 个 MOSFET 管交替导通。

② SG3525A 驱动 MOS 管的半桥式驱动电路如图 5-44 所示。SG3525A 的 2 个输出端接脉冲变压器 T_1 的一次绕组，串入 1 个小电阻（10Ω）是为防止振荡。T_1 的 2 个二次绕组因同名端相反，以相位相反的 2 个信号驱动半桥上、下臂的 2 个功率 MOSFET。脉冲变压器 T_2 的二次侧接后续的整流滤波电路，便可得到平滑的直流输出。

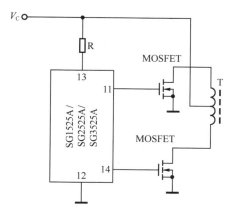

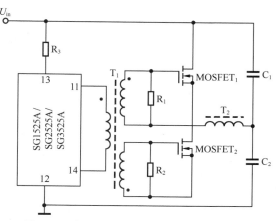

图5-43　SG3525A驱动MOSFET管的推挽式驱动电路　　　　图5-44　SG3525A驱动MOS管的半桥驱动电路

（三）其他电路

1. 过电压保护电路

过电压保护是一种对输出端子间过大电压进行负载保护的功能。一般方式是采用稳压管，图5-45是过电压保护电路的典型实例。

当输出电压超过设定的最大值时，稳压管击穿导通，使晶闸管导通，电源停止工作，起到过电压保护作用。

2. 过电流保护电路

过电流保护是一种电源负载保护功能，以避免发生包括输出端子上的短路在内的过负载输出电流对电源和负载的损坏。图5-46是典型的过电流保护电路。电路中，电阻 R_1 和 R_2 对 U 进行分压，电阻 R_2 上分得的电压 $U_{R2} = \dfrac{R_2}{R_1 + R_2} U$，负载电流 I_O 在检测电阻 R_D 上产生的电压 $U_{RD} = R_D I_O$，电压 U_{RD} 和 U_{R2} 进行比较，如果 $U_{RD} > U_{R2}$，A 输出控制信号，这控制信号使脉宽变窄，输出电压下降，从而使输出电流减小。

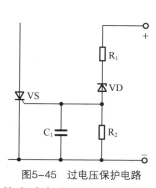

图5-45　过电压保护电路

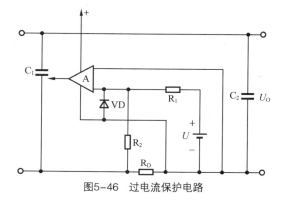

图5-46　过电流保护电路

3. 软启动电路

开关电源的输入电路一般采用整流和电容滤波电路。输入电源未接通时，滤波电容器上的初始电压为零。在输入电源接通的瞬间，滤波电容器快速充电，产生一个很大的冲击电流。在大功率开

关电源中，输入滤波电容器的容量很大，冲击电流可达 100A 以上，如此大的冲击电流会造成电网电闸的跳闸或者击穿整流二极管。为防止这种情况的发生，在开关电源的输入电路中增加软启动电路，防止冲击电流的产生，保证电源正常地进入工作状态。

三、任务实施

1. 所需仪器设备

（1）DJDK-1 型电力电子技术及电机控制实验装置（含 DJK01 电源控制屏、DJK09 单相调压与可调负载、DJK20 直流斩波电路、D42 三相可调电阻）1 套。

（2）示波器 1 台。

（3）螺丝刀 1 把。

（4）万用表 1 块。

（5）导线若干。

2. 测试前准备

（1）课前预习相关知识。

（2）清点相关材料、仪器和设备。

（3）填写任务单测试前准备部分。

3. 操作步骤及注意事项

（1）控制与驱动电路的测试。

① 启动实验装置电源，开启 DJK20 控制电路电源开关。

② 调节 PWM 脉宽调节电位器改变 U_r，用双踪示波器分别观测 SG3525 的第 11 脚与第 14 脚的波形，观测输出 PWM 信号的变化情况并填入任务单相应表格中。

③ 用示波器分别观测 A、B 和 PWM 信号的波形，并将波形、频率和幅值记录在任务单相应的表中。

④ 用双踪示波器的两个探头同时观测 11 脚和 14 脚的输出波形，调节 PWM 脉宽调节电位器，观测两路输出的 PWM 信号，测出两路信号的相位差，并测出两路 PWM 信号之间最小的"死区"时间，将数据记录在任务单相应的表中。

（2）直流斩波电路输入直流电源测试。

① 接线。输入电源接线如图 5-47 所示。斩波电路的输入直流电压 U_i 由三相调压器输出的单相交流电经 DJK20 挂箱上的单相桥式整流及电容滤波后得到。 DJK20 的交流电源接 DJK09 的单相自耦调压器输出， DJK09 的单相自耦调压器输入接交流电源。

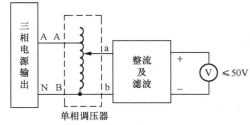

图5-47　直流斩波电路输入直流电源接线图

　整流电路的直流输出接一直流电压表，以便在调试过程中监视直流电压的大小。

② 调试。先将自耦调压器逆时钟旋到最小，然后慢慢增大自耦调压器输出电压，观察电压表的读数，使输出直流电压≤50V，并将数据记录在任务单相应表格中。

本装置限定直流输出最大值为 50V，如果输入超过 50V，会烧坏器件。调试好后，任何同学不允许随便旋动调压旋钮。

（3）直流斩波电路的测试（使用一个探头观测波形）。按下列实验步骤依次对 3 种典型的直流斩波电路进行测试。

① 切断电源，根据 DJK20 上的主电路图，利用面板上的元器件连接好相应的斩波实验线路，并接上电阻负载，负载电流最大值限制在 200mA 以内。将控制与驱动电路的输出 "V-G"、"V-E" 分别接至 V 的 G 和 E 端。

② 检查接线正确，尤其是电解电容的极性是否接反后，接通主电路和控制电路的电源。

③ 用示波器观测 PWM 信号的波形、U_{GE} 的电压波形、U_{CE} 的电压波形及输出电压 U_O 和二极管两端电压 U_D 的波形，注意各波形间的相位关系。

④调节 PWM 脉宽调节电位器改变 U_r，观测在不同占空比（α）时，U_i、U_O 和 α 的数值记录在任务单相应的表格中，并画出 $U_O=f(\alpha)$ 的关系曲线。

（4）操作结束后，拆除接线，按要求整理操作台，清扫场地，填写任务单收尾部分。

拆线前请确认电源已经断开。

（5）将任务单交老师评价验收。

4. **直流斩波电路调试任务单（见附表 19）**

5. **任务实施标准**

序号	内 容	配分	等级	评分细则	得 分
1	示波器使用	10	10	使用错误 1 次扣 5 分	
2	输入直流电压的接线与测试	15	5	接线错误 1 个扣 5 分	
			10	通电前调压器旋钮没在最小值扣 10 分，电压超过 50V 本次操作不合格	
3	直流斩波电路接线与测试	45	15	降压斩波电路接线和测试。接线错误 1 处扣 5 分，过程错误 1 处扣 5 分，参数记录，每缺 1 项扣 2 分	
			15	升压斩波电路测试。接线错误 1 处扣 5 分，过程错误 1 处扣 5 分，参数记录，每缺 1 项扣 2 分	
			15	升降压压斩波电路测试。接线错误 1 处扣 5 分，过程错误 1 处扣 5 分，参数记录，每缺 1 项扣 2 分	
4	操作规范	20	20	违反操作规程 1 次扣 10 分	
				元件损坏 1 个扣 10 分	
				烧保险 1 次扣 5 分	
5	现场整理	10	10	经提示后将现场整理干净扣 5 分	
				不合格，本项 0 分	
合计					

四、总结与提升——软开关技术

软开关的提出是基于电力电子装置的发展趋势，新型的电力电子设备要求小型、轻量、高效和良好的电磁兼容性，而决定设备体积、质量、效率的因素通常又取决于滤波电感、电容和变压器设备的体积和质量。解决这一问题的主要途径就是提高电路的工作频率，这样可以减少滤波电感、变压器的匝数和铁心尺寸，同时较小的电容容量也可以使得电容的体积减小。但是，提高电路工作频率会引起开关损耗和电磁干扰的增加，开关的转换效率也会下降。因此，不能仅仅简单地提高开关工作频率。软开关技术就是针对以上问题而提出的，是以谐振辅助换流手段，解决电路中的开关损耗和开关噪声问题，使电路的开关工作频率提高。

1. 软开关的基本概念

（1）硬开关与软开关。硬开关在开关转换过程中，由于电压、电流均不为零，出现了电压、电流的重叠，导致开关转换损耗的产生；同时由于电压和电流的变化过快，也会使波形出现明显的过冲产生开关噪声。具有这样的开关过程的开关被称为硬开关。开关转换损耗随着开关频率的提高而增加，使电路效率下降，最终阻碍开关频率的进一步提高。

如果在原有硬开关电路的基础上增加一个很小的电感、电容等谐振元件，构成辅助网络，在开关过程前后引入谐振过程，使开关开通前电压先降为零，这样就可以消除开通过程中电压、电流重叠的现象，降低甚至消除开、关损耗和开关噪声，这种电路称为软开关电路。具有这样开关过程的开关称为软开关。

（2）零电压开关与零电流开关。根据上述原理可以采用两种方法，即在开关关断前使其电流为零，则开关关断时就不会产生损耗和噪声，这种关断方式称为零电流关断；或在开关开通前使其电压为零，则开关开通时也不会产生损耗和噪声，这种开通方式称为零电压开通。在很多情况下，不再指出开通或关断，仅称零电流开关（Zero Current Switch，ZCS）和零电压开关（Zero Voltage Switch，ZVS）。零电流关断或零电压开通要靠电路中的辅助谐振电路来实现，所以也称为谐振软开关。

2. 软开关电路简介

软开关技术问世以来，经历了不断的发展和完善，前后出现了许多种软开关电路，直到目前为止，新型的软开关拓扑仍不断地出现。由于存在众多的软开关电路，而且各自有不同的特点和应用场合，因此对这些电路进行分类是很必要的。

根据电路中主要的开关元件是零电压开通还是零电流关断，可以将软开关电路分成零电压电路和零电流电路两大类。通常，一种软开关电路要么属于零电压电路，要么属于零电流电路。

根据软开关技术发展的历程可以将软开关电路分成准谐振电路、零开关 PWM 电路和零转换PWM 电路。

由于每一种软开关电路都可以用于降压型、升压型等不同电路，因此可以用图 5-48 基本开关单元来表示，不必画出各种具体电路。实际使用时，可以从基本开关单元导出具体电路，开关和二极管的方向应根据电流的方向做相应调整。

（1）准谐振电路。这是最早出现的软开关电路，其中有些电路现在还在大量使用。准谐振电路可以分为如下几种。

① 零电压开关准谐振电路（ZVSQRC）；

② 零电流开关准谐振电路（ZCSQRC）；

③ 零电压开关多谐振电路（ZVSMRC）；

④ 用于逆变器的谐振直流环节电路（Resonant DC Link）。

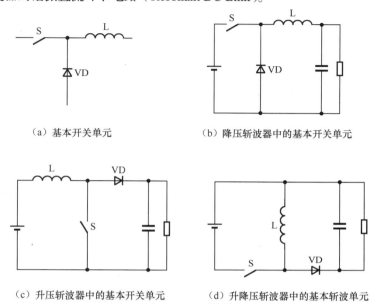

（a）基本开关单元

（b）降压斩波器中的基本开关单元

（c）升压斩波器中的基本开关单元

（d）升降压斩波器中的基本斩波单元

图5-48　基本开关单元

图 5-49 给出了前三种软开关电路的基本开关单元，谐振直流环节的电路如图 5-50 所示。

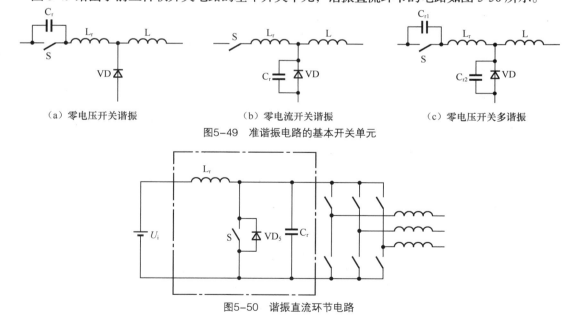

（a）零电压开关谐振

（b）零电流开关谐振

（c）零电压开关多谐振

图5-49　准谐振电路的基本开关单元

图5-50　谐振直流环节电路

准谐振电路中电压或电流的波形为正弦波，因此称之为准谐振。谐振的引入使得电路的开关损耗和开关噪声都大大下降，但也带来一些负面问题，谐振电压峰值很高，要求器件耐压必须提高；谐振电流的有效值很大，电路中存在大量的无功功率的交换，造成电路导通损耗加大；谐振周期随输入电压、负载变化而改变，因此电路只能采用脉冲频率调制（Pulse Frequency Modulation，PFM）方式来控制，变频的开关频率给电路设计带来困难。

（2）零开关 PWM 电路。这类电路中引入了辅助开关来控制谐振的开始时刻，使谐振仅发生于开关过零前后。零开关 PWM 电路可以分为如下几种。

① 零电压开关 PWM 电路（ZVSPWM）。

② 零电流开关 PWM 电路（ZCSPWM）。

这两种电路的基本开关单元如图 5-51 所示。

同准谐振电路相比，这类电路有很多明显的优势：电压和电流基本上是方波，只是上升沿和下降沿较缓，开关承受的电压明显降低，电路可以采用开关频率固定的 PWM 控制方式。

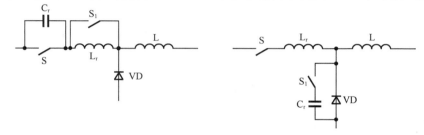

图5-51 零开关PWM电路的基本开关单元

（3）零转换 PWM 电路。这类软开关电路还是采用辅助开关控制谐振的开始时刻，所不同的是，谐振电路是与主开关并联的，因此输入电压和负载电流对电路的谐振过程的影响很小，电路在很宽的输入电压范围内并从零负载到满载都能工作在软开关状态。而且电路中无功功率的交换被削减到最小，这使得电路效率有了进一步提高。零转换 PWM 电路可以分为如下几种。

① 零电压转换 PWM 电路（ZVTPWM）。

② 零电流转换 PWM 电路（ZCTPWM）。

这两种电路的基本开关单元如图 5-52 所示。

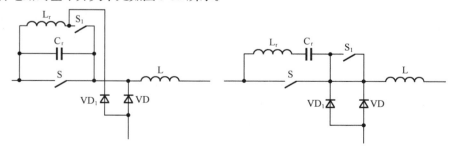

图5-52 零转换PWM电路的基本开关单元

对于上述各类电路详细分析，感兴趣的读者可参阅有关资料及专著。

五、习题与思考

1. 试述直流斩波电路的主要应用领域。
2. 简述图 5-36（a）所示的降压斩波电路的工作原理。

3. 图 5-36（a）所示的斩波电路中，$U=220V$，$R=10\Omega$，L、C 足够大，当要求 $U_O=400V$ 时，占空比 $k=?$

4. 简述图 5-37（a）所示升压斩波电路的基本工作原理。

5. 在图 5-37（a）所示升压斩波电路中，已知 $U=50V$，$R=20\Omega$，L、C 足够大，采用脉宽控制方式，当 $T=40\mu s$，$t_{on}=25\mu s$ 时，计算输出电压平均值 U_O 和输出电流平均值 I_O。

6. 什么是硬开关？什么是软开关？二者的主要差别是什么？

项目六

中频感应加热电源电路

感应加热电源是一种利用整流电路将交流电整流为直流电，经电抗器平波后，成为一个恒定的直流电流源，再经单相逆变电路，把直流电流逆变成中频或高频交流电（0.3～300kHz 或更高）的装置，目前应用非常广泛，特别在感应加热工业中应用更为普遍。图 6-1 是常见的感应加热装置。

根据输出频率不同，感应加热电源大致可以分为：超音频感应加热设备、高频感应加热设备、中频感应加热设备。频率越高加热的深度越浅，中频一般指 1 000～8 000 Hz。中频感应加热电源是高级维修电工职业资格考核内容。

感应加热电源中交流电整流为直流电，经电抗器平波，成为一个恒定的直流电流源内容已经在项目四中介绍。本项目主要认识中频感应加热电源、中频感应加热电源逆变主电路调试 2个任务。

图6-1　常见的感应加热装置

任务一　认识中频感应加热电源

一、任务描述与目标

中频感应加热电源是一种产生单相中频电流的装置。那么，单相中频电流是如何对金属进行加热？产生这一单相中频电流的装置由哪些部分组成？主要应用在哪些场合？本任务主要介绍感应加热的原理、中频感应加热电源用途以及组成，任务目标如下。

- 了解感应加热的原理。
- 熟悉中频感应加热装置的基本原理及应用。
- 掌握中频感应加热装置的组成。
- 学会资料查阅的方法。

二、相关知识

（一）感应加热的原理与发展历史

1. 感应加热的基本原理

1831 年，英国物理学家法拉第发现了电磁感应现象，并且提出了相应的理论解释。其内容为，当电路围绕的区域内存在交变的磁场时，电路两端就会感应出电动势，如果形成闭合回路就会产生感应电流。电流的热效应可用来加热。

例如，图 6-2 中 2 个线圈相互耦合在一起，在第一个线圈中突然接通直流电流（即将图中开关 S 突然合上）或突然切断电流（即将图中开关 S 突然打开），此时在第二个线圈所接的电流表中可以看出有某一方向或反方向的摆动。这种现象称为电磁感应现象，第二个线圈中的电流称为感应电流，第一个线圈称为感应线圈。

若第一个线圈的开关 S 不断地接通和断开，则在第二个线圈中也将不断地感应出电流。每秒内通断次数越多（即通断频率越高），则感生电流将会越大。若第一个线圈中通以交流电流，则第二个线圈中也感应出交流电流。不论第二个线圈的匝数为多少，即使只有一匝也会感应出电流。如果第二个线圈的直径略小于第一个线圈的直径，并将它置于第一个线圈之内，则这种电磁感应现象更为明显，因为这时两个线圈耦合得更为紧密。

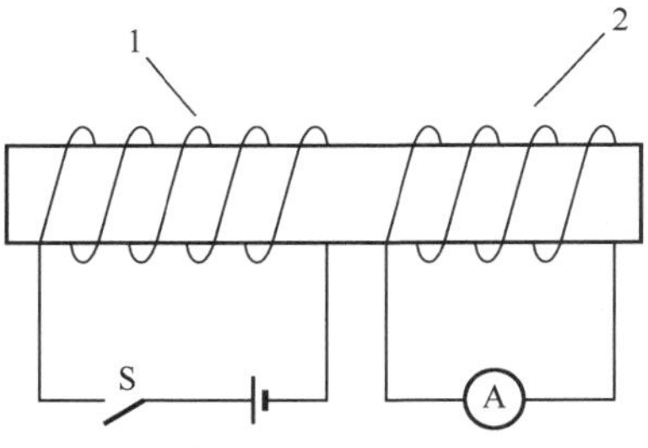

如果在一个钢管上绕了感应线圈，钢管可以看作有一匝直

1—第一个线圈；2—第二个线圈
图6-2 电磁感应

接短接的第二线圈。当感应线圈内通以交流电流时，在钢管中将感应出电流，从而产生交变的磁场，再利用交变磁场来产生涡流达到加热的效果。平常在 50Hz 的交流电流下，这种感生电流不是很大，所产生的热量使钢管温度略有升高，不足以使钢管加热到热加工所需温度（常为 1200℃左右）。如果增大电流和提高频率（相当于提高了开关 S 的通断频率）都可以增加发热效果，则钢管温度就会升高。控制感应线圈内电流的大小和频率，可以将钢管加热到所需温度进行各种热加工。所以感应电源通常需要输出高频大电流。

利用高频电源来加热通常有如下两种方法。

① 电介质加热：利用高频电压（比如微波炉加热等）。

② 感应加热：利用高频电流（比如密封包装等）。

（1）电介质加热（Dielectric Heating）。通常用来加热不导电材料，比如木材、橡胶等。微波炉就是利用这个原理，如图 6-3 所示。

当高频电压加在两极板层上，就会在两极之间产生交变的电场。需要加热的介质处于交变的电场中，介质中的分子或者离子就会随着电场做同频的旋转或振动，从而产生热量，达到加热效果。

（2）感应加热（Induction Heating）。感应加热原理为产生交变的电流，从而产生交变的磁场，再利用交变磁场来产生涡流达到加热的效果，如图 6-4 所示。

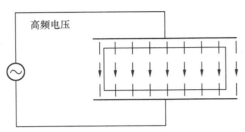

图6-3　电介质加热示意图

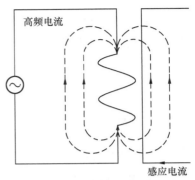

图6-4　感应加热示意图

2. 感应加热发展历史

感应加热来源于法拉第发现的电磁感应现象，也就是交变的电流会在导体中产生感应电流，从而导致导体发热。长期以来，技术人员都对这一现象有较好了解，并且在各种场合尽量抑制这种发热现象，来减小损耗。比较常见的如开关电源中的变压器设计，通常设计人员会用各种方法来减小涡流损耗，来提高效率。然而在19世纪末期，技术人员又发现这一现象的有利面，就是可以将之利用到加热场合，来取代一些传统的加热方法，因为感应加热有以下优点。

（1）非接触式加热，热源和受热物件可以不直接接触。

（2）加热效率高，速度快，可以减小表面氧化现象。

（3）容易控制温度，提高加工精度。

（4）可实现局部加热。

（5）可实现自动化控制。

（6）可减小占地、热辐射、噪声和灰尘。

中频感应加热电源是一种利用晶闸管元件将三相工频电流变换成某一频率的中频电流的装置，主要是在感应熔炼和感应加热的领域中代替以前的中频发电机组。中频发电机组体积大，生产周期长，运行噪声大，而且它是输出一种固定频率的设备，运行时必须随时调整电容大小才能保持最大输出功率，这不但增加了不少中频接触器，而且操作起来也很繁琐。

晶闸管中频电源与这种中频机组比，除具有体积小、重量轻、噪声小、投产快等明显优点外，最主要还有下列一些优点。

（1）降低电力消耗。中频发电机组效率低，一般为80%～85%，而晶闸管中频装置的效率可达到90%～95%，而且中频装置启动、停止方便，在生产过程中短暂的间隙都可以随时停机，从而使空载损耗减小到最低限度（这种短暂的间隙，机组是不能停下来的）。

（2）中频电源输出频率是随着负载参数的变化而变化的，所以保证装置始终运行在最佳状态，不必像机组那样频繁调节补偿电容。

（二）中频感应加热电源的用途

感应加热的最大特点是将工件直接加热，工人劳动条件好、工件加热速度快、温度容易控制等，因此应用非常广泛。它主要用于淬火、透热、熔炼、各种热处理等方面。

1. 淬火

淬火热处理工艺在机械工业和国防工业中得到了广泛的应用。它是将工件加热到一定温度后再快速冷却下来，以此增加工件的硬度和耐磨性。图6-5为中频电源对螺丝刀口淬火。

2. 透热

在加热过程中使整个工件的内部和表面温度大致相等，叫做透热。透热主要用在锻造弯管等加工前的加热等。中频电源用于弯管的过程如图 6-6 所示。在钢管待弯部分套上感应圈，通入中频电流后，在套有感应圈的钢管上的带形区域内被中频电流加热，经过一定时间，温度升高到塑性状态，便可以进行弯制了。

3. 熔炼

中频电源在熔炼中的应用最早，图 6-7 为中频感应熔炼炉，线圈用铜管绕成，里面通水冷却。线圈中通过中频交流电流就可以使炉中的炉料加热、熔化，并将液态金属再加热到所需温度。

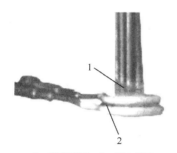

1—螺丝刀口；2—感应线圈

图6-5　螺丝刀口淬火

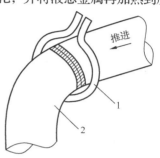

1—感应线圈；2—钢管

图6-6　弯管的工作过程

4. 钎焊

钎焊是将钎焊料加热到融化温度而使两个或几个零件连接在一起，通常的锡焊和铜焊都是钎焊。如图 6-8 是铜洁具钎焊，主要应用于机械加工、采矿、钻探、木材加工等行业使用的硬质合金车刀、铣刀、刨刀、铰刀、锯片、锯齿的焊接，及金刚石锯片、刀具、磨具、钻具、刃具的焊接。其他金属材料的复合焊接，如：眼镜部件、铜部件、不锈钢锅。

1—感应线圈；2—金属溶液

图6-7　熔炼炉

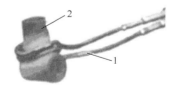

1—感应线圈；2—零件

图6-8　铜洁具钎焊

（三）中频感应加热电源的组成

目前应用较多的中频感应加热电源主要由可控或不可控整流电路、滤波器、逆变器和一些控制保护电路组成。工作时，三相工频（50Hz）交流电经整流器整流成脉动直流电，经过滤波器变成平滑的直流电送到逆变器。逆变器把直流电转变成频率较高的交流电流送给负载，组成框图如图 6-9 所示。并联谐振式中频感应加热电源结构图如图 6-10 所示。

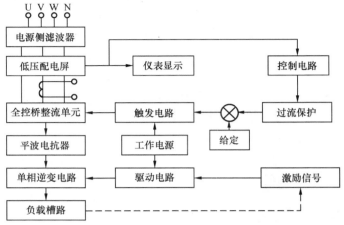

图6-9　中频感应加热电源组成原理框图

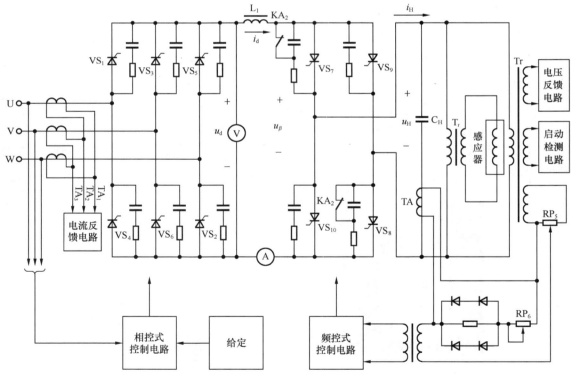

图6-10　并联谐振式中频感应加热电源结构图

1. 整流电路

中频感应加热电源装置的整流电路设计一般要满足以下要求。

（1）整流电路的输出电压在一定的范围内可以连续调节。

（2）整流电路的输出电流连续，且电流脉动系数小于一定值。

（3）整流电路的最大输出电压能够自动限制在给定值，而不受负载阻抗的影响。

（4）当电路出现故障时，电路能自动停止直流功率输出，整流电路必须有完善的过电压、过电流保护措施。

（5）当逆变器运行失败时，能把储存在滤波器的能量通过整流电路返回工频电网，保护逆变器。

2. 逆变电路

由逆变晶闸管、感应线圈、补偿电容共同组成逆变器，将直流电变成中频交流电给负载供电。为了提高电路的功率因数，需要调协电容器向感应加热负载提供无功能量。根据电容器与感应线圈的连接方式可以把逆变器分为以下几种类型。

（1）串联逆变器：电容器与感应线圈组成串联谐振电路。

（2）并联逆变器：电容器与感应线圈组成并联谐振电路。

（3）串、并联逆变器：综合以上两种逆变器的特点。

3. 平波电抗器

平波电抗器在电路中起到很重要的作用,归纳为以下几点。

（1）续流：保证逆变器可靠工作。

（2）平波：使整流电路得到的直流电流比较平滑。

（3）电气隔离：它连接在整流和逆变电路之间起到隔离作用。

（4）限制电路电流的上升率 $\mathrm{d}i/\mathrm{d}t$ 值：逆变失败时，保护晶闸管。

4. 控制电路

中频感应加热装置的控制电路比较复杂，一般包括整流触发电路、逆变触发电路、启动停止控制电路。

（1）整流触发电路。整流触发电路主要是保证整流电路正常可靠工作，产生的触发脉冲必须达到以下要求。

① 产生相位互差 60° 的脉冲，依次触发整流电路的晶闸管。

② 触发脉冲的频率必须与电源电压的频率一致。

③ 采用单脉冲时，脉冲的宽度应该大于 90°，小于 120°。采用双脉冲时，脉冲的宽度为 $25^\circ \sim 30^\circ$，脉冲的前沿相隔 60°。

④ 输出脉冲有足够的功率，一般为可靠触发功率的 3～5 倍。

⑤ 触发电路有足够的抗干扰能力。

⑥ 控制角能在 $0^\circ \sim 170^\circ$ 之间平滑移动。

（2）逆变触发电路。加热装置对逆变触发电路的要求如下。

① 具有自动跟踪能力。

② 良好的对称性。

③ 有足够的脉冲宽度，触发功率，脉冲的前沿有一定的陡度。

④ 有足够的抗干扰能力。

（3）启动、停止控制电路。启动、停止控制电路主要控制装置的启动、运行、停止，一般由按钮、继电器、接触器等电器元件组成。

5. 保护电路

中频装置的晶闸管的过载能力较差，系统中必须有比较完善的保护措施，比较常用的有阻容吸收装置和硒堆抑制电路内部过电压，电感线圈、快速熔断器等元件限制电流变化率和过电流保护。另外，还必须根据中频装置的特点，设计安装相应的保护电路。

┃三、习题与思考┃

1. 感应加热的基本原理是什么？加热效果与电源频率大小有什么关系？
2. 中频感应加热炉的直流电源的获得为什么要用可控整流电路？
3. 试简述平波电抗器的作用。
4. 中频感应加热与普通的加热装置比较有哪些优点？中频感应加热能否用来加热绝缘材料构成的工件？
5. 中频感应加热电源主要应用在哪些场合？

数字移相触发电路

┃一、任务描述与目标┃

目前晶闸管触发电路有模拟和数字两种电路，前面介绍的单结晶体管触发电路、锯齿波触发电路以及集成触发电路属于模拟电路，数字电路有可编程数字型和数字移相集成电路。可编程数字移相触发电路是通过编程设置同步和移相，如基于单片机的晶闸管触发电路、基于 CPLD 的晶闸管触发电路。数字移相触发电路是用计数的方法对晶闸管的移相触发进行控制，具有稳定性高、精度高、对称性好、抗干扰能力强、调试方便等优点，还可以实现远距离控制，因此被广泛地应用。本次任务的目标如下。

- 了解数字移相触发电路。
- 能分析数字移相触发电路的工作原理。
- 会根据数字移相触发电路的工作原理调试触发电路。
- 在小组实施项目过程中培养团队合作意识。

┃二、相关知识┃

（一）数字移相触发电路组成

数字移相触发电路由同步移相、数字脉冲的形成、功率放大等部分组成。数字移相触发电路的特征是用计数（时钟脉冲）的办法来实现移相，它的时钟脉冲振荡器是一种电压控制振荡器，其输出脉冲频率受 α 移相控制电压 U_c 的控制，U_c 升高，则振荡频率升高，而计数器的计数量是固定的，计数器脉冲频率高意味着计算一定脉冲数所需时间短，也即延时时间短、α 角小，反之 α 角大。数字移相触发电路原理如图 6-11 所示。图中采用了集成数字电路器件，CD4046 为锁相环集成块，NE556 为双时基电路集成块，CD4020 为 14 级二进制串行计数器集成块，运放为 LM324 集成块，异或门为 4070 集成块，或非门为 4001 集成块。

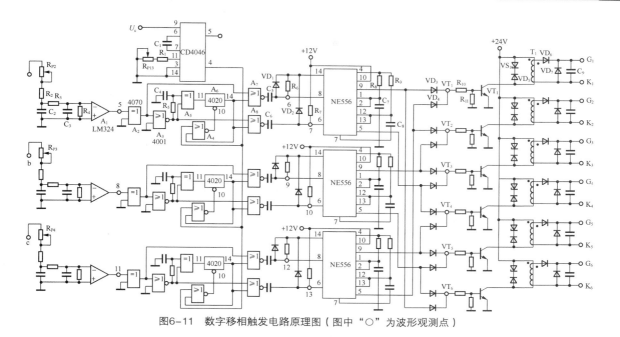

图6-11 数字移相触发电路原理图（图中"○"为波形观测点）

（二）数字移相触发电路工作原理

1. 触发脉冲的产生

工作原理分析以 a 相同步信号产生的触发脉冲为例。

移相电路由 R_{P2}、R_2、R_3 及 C_2 组成，移相后的同步电压经零电压比较器 A_1 变换后输出方波电压，该电压经异或门 A_2 和或非门 A_3 组合后输出相位互差 180° 的矩形波同步信号。它们分别控制 A_7 和 A_8 的输出，允许 A_7 的输出在同步电压正半周给整流电路中的晶闸管 VS_1 提供触发脉冲，而 A_8 的输出在同步电压负半周给整流电路中的晶闸管 VS_4 提供触发脉冲。延时信号在异或门 A_5 中组合，A_5 的输出端获得与同步电压波形过零点相对应的窄脉冲作为 A_6（计数器）的置零脉冲。来自 CD4046 第 4 脚的脉冲列与 A_6（计数器）的 14 脚输出信号分别输入异或门 A_4，经 A_4 调制后输出到 A_6（计数器）的第 10 脚，作为 A_6（计数器）的调控 CP 脉冲。

A_6 是二进制串行异步计数器 4020，内部有 14 个 T 型触发器，第 10 脚是时钟脉冲输入端。当第 11 脚为 0 时 CP 脉冲下降沿计数；当第 11 脚为 1 时，14 个 T 型输出触发器输出均为零，即 Q1～Q14 均为零。A_6 的 14 脚为 Q10（第 10 个 T 型触发器的输出），当 $2^9=512$ 个脉冲下降沿到来时 Q10=1。A_6 的 10 脚由 A_4 控制。当 A_6 的第 14 脚为低电平时，A_6 才能按 CP 脉冲计数，待到第 512 个 CP 脉冲的下降沿时，A_6 的第 14 脚变为高电平，这时，A_6 的第 10 脚无 CP 脉冲而停止计数，A_7 的输出端由高电平变为低电平。A_7 的输出经由电阻 R_6 和电容 C_5 组成的微分电路，使 NE556 的 8 脚有负向脉冲输入，NE556 的 9 脚则会输出一个正脉冲，该脉冲与 c 相同步信号负半周所产生的脉冲经过二极管 VD_3、VD_4 合成一个相位差为 60° 的双窄脉冲。三极管 VT_1 与脉冲变压器 T_1 组成触发电路的功率放大级电路，触发电路输出的双窄脉冲信号经功放电路中的三极管 VT_1 放大后由脉冲变压器 T_1 输出，即有触发脉冲去触发晶闸管 VS_1。同理，在同步电压负半周时，也有类似上述过程，从而触发晶闸管 VS_4。锁相环 CD4046 及其周围电路构成电压—频率转换器，其输出信号的周期随控制电压 U_c 而线性变化，电位器 R_{P13} 的作用是调节最低输出频率（相当于模拟电路的偏移电压调节）。电路各点波形如图 6-12 所示。

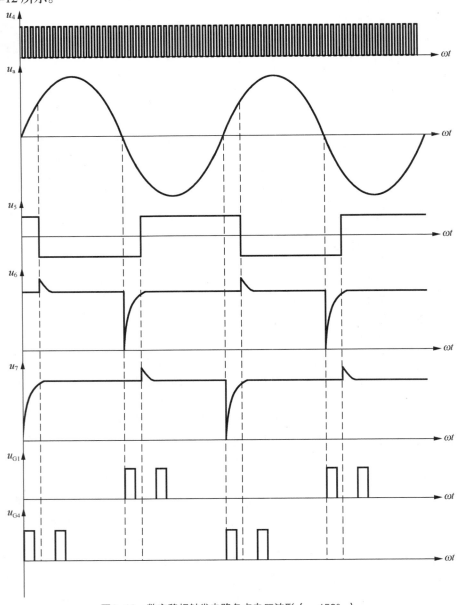

图6-12 数字移相触发电路各点电压波形（$\alpha = 150°$）

2. 触发脉冲顺序

触发脉冲顺序与项目四中集成触发器的顺序要求一致，由主电路决定。如触发三相桥式全控整流电路，三相同步电压信号产生三相 6 路互差 60° 的双窄脉冲去触发晶闸管 $VS_1 \sim VS_6$，其脉冲顺序如图 6-13 所示。

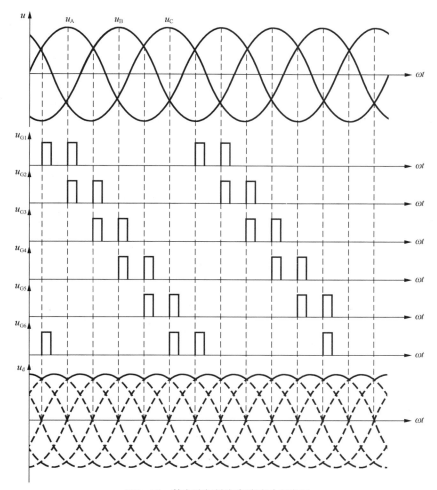

图6-13　数字移相触发电路脉冲顺序图

三、任务实施

1. 所需仪器设备

（1）数字移相触发电路板 1 套。

（2）示波器 1 台。

2. 测试前准备

（1）课前预习相关知识。

（2）清点相关材料、仪器和设备。

（3）填写任务单测试前准备部分。

3. 操作步骤及注意事项

（1）把锁相环 CD4046 输出的"4"端接到整流触发电路的"4"输入端，给定电位器逆时针旋到底。

（2）合上电源开关，检查电源检测部分相序指示应为正序，若指示为负序则应调整电源进线

相序。

（3）按下启动按钮，观察各主要点的波形。

① 时钟脉冲观察。用示波器观察锁相环 CD4046 输出的"4"脚波形，顺时钟调节给定电位器，观察波形的变化，并将波形记录在任务单的调试过程记录中。

② 触发电路各主要点波形观察。将给定电位器逆时针旋到底，用示波器观察同步电压 u_a、矩形波同步信号 5、6、7 孔，VS_1、VS_4 以及 G_1 和 K_1、G_4 和 K_4 之间的波形，并将波形记录在任务单的调试过程记录中。其他两相的波形（b 相的 u_b、8 孔、9 孔、10 孔、VS_3、VS_6、G_3 和 K_3、G_6 和 K_6，c 相的 u_c、11 孔、12 孔、13 孔、VS_5、VS_2、G_5 和 K_5、G_2 和 K_2）与 a 相波形相同，只是相位互差120°。

③ 调节触发脉冲的移相范围。将给定电位器逆时针旋到底，用示波器的两个通道观察同步电压信号"a"点 u_a 和"VS_1"点 u_{T1} 的波形，调节锁相环 CD4046 的频率调节电位器 R_{P13}，使 $\alpha=150°$，顺时钟调节给定电位器，双窄脉冲能在 0°～150° 平滑移动，如图 6-14 所示。将给定电位器顺时钟旋到底和逆时钟旋到底时波形记录在任务单的调试过程记录中，并计算触发电路的移相范围。

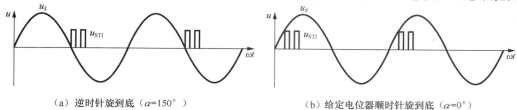

（a）逆时针旋到底（$\alpha=150°$）　　　　　　（b）给定电位器顺时针旋到底（$\alpha=0°$）

图6-14　触发脉冲移相范围

（4）操作结束后，拆除接线，按要求整理操作台，清扫场地，填写任务单收尾部分。

拆线前请确认电源已经断开。

（5）将任务单交老师评价验收。

4. 数字移相触发电路调试任务单（见附表20）

5. 任务实施标准

序号	内　容	配分	等级	评 分 细 则	得　分
1	接线	5	5	接线错误 1 根扣 5 分	
2	示波器使用	15	15	使用错误 1 次扣 5 分	
3	数字移相触发电路波形测试	50	15	测试过程错误 1 处扣 5 分	
			20	参数记录，每缺 1 项扣 2 分	
			15	无波形分析扣 15 分，分析错误或不全酌情扣分	
4	操作规范	20	20	违反操作规程 1 次扣 10 分 元件损坏 1 个扣 10 分 烧保险 1 次扣 5 分	
5	现场整理	10	10	经提示后将现场整理干净扣 5 分 不合格，本项 0 分	
			合计		

四、总结与提升——基于单片机的晶闸管触发电路

1. 基于单片机的晶闸管触发电路组成

单片机控制的晶闸管触发电路主要由同步信号检测、CPU 硬件电路、复位电路和触发脉冲驱动电路 4 部分组成，如图 6-15 所示。CPU 通过检测电路获知触发信号，依据所要控制的电路要求，通过编程实现预定的程序流程，在相应时间段内通过单片机 I/O 端输出触发脉冲信号，复位电路可保证系统安全可靠地运行。

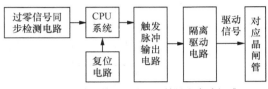

图6-15　基于单片机的晶闸管触发电路组成

2. 移相触发脉冲的控制原理

相位控制要求以整流电路的控制角为 0° 的点为基准，经过一定的相位延迟后，再输出触发信号使晶闸管导通。在实际应用中，控制角为 0° 的点通过同步信号给出，再按同步电压过零检测的方法在 CPU 中实现同步，并由 CPU 控制软件完成移相计算，按移相要求输出触发脉冲。

如在项目四中的三相桥式全控整流电路，触发脉冲信号输出的相序也可由单片机根据同步信号电平确定，当单片机检测到 U 相同步信号时，输出脉冲时序通常采用移相触发脉冲的方法，即用一个同步电压信号和一个定时器完成触发脉冲的计算。这在三相电路对称时是可行的。因为三相完全对称，各相彼此相差 120°，电路每隔 60° 换流一次，且换流的顺序事先已知。

因为只用一个同步输入信号，所有晶闸管的触发脉冲延迟都以其为基准。为了保证触发脉冲延迟相位的精度，用一个定时器测量同步电压信号的周期，并由此计算出 60° 和 120° 电角度所对应的时间。由于三相桥式全控整流电路的触发电路，必须每隔 60° 触发导通一只晶闸管，也就是说，每隔 60° 时间必然要输出一次触发脉冲信号，因此作为基准的第一个触发脉冲信号必须调整到小于 60° 才能保证触发脉冲不遗漏。

当以 U 相同步电压信号为基准，单片机检测到 U 相同步电压信号正跳变时，启动定时器工作。当定时器溢出时，输出第一个触发脉冲信号，以后由所计算出的周期确定每隔 60° 电角度时间输出一次触发脉冲，直到单片机再次检测到 U 相同步信号的正跳变时，这个周期结束，开始下一个周期。需要注意，从单片机检测到同步电压正跳变到输出第一个触发脉冲信号的时间，必须调整到小于等于 60° 电角度时间，否则会造成触发脉冲的遗漏。第一个触发脉冲相对于同步信号正跳变的时间，可根据三相桥式全控整流电路的触发相序来调整，如图 6-16 所示。图 6-16 中 α_1 为触发延迟角，$(\alpha_2-\alpha_1)$、$(\alpha_4-\alpha_3)$ 均为触发窄脉冲宽度 60°，α_0 为同步脉冲信号的一个标准周期 360°。u_{g0} 表示同步脉冲信号，u_{g1}、u_{g2}、u_{g3}、u_{g4}、u_{g5}、u_{g6} 分别表示 VS_1、VS_2、VS_3、VS_4、VS_5、VS_6 触发脉冲信号，其中 0 表示低电平，1 为高电平。

依照三相桥式全控整流电路对触发脉冲的要求，输出触发脉冲分为 3 种情况。

（1）当移相触发延迟角 $\alpha \leqslant 60°$，此时以 U 相同步信号为基准，按控制角时间定时输出的第一个脉冲，应该是 U 相 VS_1 晶闸管的触发信号，触发延迟时间和触发脉冲的顺序无需调整，之后每隔 60° 时间依次输出 VS_2、VS_3、VS_4、VS_5、VS_6 晶闸管的触发信号。

（2）当移相触发延迟角 $60° < \alpha \leqslant 120°$ 时，为保证触发脉冲不遗漏，应将控制角的定时时间调整在 60° 时间之内，即减去一个 60° 时间。同时输出触发脉冲的时序也要进行调整，此时第一个输出触

发脉冲信号应该是 V 相 VS_6 晶闸管的触发信号，之后每隔 $60°$ 电角度时间依次输出 VS_1、VS_2、VS_3、VS_4、VS_5 晶闸管的触发信号。

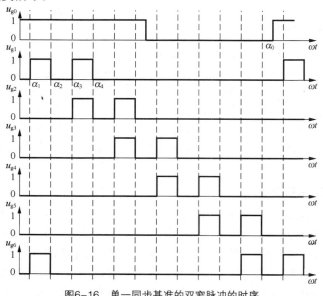

图6-16　单一同步基准的双窄脉冲的时序

（3）当移相触发延迟角 $\alpha > 120°$ 时，要将控制角的定时时间调整在 $60°$ 电角度时间内，从而保证触发脉冲不遗漏，则需减去一个 $120°$ 电角度时间，并且对触发脉冲时序进行相应调整，此时第一个输出触发脉冲信号应该是 W 相 VS_5 晶闸管的触发信号，之后每隔 $60°$ 电角度时间依次输出 VS_1、VS_2、VS_3、VS_4 晶闸管的触发信号。

3. 基于单片机的晶闸管触发电路硬件组成

图 6-17 给出单片机控制的移相触发脉冲控制硬件电路图。单片机选用 AT89C2051，其属于 MCS-51 系列小型单片机，共有 20 个引脚，2 KB 内存。同步信号的输入经电阻 R_1，R_1 起到限流和保护的作用，正弦同步信号经 VD1 和 VD2 两个限制比较器输入电压的钳位二极管削波后，送入比较器 LM339 的输入端，LM339 输出为 $180°$ 与电源相位相同的方波。同步检测信号发生正跳变时，经反相以中断方式向单片机的 INT0（引脚 6）提供同步指令，从表面上看好像是外部中断信号输入，实际上是要计量脉冲的宽度，这决定于信号到来的时间。使用该比较电路，无论输入的同步电压信号高还是低，LM339 的输出信号都能较准确地反映同步输入信号的过零点，R_2 和 C_3 对输出信号进行滤波，以避免输出信号出现波动。由于 AT89C2051 为 8 位单片机，所以该触发器内部均为 8 位数字量计算，其触发延迟角范围为 $0° \sim 180°$，控制精度为 $0.7°$，虽然控制精度受到内部运算位数的限制，但足以满足一般控制要求。

AT89C2051 的 Pl 端口的 P1.2～P1.7（引脚 14～19）分别用于输出三相桥式全控整流电路 VS_1～VS_6 的触发脉冲信号，6 路脉冲信号经 741504 反相放大，推动功率放大器 TD62004，该器件的输出连接到脉冲变压器的初级绕组。为了使复位更可靠，采用先进的专用上电复位器件 X25045，该器件具有可编程定时器，采用 SPI 总线结构。定时器看门狗的作用是保证在设定的时间内，若系统程序走死，不能定时访问 X25045 的片选端，X25045 能对系统复位，提高了系统的可靠性，给单片机提供独立的保护系统。其他的端口如 P1 端口的 P1. 0～P1. 1（引脚 12 和引脚 13）可作为过压、过流指示，P3 端口的 P3.4～P3. 5（引脚 8 和引脚 9）作为过压和过流的输入端，P3 端口的其余端口可以从整流端采集电压负反馈信号经 A／D 转换后进行数字 PI 调节，构成电压负反馈闭环控制，以保证整流输出端电压稳定。

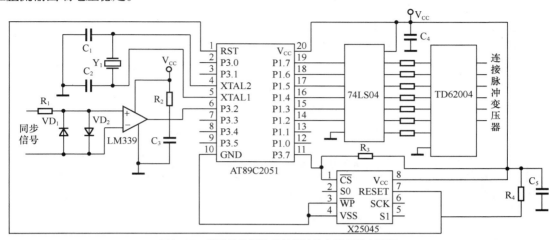

图6-17　基于单片机的晶闸管触发电路硬件电路图

4. 基于单片机的晶闸管触发脉冲软件的设计

触发脉冲的控制软件可方便进行延迟计算，由软件完成系统初始化、初值的输入和电角度时间的计算并送入定时器，通过外部中断实现触发延迟角的处理。由于 AT89C2051 上电复位期间所有端口均输出高电平，为了保证复位期间所有晶闸管都没有触发信号的触发，应采用低电平为有效触发晶闸管的信号。软件流程图如图 6-18 所示。

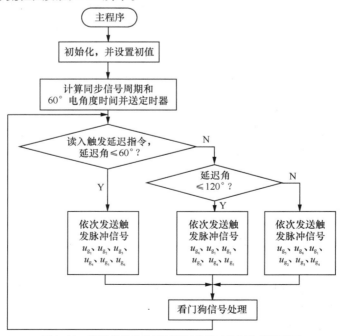

图6-18　基于单片机的晶闸管触发脉冲控制软件流程图

五、习题与思考

1. 试说明图 6-11 所示数字移相触发电路是如何实现移相的？

2. 在调试图 6-11 所示移相触发电路时，为什么要使方波信号 u_5、u_8、u_{11} 的过零点分别滞后于同步电压信号 u_a、u_b、u_c 的过零点 30°？

3. 根据基于单片机的晶闸管触发电路中触发脉冲的控制原理，说明是如何实现触发脉冲移相的。

4. 查阅资料，谈谈你对可编程数字触发电路的理解。

中频感应加热电源主电路调试

一、任务描述与目标

中频感应加热电源主电路结构图，如图 6-10 所示。三相全控桥式整流在项目四已经介绍，它将交流电能转换成直流电能，直流电压 U_d 经大电感 L_1 加到逆变桥的输入端，保证输入电流 i_d 近于平滑，故逆变器为电流源单相全控桥式逆变，其作用是将直流电转换成中频交流电，图中负载与补偿电容 C_H 并联构成并联谐振逆变电路，本次任务的主要内容是将整流电路输出的直流电逆变成一定频率的交流电的逆变电路以及逆变电路对触发电路要求，任务目标如下。

- 了解逆变的基本概念。
- 掌握单相串并联谐振逆变电路的工作原理。
- 了解单相并联谐振逆变触发电路。
- 掌握中频感应加热电源的工作原理。
- 在小组合作实施任务过程中培养与人合作的精神、电工安全操作规程。
- 了解复杂电力电子装置的安装调试方法。

二、相关知识

（一）逆变的基本概念和换流方式

1. 逆变的基本概念

将直流电变换成交流电的电路称为逆变电路,根据交流电的用途可以分为有源逆变和无源逆变。有源逆变是把交流电回馈电网,无源逆变是把交流电供给需要不同频率的负载。无源逆变就是通常说到的变频。

2. 逆变电路基本工作原理

逆变电路原理示意图和对应的波形图如图 6-19 所示。

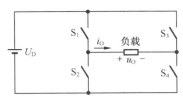

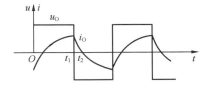

（a）逆变电路原理示意图　　　　　　（b）逆变电路波形图

图6-19　逆变电路原理示意图及波形图

图 6-19（a）所示为单相桥式逆变电路，4 个桥臂有开关构成，输入直流电压 U_D。当开关 S_1、S_4 闭合，S_2、S_3 断开，负载上得到左正右负的电压，输出 u_O 为正；间隔一段时间后将 S_1、S_4 断开，S_2、S_3 闭合，负载上得到右正左负的电压，即输出 u_O 为负。若以一定频率交替切换 S_1、S_4 和 S_2、S_3，负载上就可以得到图 6-19（b）所示波形。这样就把直流电变换成交流电。改变两组开关的切换频率，可以改变输出交流电的频率。电阻性负载时，电流和电压的波形相同。电感性负载时，电流和电压的波形不相同，电流滞后电压一定的角度。

3. 逆变电路的换流方式

对逆变器来说，关键的问题是换流。换流实质就是电流在由半导体器件组成的电路中不同桥臂之间的转移。常用的电力变流器的换流方式有以下几种。

（1）负载谐振换流。由负载谐振电路产生一个电压，在换流时关断已经导通的晶闸管，一般有串联和并联谐振逆变电路，或两者共同组成的串并联谐振逆变电路。

（2）强迫换流。附加换流电路，在换流时产生一个反向电压关断晶闸管。

（3）器件换流。利用全控型器件的自关断能力进行换流。

4. 逆变电路的分类

电路根据直流电源的性质不同，可以分为电流型、电压型逆变电路。

（1）电压型逆变电路（电路图如图 6-20 所示），电压型逆变电路的基本特点如下。

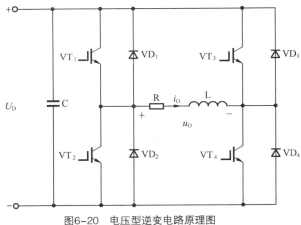

图6-20　电压型逆变电路原理图

① 直流侧并联大电容，直流电压基本无脉动。

② 输出电压为矩形波，电流波形与负载有关。

③ 电感性负载时，需要提供无功。为了有无功通道，逆变桥臂需要并联二极管。

（2）电流型逆变电路（电路图如图6-21所示），电流型逆变电路的基本特点如下。

① 直流侧串联大电感，直流电源电流基本无脉动。

② 交流侧电容用于吸收换流时负载电感的能量。这种电路的换流方式一般有强迫换流和负载换流。

③ 输出电流为矩形波，电压波形与负载有关。

④ 直流侧电感起到缓冲无功能量的作用，晶闸管两端不需要并联二极管。

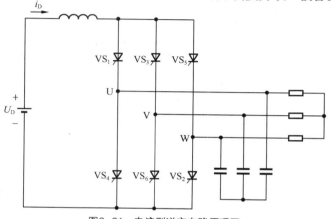

图6-21　电流型逆变电路原理图

（二）单相并联谐振逆变电路

1. 电路结构

单相并联谐振逆变电路原理图如图6-22所示。桥臂串入4个电感器，用来限制晶闸管开通时的电流上升率 di/dt。$VS_1 \sim VS_4$ 以 1 000Hz～5 000Hz 的中频轮流导通，可以在负载得到中频电流。采用负载换流方式，要求负载电流要超前电压一定的角度。负载一般是电磁感应线圈，用来加热线圈的导电材料，等效为 R、C 串联电路。并联电容 C 主要为了提高功率因数。同时，电容 C 和 R、L 可以构成并联谐振电路，因此，这种电路也叫并联谐振式逆变电路。

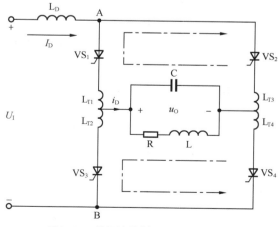

图6-22　单相并联谐振逆变电路原理图

2. 工作原理

单相并联谐振逆变电路波形如图 6-23 所示。输出的电流波形接近矩形波，含有基波和高次谐波，且谐波的幅值小于基波的幅值。

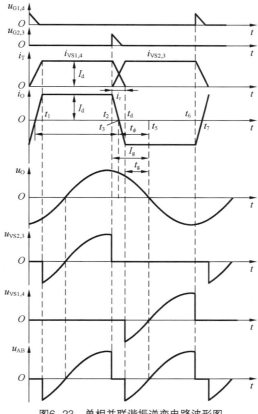

图6-23　单相并联谐振逆变电路波形图

基波频率接近负载谐振的频率，负载对基波呈高阻抗，对谐波呈低阻抗，谐波在负载的压降很小。因此，负载的电压波形接近于正弦波。一个周期中，有 2 个导通阶段和 2 个换流阶段。

$t_1 \sim t_2$ 阶段，VS_1、VS_4 稳定导通阶段，$i_O = I_D$。t_2 时刻以前在电容 C 建立左正右负的电压。

$t_2 \sim t_4$ 阶段，t_2 时刻触发 VS_2、VS_3，进入换流阶段。

L_T 使 VS_1、VS_4 不能立即关断，电流有一个减小的过程。VS_2、VS_3 的电流有一个增大的过程。4 个晶闸管全部导通。负载电容电压经过 2 个并联的放电回路放电，一条为 L_{T1}—VS_1—VS_3—L_{T3}—C，另一条为 L_{T2}—VS_2—VS_4—L_{T4}—C。

$t = t_4$ 时刻，VS_1、VS_4 的电流减小到零而关断，换流过程结束。$t_4 \sim t_2$ 称为换流时间，t_3 时刻位于 $t_2 \sim t_4$ 的中间位置。

为了可靠关断晶闸管，不导致逆变失败，晶闸管需要一段时间才能恢复阻断能力，换流结束以后，还要让 VS_1、VS_4 承受一段时间的反向电压。这个时间称为 $t_\beta = t_5 - t_4$，t_β 应该大于晶闸管的关断时间 t_q。

为了保证可靠换流，应该在电压 u_o 过零前 t_δ 时间（$t_\delta=t_5-t_2$）触发 VS$_2$、VS$_3$。t_δ 称为触发引前时间，$t_\delta=t_\beta+t_\gamma$，电流 i_0 超前电压 u_o 的时间为 $t_\varphi=t_\beta+0.5\ t_\gamma$。

3. 基本数量分析

如果不计换流时间，输出电流的傅立叶展开式为

$$i_o = \frac{4I_d}{\pi}\left(\sin(\omega t)+\frac{1}{3}\sin(3\omega t)+\frac{1}{5}\sin(5\omega t)+\cdots\right)$$

其中基波电流的有效值为

$$I_{o1} = \frac{4I_d}{\sqrt{2}\pi} = 0.9I_d$$

负载电压的有效值与直流输出电压的关系为

$$U_o = \frac{\pi U_d}{2\sqrt{2}\cos\varphi} = 1.11\frac{U_d}{\cos\varphi}$$

4. 几点说明

实际工作过程中，感应线圈的参数随时间变化，必须使工作频率适应负载的变化而自动调整。这种工作方式称为自励工作方式。

固定工作频率的控制方式称为他励方式，他励方式存在启动问题。一般解决的方法是先用他励方式，到系统启动以后再转为自励方式；附加预充电启动电路。

（三）逆变触发电路

逆变触发电路与整流触发电路不同，根据前面介绍的单相并联谐振逆变电路的工作原理分析可知，逆变触发电路必须满足以下要求。

① 输出电压过零之前发出触发脉冲，超前时间 $t_\delta=\varphi/\omega$。

② 在感应炉中，感应线圈的等效电感 L 和电阻 R 随加热时间而变化，振荡回路的谐振频率 f_0 也是变化的，为了保证工作过程中，$f>f_0$ 且 $f\approx f_0$。要求触发脉冲的频率随之自动改变，要求频率自动跟踪。

③ 为了触发可靠，输出的脉冲前沿要陡，有一定的幅值和宽度。

④ 必须有较强的抗干扰能力。

要满足以上要求的触发电路，只能用自励式的，即采用频率自动跟踪。实现的方法较多，下面主要介绍几种常见的电路。

1. 定时跟踪电路

所谓定时跟踪，即保持负载电压 u_o 过零前产生门极控制脉冲的时间不变，也就是保持超前时间 t_β 为恒值。图 6-24 为定时跟踪逆变触发电路原理图，图 6-25 为波形分析图。

图 6-24 中 TV 是中频电压互感器，TA$_5$ 是中频电流互感器，适当调节电位器 R$_{P5}$ 和 R$_{P6}$ 便可获得需要的 t_β 值，R$_{P5}$ 和 R$_{P6}$ 的动端位置一经确定，t_β 值便保持不变。电位器 R$_{P5}$、R$_{P6}$、隔离变压器及周边电路构成信号检测电路，N$_1$ 和 N$_2$ 为比较器，其输入端交叉连接，将输入信号转换为相位互补的矩形波，经 RC 微分电路转换成两路双向尖脉冲，并分别送入两个单时基电路 A$_2$ 和 A$_3$ 的引脚 2，A$_2$ 和 A$_3$ 接成脉宽可调的触发器，输出矩形脉冲经微分电路再次转换成尖脉冲，并加到场效应管的栅极上，2 只脉冲变压器均有 2 个二次绕组，分别输出逆变晶闸管的门极触发信号。

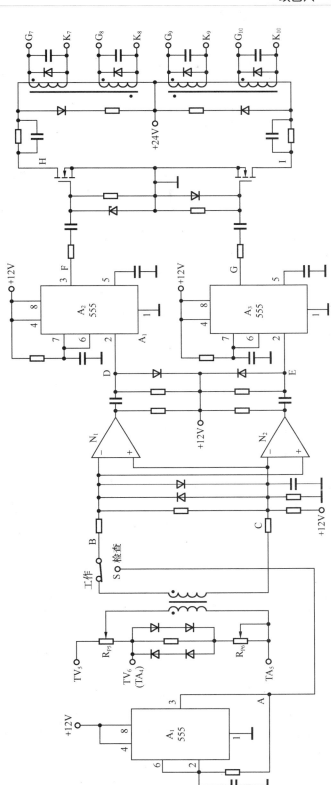

图6-24　定时跟踪逆变触发电路原理图

　　A₁为单时基电路，它产生独立的振荡频率脉冲，作检查逆变触发电路用。S 为"检查"与"工作"的状态转换开关。"检查"位置时逆变触发电路波形如图 6-25 所示。

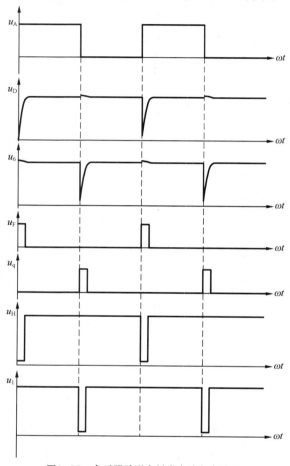

图6-25　定时跟踪逆变触发电路各点波形

2. 定角控制电路

　　定角控制电路如图 6-26 所示，通过接在负载两端的中频信号变压器取得负载电压信号 $\dot U_{\mathrm H}$，用 $\dot U_{\mathrm H}$ 产生超前脉冲。图中 $U_{\mathrm H}$ 在电位器产生的电压波形为中频半波整流波形。分压后还是半波波形，只是幅值减小。$U_{\mathrm R}$ 通过 VD₃ 对电容 C 充电。充电到 $U_{\mathrm R}$ 的峰值后，VD₃ 截止。C 两端的电压与电位器的电压相等。所以，从 B 点开始，C 要通过二极管 VD₄—晶体管 VT₁ 的基极—射极—R 放电。晶体管 VT₁ 在 B 点开始导通并饱和。到 C 放电完毕。晶体管 VT₁ 恢复截止。在晶体管 VT₁ 的集电极形成脉冲电压 $U_{\mathrm C}$，把 $U_{\mathrm C}$ 整形放大后，可用来触发晶闸管。

　　只要改变分压比，调节电位器 R，就可以将 $\varPhi$ 整定到需要的值。由于 $\varPhi$ 的大小决定于分压比，与逆变器的工作频率无关，一旦确定，$\varPhi$ 就不随工作频率 f 改变，所以叫定角控制。

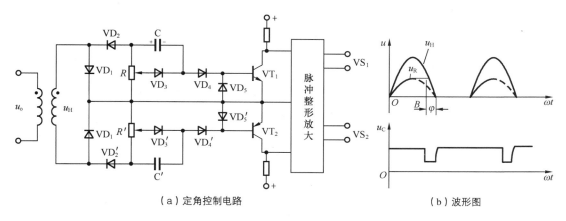

图6-26　定角控制电路图和波形图

（a）定角控制电路　　　　（b）波形图

（四）逆变主电路的启动与保护

1. 并联逆变器的启动

如前所述，由于需要频率自动跟随，所以逆变器工作于自励状态，逆变触发脉冲的控制信号取自负载。当逆变器尚未投入运行时，无从获得控制信号，如何建立第一组逆变触发脉冲，以启动逆变器，使逆变器可靠地由启动转到稳定运行，这就是逆变器的启动问题。此外，逆变器在启动以后，一般都能够适应任何实际负载，而在启动时则不然，因此也有的把启动问题归结为负载适应性问题。

并联逆变器的启动方法很多，基本上可分为两类：他励启动（共振法）和自励启动（阻尼振荡法）。

（1）他励启动。他励启动是先让逆变触发器发出频率与负载谐振回路的谐振频率相近的脉冲，去触发逆变桥晶闸管，使负载回路逐渐建立振荡，待振荡建立后，就由他励转成自励工作。采用这种方法的线路简单，只需一可调频多谐振荡器和他励—自励转换电路，因而可降低装置的造价。但工作中，必须预知负载的谐振频率，并且在更换负载时，要重新校正启动频率，使之和负载谐振频率相近。

这种启动方式较适于作为同频带宽的负载（谐振频率 Q 值低的负载）启动用。一般，对 $Q \leqslant 2$ 的负载最适用。对于 Q 值高，即通频带窄，共振区小的负载，将要求更精确校正启动频率，若 Q 值太高使得共振区小得和逆变器启动时的引前角可以比拟时，逆变器就不能启动。其原因是他励启动时，负载两端的电压是从零逐渐建立起来的，所以启动时的 $\mathrm{d}i/\mathrm{d}t$ 很小，换流能力差，需要较大的引前角才能启动。

（2）自励启动。自励启动是预先给负载谐振频率回路中的电容器（或电感）充上能量，然后在谐振电路中产生阻尼振荡，从而使逆变器启动。此法线路复杂，启动设备较庞大，但特别适于负载回路 Q 值高的场合。尤其使用于熔炼负载，因为熔炼负载的品质因数 Q 值比较高，预充电的能量消耗慢，振荡衰减慢，容易启动；如果 Q 值太低，则预充电的能量消耗太快，振荡衰减太快，启动就困难。

为了提高装置的自励启动能力，可以提高触发脉冲形成电路的灵敏度，加大启动电容器的电容量和能量，以及在启动过程中使整流器输出的直流能量及时通过逆变器补充到负载谐振电路中去。

（3）启动线路。图 6-27 所示为目前应用较普遍、效果也较好的启动线路。

该线路由 $\mathrm{VS_q}$、$\mathrm{L_q}$ 和 $\mathrm{C_q}$ 等元件组成阻尼振荡的能源供给电路。在启动逆变器之前，先由工频电源经整流后，通过 $\mathrm{R_q}$ 给 $\mathrm{C_q}$ 充电（极性如图 6-27 所示），充电电压最高可为逆变器的直流电源电压。启动时，触发给 $\mathrm{VS_q}$，$\mathrm{C_q}$ 就会通过谐振回路放电，在谐振回路中引起振荡。$\mathrm{C_q}$ 的容量越大，充电电压越高，振荡就越强。谐振回路的振荡电压经变换，形成触发脉冲去触发逆变桥晶闸管，使之启动并转入稳定运行状态。

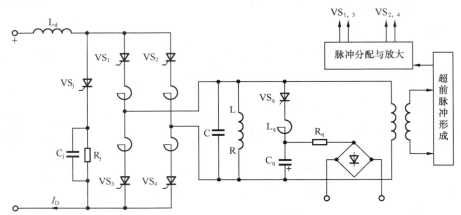

图6-27　并联逆变器的启动电路

由 C_q 放电引起的是阻尼振荡，特别是 Q 值低的谐振回路，振荡衰减很快，必须要在头一、二个衰减波内发出触发脉冲。为此，要求逆变触发器具有足够高的灵敏度。另外，为防止振荡衰减，应在逆变桥晶闸管触发后，立即从直流电源取得能量，去补充谐振回路的能量消耗。但在直流电源端串联着大的滤波电抗器 L_d，惯性很大，电流只能由零逐渐增大，这样由整流器向逆变器输送能量就需要一定的时间，为缩短这一滞后时间，本线路中装设了由 VS_j、R_j、C_j 组成的预磁化电路。在启动逆变器之前，先触发 VS_j，让滤波电抗器流过电流 I_{dj}。使之预先磁化，一旦逆变器启动，电抗器中已建立的电流就会由于 VS_j 的关断，被迫流向逆变器，及时地给负载谐振回路补充能量，以保持衰减振荡波幅不致降低，而提高启动的可靠性。预磁化电流 I_{dj} 的大小，决定于直流电源和 R_j。

一般取 $I_{dj}=（0.2\sim0.8）I_d$，谐振回路 Q 值高的取小值，反之则取大值。I_{dj} 大一点有利于启动，但太大有可能引起过流保护误动作。当逆变器触发后，C_q 上的电压会使逆变桥直流侧电压瞬时下降到零，甚至变负，这时 C_j 上充的电压就会迫使 VS_j 自动关断。逆变器启动以后，振荡回路进入负半波时，VS_q 也会被迫关断。因此，启动完毕，启动用的辅助元件都会自动从回路中切除。

启动过程如下。接通整流器、各控制回路和 C_q 的预充电回路的电源后，触发 VS_j 建立电流 I_{dj}，触发 VS_q 引起振荡。此后，即自动触发 VS_1、VS_3，使 VS_j 关断，触发 VS_2、VS_4，迫使 VS_q 关断。到此，启动过程结束，装置进入正常运行状态。

（4）附加并联启动线路。如图 6-28 所示，有 VS_5、VS_6、电阻 R_q、电容器 C_q 组成辅助并联线路，此线路的容量比逆变器中的都小。启动开始后的最初几个周期，由电源电路驱动外侧的两对晶闸管工作。换言之，交替触发 VS_3、VS_5 和 VS_2、VS_6，晶闸管 VS_1、VS_4 暂时处于关断状态。按照这种工作方式，在临界启动期间，串联的启动电容器 C_q 使电路具有充分的换向能力。这样，当并联补偿负载回路中建立了足够电流的时候，只要在周期中的适当时刻，触发主逆变器中相应的晶闸管，启动电路就会自动地退出工作，逆变器随即固定于最终工作状态，交替地触发 VS_1、VS_3 和 VS_2、VS_4。

电阻 R_q 的作用。一是在进行启动以前，先触发 VS_1、VS_6 或 VS_5、VS_4（只触发一次），使滤波电抗器流过预磁化电流，调节 R_q 即可改变预磁化电流的大小；二是进入启动状态后，不管逆变器的工作频率如何，电阻 R_q 总能使 C_q 两端电压限定在某已知值上，因此，启动电路基本上不受工作频率的干扰。

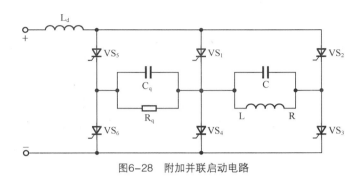

图6-28 附加并联启动电路

此线路适用于一切实际负载，其工作频率可达 1.5kHz 左右。

（5）他励到自励的转换。图 6-29 所示为他励启动线路。

启动时，接通直流电源后，首先由频率可调的多谐振荡器产生脉冲，触发逆变桥臂的晶闸管进行他励启动。负载回路的振荡一经建立，负载回路的中频电流电压信号就通过电流互感器和电压互感器输出至频率自动跟随系统，按电流电压信号交角形式，由脉冲形成电路产生相位互差 180° 的两组脉冲。这两组脉冲分成两路，一路去强迫多谐振荡器与之同步，另一路进入脉冲整形电路。多谐振荡器的经同步的输出脉冲和脉冲整形电路输出的脉冲同时进入脉冲功放电路，由功放电路输出脉冲去触发逆变器的晶闸管。在系统稳定运行时，即中频电压幅值达到一定值后，VS_g 被触发导通，KJ 得电吸合，便将多谐振荡器的电源和输出切断，多谐振荡器停止工作，逆变桥晶闸管便单独由脉冲形成电路形成的脉冲，经整形、放大后去触发。

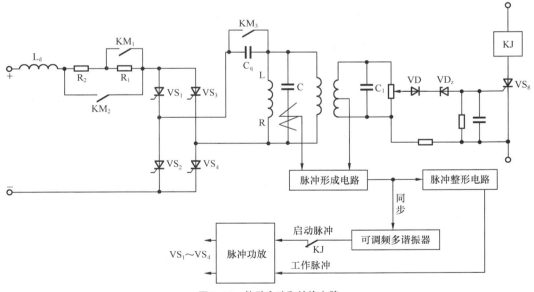

图6-29 他励启动和转换电路

请注意，由他励到自励的转换时刻不是任意的，必须避开正常触发脉冲的时限。如果转换时刻正好是他励发出脉冲的时刻，则此脉冲便会漏掉，串联电容 C_q 上就要继续充电，电压增高一倍，可能造成系统过压。所以转换时刻必须选在他励脉冲之前，这点只要装设稳压管就可做到。因为在 VD 两端的中频电压信号是正弦曲线，稳压二极管 VD_Z 的导通最晚时刻是 90°，而他励脉冲不可能在

U_{VD} 信号 90°处发生，一般总在 90°以后才出现。事实上，稳压管 VD_Z 则总在 90°之前导通，即转换信号总在 90°之前发生，所以两者不会碰头。当然，用继电器控制转换时刻是不准确的，应该用晶体管开关线路来控制。

线路中，R_1 和 R_2 是启动时的限流电阻，启动完毕就应切除。值得强调指出，他励启动用的多谐振荡器的工作频率小，必须低于启动时（冷态或热态）的负载回路的谐振频率，否则频率自动跟随电路所测信号形成的脉冲就不可能使多谐振荡器同步，从而使逆变器触发脉冲紊乱，引起逆变失败。

当然，如果不采用脉冲形成电路的输出脉冲去强迫可调频多谐振荡器同步，而是由他励直接切换到自励，则启动时，让多谐振荡器的频率高于固有谐振频率的 15%～30%会更好些。

（6）零启动方式。将整流器直流输出电压从零开始逐渐升高，并辅之以他励方式触发逆变晶闸管，待电压达一定高度，频率跟随系统能正常工作后，即把他励触发回路切除，转用频率自动跟随系统工作，这就是所谓的零启动方式。在此方式下，负载回路不再需要预先用外加直流电源提供能量引起振荡，而是直接由逆变器提供能量。只要在他励中频信号源频率大于负载的固有振荡频率的某一范围内，逆变器输入端直流电压便会慢慢上升，启动即能完成。当然，在启动过程中，随着负载变化，他励触发频率也应作相应改变，否则启动就不易成功。这种方式的优点是启动方便，较易成功，即使失败，也不致引起大的冲击电流，因为电压是从零开始逐渐升高的。

2. 逆变电路起动失败原因分析

实际中，有很多因素引起逆变启动的失败，主要有以下几个方面。

（1）启动电路能量不够。启动的初始阶段，负载电路依靠电容 C_S 储能。电容 C_S 的储能较小，负载电压减幅振荡。导致超前信号电路的输入信号太弱而无输出脉冲，启动失败。为了提高启动成功率，可适当增加电容 C_S 的值和提高 U_{DO}。

（2）直流端能量补充太慢。直流侧串联有大电感 L_d，启动时电流的增长速度比较缓慢，不能对逆变电路及时输送足够的能量。导致启动失败。

（3）逆变桥换相失败。带重负载启动时，由于电压低、电流大、叠流期延长而使晶闸管无法关断，换相失败而导致无法启动。为了防止这种情况发生，可以采用 t_β 自动调节的方式，启动时自动调节 t_β 的给定值。

三、任务实施

1. 所需仪器设备

（1）THKGPS-1 型晶闸管中频电源实训考核装置 1 台。

（2）加热用钢元 1 根。

（3）示波器 1 台。

（4）万用表 1 块。

（5）导线若干。

2. 测试前准备

（1）课前预习相关知识。

（2）清点相关材料、仪器和设备。

（3）填写任务单测试前准备部分。

3. 操作步骤及注意事项

（1）整流部分调试。

① 整流部分接线。在整流桥输出接上电阻负载，给定开关 S_5 打到"向下"的位置。锁相环 CD4046 输出的"4"端接到整流触发电路的"4"输入端，把电压电流控制部分标号相同的接线柱连接在一起。给定电位器 R_{P11} 逆时针旋到底，用示波器做好测量整流桥输出直流电压波形的准备（测量时整流输出电压用面板上的电压隔离通道进行隔离，确保测量安全）。

 整流主电路与逆变主电路之间的连线不要接，使逆变桥不工作。

② 整流部分调试。合上控制屏的电源开关，接通三相电源，把水泵电源开关打到"关"的位置。此时按钮 SB_1、SB_3 及 SB_5 指示灯（红）亮，检查电源检测部分相序指示应为正序且无缺相现象，若指示为负序则应调整电源进线相序（只需调整电源插座左右两根电源线的顺序即可）。按下 SB_2 按钮，给控制电路加电，分别把开关 S_1、S_3 拨到检查位置，过流、过压指示灯指示正常（发亮），电压电流控制电路的接线柱"3"端应输出高电平，开关 S_1、S_3 拨到工作位置，按下过流、过压复位按钮，过流、过压指示灯灭，"3"端输出低电平。

按下 SB_4 按钮，给主电路加电，给定电位器 R_{P11} 顺时针旋大，直流电压波形应该几乎全放开，再把面板上的给定电位器 R_{P11} 逆时针旋至最小，调节 R_{P13} 电位器，使直流电压波形全关闭，输出直流电压波形在整个移相范围内应该是连续平滑的。

③ 整流部分拆线。整流部分调试好之后按下停止按钮 SB_3，断掉主电路电源，拆掉电阻负载，接上整流主电路和逆变主电路之间的连接线，给定开关 S_5 拨到"合"的位置，为逆变调试作准备。

（2）逆变部分的调试。

① 检查逆变脉冲。将逆变触发电路部分的检查开关拨到"检查"位置，用双踪示波器观察逆变晶闸管上触发脉冲是否正常。正常情况下，对角两只晶闸管脉冲应同相，上下两只晶闸管应反相，即互差180°。检查好后，将检查开关拨到"工作"位置，发现脉冲杂波。

② 逆变电路的启动。将电流反馈电位器 R_{P8}、限流电位器 R_{P9} 及限压电位器 R_{P12} 均调至中间位置，信号检测部分的电位器 R_{P5} 顺时针调至约20%处，R_{P6} 顺时针调至约80%处。

打开水泵电源开关，按下 S_{B2} 按钮，此时水压继电器 JL 应动作，水压欠压指示灯灭。检查水路有无漏水、堵塞情况。

 调试运行过程中水温不允许超过50℃。

待水路正常后顺序按下 SB_4 和 SB_6 启动按钮，把面板上的给定电位器 R_{P11} 顺时针稍微旋大，试启动。

 逆变调试时，应用示波器观察逆变器各桥臂的电压波形，防止桥臂运行；在调节给定电位器 R_{P11} 的操作中应密切注意电流表的反应，若电流上升到 10A 左右时仍未听到有中频啸叫声，而过流保护动作，则应迅速把给定电位器 R_{P11} 逆时针旋下来。

此时可能是触发引前角太小导致换流失败，只需调整中频电压、电流反馈电位器 R_{P5} 和 R_{P6} 至合适的位置即可成功启动。逆变电路启动成功后，中间继电器 KA2 动作，"逆变启动"指示灯亮。一般中频电压在 85V 左右时 KA2 动作，若动作电压偏高则可调整 R_{P1} 电位器。

③ 整定逆变引前角。逆变器启动后，调整 R_{P5}、R_{P6} 电位器使得中频电压和直流电压比值为 1.2 左右（此比值称为截止角）。此项调试工作可在较低的中频输出电压下进行。

④ 过压保护的调整。逆变器启动后，在空载情况下，将中频电压加到逆变额定输出电压的 1.05～1.1 倍（一般为 550V 左右），顺时针调整过压整定电位器 R_{P10}，使过压保护电路动作，面板上过压指示灯亮，同时整流回路的电压输出立即回到零，此时应将功率给定电位器 R_{P11} 逆时针旋转到底，待复位后再重新启动，如此反复数次，确认无误后即可。

⑤ 限压反馈的调整。过压保护调整稳定后，启动中频电源，顺时针旋转限压整定电位器 R_{P12}，使中频电压升到比过压保护动作值略低 30～40V 不再上升为止（限压一般整定在 520V 左右），稳定工作即可。

在调整过程中，注意直流电流表的电流值，应使其低于额定电流的条件下进行，否则会由于限流的作用，使中频输出电压调不上去。

⑥ 过流保护的调整。中频电源启动后，在感应器内加入钢元（或铁等金属材料），使直流电流增加到装置额定电流的 1.05～1.1 倍（一般为 25A 左右），顺时针调整过流整定电位器 R_{P7}，使过流电路保护动作，面板上过流指示灯亮，同时整流回路的电压输出立即回到零，此时应将功率电位器 R_{P11} 逆时针旋转到底，待复位后再重新启动，如此反复数次，确认无误后即可。

⑦ 限流反馈的调整。过流保护调整稳定后，重载启动中频电源，顺时针调整限流电位器 R_{P9}，使电流升到比过流保护动作值略低 5%时不能再上升为止（一般为 23A 左右），稳定工作即可。

这样中频电源就调试完毕，逆变主电路的工作波形如图 6-30 所示。

（3）感应加热。在感应器中放入钢元，调节功率给定电位器 R_{P11} 使得直流输出为限流值（限流指示灯亮），随着加热时间的增加，直流电流逐渐减小（限流指示灯灭），直流电压和中频电压逐渐升高，电网输入功率逐渐增加（增加到 8kW 左右将不再增加）。用红外线测温仪测量钢元温度的变化情况，当加热到钢元表面发红时（此过程约为 2 分钟），即可停止加热。

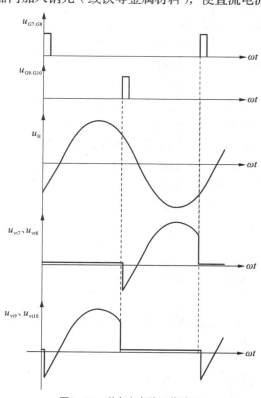

图6-30　逆变主电路工作波形

加热过程中切勿用手触及被加热金属，以免灼伤。若要将金属自感应器中取出，须在确定被加热金属完全冷却之后方可用工具取出并放在指定位置，以免发生危险。在加热过程中，当水温超过50℃时，应关停中频电源，更换冷却水（或等水温降低到20℃以内）后方可再进行加热，以免使水冷装置因过热而损坏。若用户能提供循环冷却水，冷却水进水温度不超过30℃，使水箱内保持一定水位更好。

　　（4）感应加热结束后，应使水泵继续工作10～20分钟，以使水冷装置更好地散热。然后拆除接线，按要求整理操作台，清扫场地，填写任务单收尾部分。

　　拆线前请确认电源已经断开。

　　（5）将任务单交老师评价验收。

　　4. 中频感应加热电源调试任务单（见附表21）

　　5. 任务实施标准

序号	内　　容	配分	等级	评 分 细 则	得　　分
1	示波器使用	5	5	使用错误1次扣5分	
2	整流部分调试	20	5	接线错误1个扣5分	
			15	调试过程有错误扣5分、移相范围没检查并记录扣5分、整流电路各点波形没检查并记录扣5分	
3	逆变部分调试	40	40	没按照检查或检查过程不正确扣5分	
				逆变电路的启动不成功或启动过程不正确扣10分	
				逆变引前角整定不正确或整定过程不正确扣5分	
				过压保护的调整不正确或整定过程不正确扣5分	
				限压反馈的调整不正确或整定过程不正确扣5分	
				过流保护的调整不正确或整定过程不正确扣5分	
				限流反馈的调整不正确或整定过程不正确扣5分	
4	感应加热	5	5	没进行感应加热或没有按要求记录数据扣5分	
5	操作规范	20	20	违反操作规程1次扣10分	
				元件损坏1个扣10分	
				烧保险1次扣5分	
6	现场整理	10	10	经提示后将现场整理干净扣5分	
				不合格，本项0分	
	合计				

四、总结与提升

（一）单相串联谐振逆变电路

　　单相串联谐振逆变电路结构如图6-31所示。直流侧采用不可控整流电路和大电容滤波，从而构成电压源型变频电路。电路为了续流，设置了反并联二极管 $VD_1 \sim VD_4$，补偿电容 C 和负载电感线圈构成串联谐振电路。为了实现负载换流，要求补偿以后的总负载呈容性，即负载电流 i_0 超前负载电压 u_o 的变化。

电路工作时，变频电路频率接近谐振频率，故负载对基波电压呈现低阻抗，基波电流很大，而对谐波分量呈现高阻抗，谐波电流很小，所以负载电流基本为正弦波。另外，还要求电路工作频率低于电路的谐振频率，以使负载电路呈容性，负载电流 i_o 超前电压 u_o，以实现换流。

图 6-32 为电路输出电压和电流波形图。设晶闸管 VS_1、VS_4 导通，电流从 A 流向 B，u_{AB} 为左正右负。由于电流超前电压，当 $t = t_1$ 时，电流 i_o 为零，当 $t > t_1$ 时，电流反向。由于 VS_2、VS_3 未导通，反向电流通过二极管 VD_1、VD_4 续流，VS_1、VS_4 承受反压关断。当 $t = t_2$ 时，触发 VS_2、VS_3，负载两端电压极性反向，即 u_{AB} 左负右正，VD_1、VD_4 截止，电流从 VS_2、VS_3 中流过。当 $t > t_3$ 时，电流再次反向，电流通过 VD_2、VD_3 续流，VS_2、VS_3 承受反压关断。当 $t = t_4$ 时，再触发 VS_1、VS_4。二极管导通时间 t_f 即为晶闸管反压时间，要使晶闸管可靠关断，t_f 应大于晶闸管关断时间 t_q。

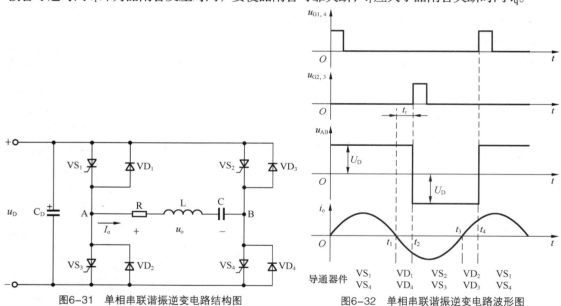

图6-31　单相串联谐振逆变电路结构图　　　　图6-32　单相串联谐振逆变电路波形图

串联谐振式变频电路启动和关断容易，但对负载的适应性较差。当负载参数变化较大且配合不当时，会影响功率输出。因此，串联变频电路适用于淬火热加工等需要频繁启动，负载参数变化较小和工作频率较高的场合。

（二）中频感应加热电源常见故障的诊断

1. 开机设备不能正常启动

（1）故障现象：重载冷炉启动时，各电参数和声音都正常，但功率升不上去，过流保护。

分析处理：逆变换流角太小，把换流角调到合适值。

（2）故障现象：启动时各电参数和声音都正常，升功率时电流突然没有，电压到额定值过压过流保护。

分析处理：负载开路，检查负载铜排接头和水冷电缆。

2. 开机设备能启动但工作状态不对

故障现象：设备能正常顺利启动，当功率升到某一值时过压或过流保护。

分析处理：先将设备空载运行，观察电压能否升到额定值；若电压不能升到额定值并且多次在电压某一值附近过流保护，这可能是电路某部分打火造成的，查看主电路各连接头接触是否良好；若电压能升到额定值，可将设备转入重载运行，观察电流值是否能达到额定值；若电流不能升到额定值，并且多次在电流某一值附近过流保护，这可能是大电流干扰，要特别注意中频大电流的电磁场对控制部分和信号线的干扰。

3. 设备正常运行时易出现的故障

（1）故障现象：设备运行正常，但在正常过流保护动作时烧毁多只晶闸管和快速熔断器。

分析处理：过流保护是为了向电网释放平波电抗器的能量，整流桥由整流状态转到逆变状态，这时如果 $\alpha < 120°$，就有可能造成有源逆变颠覆，烧毁多只晶闸管和快速熔断器，开关跳闸，并伴随有巨大的电流短路爆炸声，对变压器产生较大的电流和电磁力冲击，严重时会损坏变压器。为避免故障，可将整流触发角的初始相位整定在150°。

（2）故障现象：设备运行正常，但在高电压区内某点附近设备工作不稳定，直流电压表晃动，设备伴随有吱吱的声音，这种情况极容易造成逆变桥颠覆烧毁晶闸管。

分析处理：这种故障较难排除，多发生于设备的某部件高压打火，如连接铜排接头螺丝松动造成打火，断路器主接头氧化导致打火，平波电抗器及补偿电容器接线柱螺丝松动引起打火。

（3）故障现象：设备运行正常但不时地可听到尖锐的嘀嘀声，同时直流电压表有轻微地摆动。

分析处理：用示波器观察逆变桥直流两端的电压波形，一个周波失败或不定周期短暂失败，并联谐振逆变电路短暂失败且可自恢复周期性短暂，失败一般是逆变控制部分受到整流脉冲的干扰，非周期性短暂失败一般是由中频变压器匝间绝缘不良产生。

（4）故障现象：设备正常运行一段时间后出现异常声音，电表读数晃动设备工作不稳定。

分析处理：设备工作一段时间后出现异常声音工作不稳定，主要是设备的电气元器件的热特性不好，可把设备的电气部分分为弱电和强电两部分，分别检测。先检测控制部分，可预防损坏主电路功率器件，在不合主电源开关的情况下，只接通控制部分的电源，待控制部分工作一段时间后，用示波器检测控制板的触发脉冲，看触发脉冲是否正常。在确认控制部分没有问题的前提下，启动设备，待不正常现象出现后，用示波器观察每只晶闸管的管压降波形，找出热特性不好的晶闸管。若晶闸管的管压降波形都正常，这时就要注意其他电气部件是否有问题，要特别注意断路器、电容器、电抗器、铜排接点和中频变压器。

（5）故障现象：设备工作正常但功率上不去。

分析处理：设备工作正常只能说明设备各部件完好，功率上不去，说明设备各参数调整不合适。影响设备功率上不去的主要原因有以下几点。

① 整流部分没调好，整流管未完全导通，直流电压没达到额定值影响功率输出。

② 中频电压值调得过高或过低影响功率输出。

③ 限流、限压值调节得不当使得功率输出低。

（6）故障现象：设备运行正常但在某功率段升降功率时，设备出现异常声音抖动，电气仪表指示摆动。

分析处理：这种故障一般发生在功率给定电位器上，功率给定电位器某段不平滑跳动，造成设备工作不稳定，严重时造成逆变颠覆烧毁晶闸管。

4．晶闸管故障

（1）故障现象：更换晶闸管后一开机就烧毁晶闸管。

分析处理：设备出故障烧毁晶闸管，在更换新晶闸管后不要马上开机，首先应对设备进行系统检查排除故障，在确认设备无故障的情况下，再开机，否则就会出现一开机就烧毁晶闸管的现象。在压装新晶闸管时一定要注意压力均衡，否则就会造成晶闸管内部芯片机械损伤，导致晶闸管的耐压值大幅下降，出现一开机就烧毁晶闸管的现象。

（2）故障现象：更换新晶闸管后开机正常，但工作一段时间又烧毁晶闸管。

分析处理：晶闸管工作温度过高，门极参数降低抗干扰能力下降，易产生误触发损坏晶闸管和设备，但也有可能是阻容吸收电路不好所致。

在更换晶闸管后一定要仔细检测设备，即使在故障排除后也要对设备进行系统检查。

五、习题与思考

1. 在感应加热装置中，整流电路和逆变电路对触发电路的要求有何不同？
2. 逆变电路常用的换流方式有哪几种？
3. 单相并联谐振逆变电路的并联电容有什么作用？电容补偿为什么要过补偿一点？
4. 单相并联谐振逆变电路中，为什么必须有足够长的引前触发时间 t_f。
5. 试分析并联谐振式逆变电路的工作原理，并画出其工作波形。
6. 简述并联逆变式中频电源原理及调试步骤。
7. 单相串联谐振逆变电路利用负载进行换相，为保证换相应满足什么条件？

项目七

| 变频器逆变电路 |

变频器是一种静止的频率变换器，可将电网电源的 50Hz 频率交流电变成频率可调的交流电，作为电动机的电源装置，目前在国内外使用广泛。使用变频器可以节能、提高产品质量和劳动生产率等。

变频器主要由整流（交流变直流）、滤波、逆变（直流变交流）等组成，靠内部开关器件，一般是 IGBT 的通断来调整输出电源的电压和频率，整流部分以及 IGBT 器件分别在项目四和项目五中已经介绍，本项目主要认识变频器和脉宽调制（PWM）型逆变电路 2 个任务。

任务一　认识变频器

| 一、任务描述与目标 |

变频器是利用电力电子器件的通断作用将工频交流电变换为另一频率的交流电的装置。自 20 世纪 80 年代被引进中国以来，其应用已逐步成为当代电机调速的主流。那么，这种装置有什么用途？有哪些类型？它的基本结构又是怎样的？本任务主要介绍变频器的应用和基本结构，任务目标如下。

- 了解变频器的基本概念。
- 熟悉变频器的应用。
- 掌握变频器的基本结构。

二、相关知识

（一）变频器的用途

变频器主要用于交流电动机（异步电机或同步电机）转速的调节，具有体积小、重量轻、精度高、功能丰富、保护齐全、可靠性高、操作简便、通用性强等优点。变频调速是公认的交流电动机最理想、最有前途的调速方案，除了具有卓越的调速性能之外，变频调速还有显著的节能作用，是企业技术改造和产品更新换代的理想调速方式。变频器作为节能应用与速度工艺控制中越来越重要的自动化设备，得到了快速发展和广泛的应用。

1. 变频调速的节能

变频器产生的最初用途是速度控制，但目前在国内应用较多的是节能。中国是能耗大国，能源利用率很低，而能源储备不足。在 2003 年的中国电力消耗中，60%～70%为动力电，而在总容量为 5.8 亿千瓦的电动机总容量中，只有不到 2 000 万千瓦的电动机是带变频控制的。据分析，在中国带变动负载、具有节能潜力的电机至少有 1.8 亿千瓦。因此国家大力提倡节能措施，并着重推荐了变频调速技术。应用变频调速可以大大提高电机转速的控制精度，使电机在最节能的转速下运行。

风机、泵类负载的节能效果最明显，节电率可达到 20%～60%，这是因为风机、泵类的耗用功率与转速的 3 次方成正比，当需要的平均流量较小时，转速降低其功率按转速的 3 次方下降。因此，精确调速的节电效果非常可观。目前应用较成功的有恒压供水、中央空调、各类风机、水泵的变频调速。

2. 以提高工艺水平和产品质量为目的的应用

变频调速除了在风机、泵类负载上的应用以外，还可以广泛应用于传送、卷绕、起重、挤压、机床等各种机械设备控制领域。它可以提高企业的产成品率，延长设备的正常工作周期和使用寿命，使操作和控制系统得以简化，有的甚至可以改变原有的工艺规范，从而提高了整个设备控制水平。

3. 变频调速在电动机运行方面的优势

变频调速很容易实现电动机的正、反转，只需要改变变频器内部逆变管的开关顺序，即可实现输出换相，也不存在因换相不当而烧毁电动机的问题。

变频调速系统启动大都是从低速开始，频率较低，加、减速时间可以任意设定，故加、减速时间比较平缓，启动电流较小，可以进行较高频率的起停。

变频调速系统制动时，变频器可以利用自己的制动回路，将机械负载的能量消耗在制动电阻上，也可回馈给供电电网，但回馈给电网需增加专用附件，投资较大。除此之外，变频器还具有直流制动功能，需要制动时，变频器给电动机加上一个直流电压，进行制动，则无需另加制动控制电路。

4. 变频家电

除了工业相关行业，在普通家庭中，节约电费、提高家电性能、保护环境等受到越来越多的关注，变频家电成为变频器的另一个广阔市场和应用趋势，如带有变频控制的冰箱、洗衣机、家用空调等，在节电、减小电压冲击、降低噪声、提高控制精度等方面有很大的优势。

（二）变频器的基本结构

调速用变频器通常由主电路、控制电路和保护电路组成。其基本结构如图 7-1 所示。

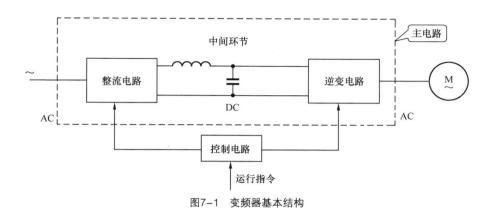

图7-1 变频器基本结构

1. 主电路

主电路包括整流电路、逆变电路和中间环节。

（1）整流电路。整流电路的功能是将外部的工频交流电源转换为直流电，给逆变电路和控制电路提供所需的直流电源。

（2）中间环节。中间环节的功能是对整流电路的输出进行平滑滤波，以保证逆变电路和控制电路能够获得质量较高的直流电源。

（3）逆变电路。逆变电路的功能是将中间环节输出的直流电源转换为频率和电压都任意可调的交流电源。

2. 控制电路

控制电路包括主控制电路、信号检测电路、驱动电路、外部接口电路以及保护电路。

控制电路的主要功能是将接收的各种信号送至运算电路，使运算电路能够根据驱动要求为变频器主电路提供必要的驱动信号，并对变频器以及异步电动机提供必要的保护、输出计算结果。

（1）接收的各种信号。

① 各种功能的预置信号。

② 从键盘或外接输入端子输入的给定信号。

③ 从外接输入端子输入的控制信号。

④ 从电压、电流采样电路以及其他传感器输入的状态信号。

（2）进行的运算。

① 实时地计算出 SPWM 波形各切换点的时刻。

② 进行矢量控制运算或其他必要的运算。

（3）输出的计算结果。

① 实时地将计算出 SPWM 波形各切换点的时刻输出至逆变器件模块的驱动电路，使逆变器件按给定信号及预置要求输出 SPWM 电压波。

② 将当前的各种状态输出至显示器显示。

③ 将控制信号输出至外接输出端子。

（4）实现的保护功能。接收从电压、电流采样电路以及其他传感器输入的信号，结合功能中预置的限值，进行比较和判断，若出现故障，有以下 3 种处理方式。

① 停止发出 SPWM 信号，使变频器中止输出。

② 输出报警信号。

③ 向显示器输出故障信号。

（三）变频器主电路结构

目前已被广泛地应用在交流电动机变频调速中的变频器是交—直—交变频器，它是先将恒压恒频（Constant Voltage Constant Frequency，CVCF）的交流电通过整流器变成直流电，再经过逆变器将直流电变换成可调的交流电的间接型变频电路。

在交流电动机的变频调速控制中，为了保持额定磁通基本不变，在调节定子频率的同时必须同时改变定子的电压。因此，必须配备变压变频（Variable Voltage Variable Frequency，VVVF）装置。它的核心部分就是变频电路，其结构框图如图7-2所示。

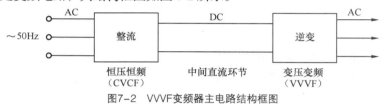

图7-2 VVVF变频器主电路结构框图

按照不同的控制方式，交—直—交变频器可分成以下3种方式。

（1）采用可控整流器调压、逆变器调频的控制方式，其结构框图如图7-3所示。在这种装置中，调压和调频在2个环节上分别进行，在控制电路上协调配合，结构简单，控制方便。但是，由于输入环节采用晶闸管可控整流器，当电压调得较低时，电网侧功率因数较低。而输出环节多用由晶闸管组成多拍逆变器，每周换相6次，输出的谐波较大，因此这类控制方式现在用得较少。

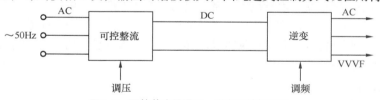

图7-3 可控整流器调压、逆变器结构框图

（2）采用不可控整流器整流、斩波器调压，再用逆变器调频的控制方式，其结构框图如图7-4所示。整流环节采用二极管不可控整流器，只整流不调压，再单独设置斩波器，用脉宽调压，这种方法克服了功率因数较低的缺点，但输出逆变环节未变，仍有谐波较大的缺点。

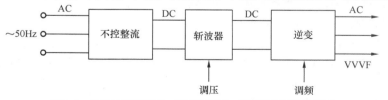

图7-4 不控整流器整流、斩波器调压、再用逆变器结构框图

（3）采用不可控制整流器整流，脉宽调制逆变器同时调压调频的控制方式，其结构框图如图7-5所示。在这类装置中，用不可控整流，则输入功率因数不变；用PWM逆变器逆变，则输出谐波可以减小。这样图7-4装置的2个缺点都消除了。PWM逆变器需要全控型电力半导体器件，其输出谐波减少的程度取决于PWM的开关频率，而开关频率则受器件开关时间的限制。采用绝缘双

极型晶体管 IGBT 时，开关频率可达 10kHz 以上，输出波形已经非常逼近正弦波，因而又称为 SPWM 逆变器，成为当前最有发展前途的一种装置形式。

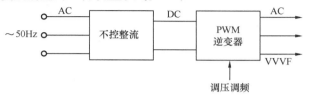

图7-5 不控制整流器整流、脉宽调制（PWM）逆变器结构框图

在交—直—交变频器中，当中间直流环节采用大电容滤波时，直流电压波形比较平直，在理想情况下是一个内阻抗为零的恒压源，输出交流电压是矩形波或阶梯波，这类变频器叫做电压型变频器，如图 7-6（a）所示，当交—直—交变频器的中间直流环节采用大电感滤波时，直流电流波形比较平直，因而电源内阻抗很大，对负载来说基本上是一个电流源，输出交流电流是矩形波或阶梯波，这类变频器叫做电流型变频器，如图 7-6（b）所示。

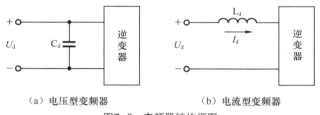

（a）电压型变频器 （b）电流型变频器

图7-6 变频器结构框图

下面给出几种典型的交—直—交变频器的主电路。

1. 交—直—交电压型变频电路

图 7-7 是一种常用的交—直—交电压型 PWM 变频电路。它采用二极管构成整流器，完成交流到直流的变换，其输出直流电压 U_D 是不可控的。中间直流环节用大电容 C 滤波，电力晶体管 $VT_1 \sim$ VT_6 构成 PWM 逆变器，完成直流到交流的变换，并能实现输出频率和电压的同时调节，$VD_1 \sim VD_6$ 是电压型逆变器所需的反馈二极管。

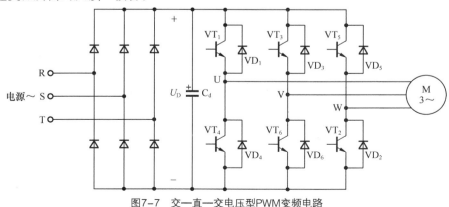

图7-7 交—直—交电压型PWM变频电路

从图中可以看出，由于整流电路输出的电压和电流极性都不能改变，因此该电路只能从交流电源向中间直流电路传输功率，进而再向交流电动机传输功率，而不能从直流中间电路向交流电源反

馈能量。当负载电动机由电动状态转入制动运行时，电动机变为发电状态，其能量通过逆变电路中的反馈二极管流入直流中间电路，使直流电压升高而产生过电压，这种过电压称为泵升电压。为了限制泵升电压，如图7-8所示，可给直流侧电容并联一个由电力晶体管 VT_0 和能耗电阻 R 组成的泵升电压限制电路。当泵升电压超过一定数值时，使 VT_0 导通，能量消耗在 R 上。这种电路可运用于对制动时间有一定要求的调速系统中。

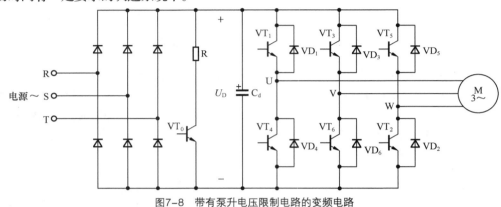

图7-8　带有泵升电压限制电路的变频电路

　　在要求电动机频繁快速加减的场合，上述带有泵升电压限制电路的变频电路耗能较多，能耗电阻 R 也需较大的功率。因此，希望在制动时把电动机的动能反馈回电网。这时，需要增加一套有源逆变电路，以实现再生制动，如图7-9所示。

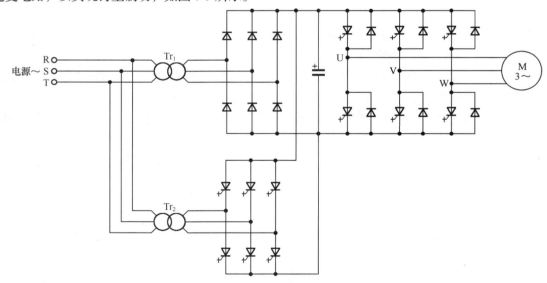

图7-9　可以再生制动的变频电路

2. 交—直—交电流型变频电路

　　图7-10是一种常用的交—直—交电流型变频电路。其中，整流器采用晶闸管构成的可控整流电路，完成交流到直流的变换，输出可控的直流电压 U，实现调压功能。中间直流环节用大电感 L 滤波。逆变器采用晶闸管构成的串联二极管式电流型逆变电路，完成直流到交流的变换，并实现输出频率的调节。

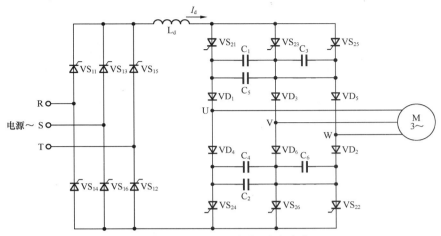

图7-10 交—直—交电流型变频电路

由图可以看出，电力电子器件的单向导向性，使得电流 I_D 不能反向，而中间直流环节采用的大电感滤波，保证了 I_D 的不变，但可控整流器的输出电压 U_d 是可以迅速反向的。因此，电流型变频电路很容易实现能量回馈。图 7-11 给出了电流型变频调速系统的电动运行和回馈制动两种运行状态。其中，UR 为晶闸管可控整流器，UI 为电流型逆变器。当可控整流器 UR 工作在整流状态（ α <90°）、逆变器工作在逆变状态时，电机在电动状态下运行，如图 7-11（a）所示。这时，直流回路电压 U_d 的极性为上正下负，电流由 U_d 的正端流入逆变器，电能由交流电网经变频器传送给电机，变频器的输出频率 ω_1 > ω，电机处于电动状态，如图 7-11（b）所示。此时如果降低变频器的输出频率，或从机械上抬高电机转速 ω，使 ω_1 < ω，同时使可控整流器的控制角 α > 90°，则异步电机进入发电状态，且直流回路电压 U_d 立即反向，而电流 I_D 方向不变。于是，逆变器 UI 变成整流器，而可控整流器 UR 转入有源逆变状态，电能由电机回馈给交流电网。

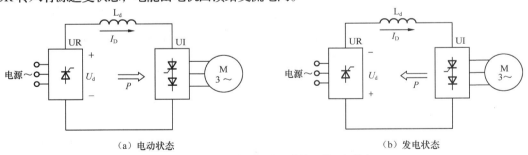

（a）电动状态 　　　　　　　　　　　　　　　　（b）发电状态

图7-11 电流型变频调速系统的两种运行状态

图 7-12 是一种交—直—交电流型 PWM 变频电路，负载为三相异步电动机。逆变器为采用 GTO 作为功率开关器件的电流型 PWM 逆变电路，图中的 GTO 用的是反向导电型器件，因此，给每个 GTO 串联了二极管以承受反向电压。逆变电路输出端的电容 C 是为吸收 GTO 关断时所产生的过电压而设置的，它也可以对输出的 PWM 电流波形而起滤波作用。整流电路采用晶闸管而不是二极管，这样在负载电动机需要制动时，可以使整流部分工作在有源逆变状态，把电动机的机械能反馈给交流电网，从而实现快速制动。

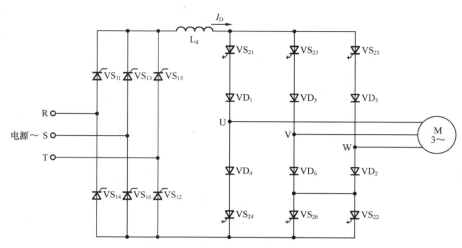

图7-12　交一直一交电流型PWM变频电路

3. 交一直一交电压型变频器与电流型变频器的性能比较

电压型变频器和电流型变频器的区别仅在于中间直流环节滤波器的形式不同，但是这样一来，却造成两类变频器在性能上相当大的差异，主要表现比较如表7-1所示。

表 7-1 电压型变频器与电流型变频器的性能比较

特 点 名 称	电压型变频器	电流型变频器
储能元件	电容器	电抗器
输出波形的特点	电压波形为矩形波 电流波形近似正弦波	电流波形为矩形波 电压波形为近似正弦波
回路构成上的特点	有反馈二极管 直流电源并联大容量 电容（低阻抗电压源） 电动机四象限运转需要再生用变流器	无反馈二极管 直流电源串联大电感 （高阻抗电流源） 电动机四象限运转容易
特性上的特点	负载短路时产生过电流 开环电动机也可能稳定运转	负载短路时能抑制过电流 电动机运转不稳定需要反馈控制
适用范围	适用于作为多台电机同步运行时的供电电源但不要求快速加减的场合	适用于一台变频器给一台电机供电的单电机传动，但可以满足快速启制动和可逆运行的要求

三、习题与思考

1. 请查资料，列举5种不同厂家的变频器。
2. 观察日常生活中使用变频器的场合，列举一个例子，简述其原理。
3. 变频调速在电动机运行方面的优势主要体现在哪些方面？
4. 变频器有哪些种类？其中电压型变频器和电流型变频器的主要区别在哪里？
5. 交一直一交变频器主要由哪几部分组成，试简述各部分的作用。

脉宽调制型逆变电路调试

一、任务描述与目标

PWM 控制技术是变频技术的核心技术之一，1964 年首先把这项技术应用到交流传动中，20 世纪 80 年代，随着全控型电力电子器件、微电子技术和自动控制技术的发展以及各种新的理论方法的应用，PWM 控制技术获得了空前的发展，为交流传动的推广应用开辟了新的局面。本次任务介绍 PWM 技术基本概念、PWM 控制的基本原理、PWM 逆变电路的工作原理、PWM 逆变电路的控制方式，任务目标如下。

- 熟悉 PWM 控制的基本原理。
- 掌握脉宽调制（PWM）型逆变电路工作原理。
- 了解脉宽调制（PWM）型逆变电路的控制方式。
- 在小组合作实施项目过程中培养与人合作的精神。

二、相关知识

（一）PWM 的基本原理

1. PWM 简介

脉冲宽度调制（PWM），是英文"Pulse Width Modulation"的缩写，简称脉宽调制。脉宽调制技术是通过控制半导体开关器件的通断时间，在输出端获得幅度相等而宽度可调的波形（称 PWM 波形），从而实现控制输出电压的大小和频率来改善输出波形的一种技术。

前面介绍的 GTR、MOSFET、IGBT 是全控器件，用它们构成的 PWM 变换器，可使装置体积小、斩波频率高、控制灵活、调节性能好、成本低。

脉宽调制的方法很多，根据基波信号不同，可以分为矩形波脉宽调制和正弦波脉宽调制；根据调制脉冲的极性，可分为单极性脉宽调制和双极性脉宽调制；根据载波信号和基波信号的频率之间的关系，可分为同步脉宽调制和异步脉宽调制。矩形波脉宽调制的特点是输出脉冲列是等宽的，只能控制一定次数的谐波，正弦波脉宽调制也叫 SPWM，特点是输出脉冲列是不等宽的，宽度按正弦规律变化，输出波形接近正弦波。单极性 PWM 是指在半个周期内载波只在一个方向变换，所得 PWM 波形也只在一个方向变化，而双极性 PWM 控制法在半个周期内载波在两个方向变化，所得 PWM 波形也在两个方向变化。同步调制和异步调制在脉宽调制（PWM）型逆变电路的控制方式中有详细介绍。

2. PWM 的基本原理

在采样控制理论中有一个重要结论：冲量（脉冲的面积）相等而形状不同窄脉冲（见图7-13），分别加在具有惯性环节的输入端，其输出响应波形基本相同，也就是说尽管脉冲形状不同，但只要脉冲面积相等，其作用的效果基本相同。这就是 PWM 控制的重要理论依据。如图 7-14 所示，一个正弦半波完全可以用等幅不等宽的脉冲列来等效，但必须做到正弦半波所等分的 6 块阴影面积与相对应的 6 个脉冲列的阴影面积相等，其作用的效果就基本相同，对于正弦波的负半周，用同样方法可得到 PWM 波形来取代正弦负半波。

在 PWM 波形中，各脉冲的幅值是相等的，若要改变输出电压等效正弦波的幅值，只要按同一比例改变脉冲列中各脉冲的宽度即可。所以直流电源 U_D 采用不可控整流电路获得，不但使电路输入功率因数接近于1，而且整个装置控制简单，可靠性高。

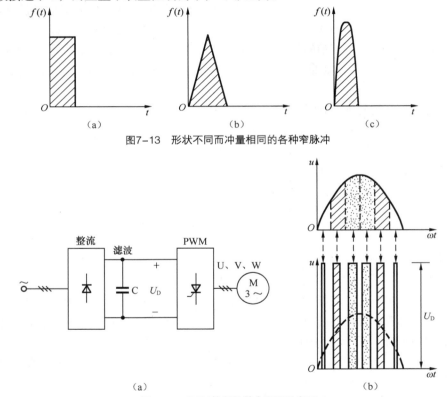

图7-13　形状不同而冲量相同的各种窄脉冲

图7-14　PWM控制的基本原理示意图

（二）单相桥式 PWM 变频电路工作原理

电路如图 7-15 所示，采用 GTR 作为逆变电路的自关断开关器件。设负载为电感性，控制方法可以有单极性与双极性两种。

1. 单极性 PWM 控制方式工作原理

按照 PWM 控制的基本原理，如果给定了正弦波频率、幅值和半个周期内的脉冲个数，PWM 波形各脉冲的宽度和间隔就可以准确地计算出来。依据计算结果来控制逆变电路中各开关器件的通断，就可以得到所需要的 PWM 波形。但是这种计算很繁琐，较为实用的方法是采用调制控制，如图 7-16

所示，把所希望输出的正弦波作为调制信号 u_r，把接受调制的等腰三角形波作为载波信号 u_c，对逆变桥 $VT_1 \sim VT_4$ 的控制方法如下。

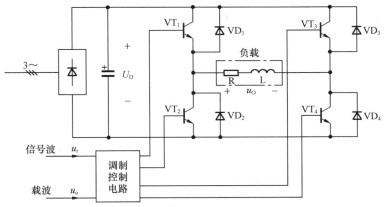

图7-15　单相桥式PWM变频电路

（1）当 u_r 正半周时，让 VT_1 一直保持通态，VT_2 保持断态。在 u_r 与 u_c 正极性三角波交点处控制 VT_4 的通断，在 $u_r > u_c$ 各区间，控制 VT_4 为通态，输出负载电压 $u_O = U_D$。在 $u_r < u_c$ 各区间，控制 VT_4 为断态，输出负载电压 $u_O = 0$，此时负载电流可以经过 VD_3 与 VT_1 续流。

（2）当 u_r 负半周时，让 VT_2 一直保持通态，VT_1 保持断态，在 u_r 与 u_c 负极性三角波交点处控制 VT_3 的通断。在 $u_r < u_c$ 各区间，控制 VT_3 为通态，输出负载电压 $u_O = -U_D$。在 $u_r > u_c$ 各区间，控制 VT_3 为断态，输出负载电压 $u_O = 0$，此时负载电流可以经过 VD_4 与 VT_2 续流。

逆变电路输出的 u_O 为 PWM 波形，如图 7-16 所示，u_{of} 为 u_O 的基波分量。由于在这种控制方式中的 PWM 波形只能在一个方向变化，故称为单极性 PWM 控制方式。

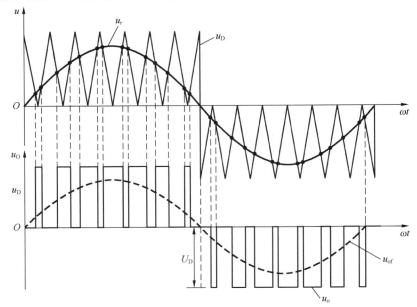

图7-16　单极性PWM控制方式原理波形

2．双极性 PWM 控制方式工作原理

双极性 PWM 控制方式电路仍然是图 7-15，调制信号 u_r 仍然是正弦波，而载波信号 u_C 改为正负 2 个方向变化的等腰三角形波，如图 7-17 所示。对逆变桥 $VT_1 \sim VT_4$ 的控制方法如下。

（1）在 u_r 正半周，当 $u_r > u_C$ 的各区间，给 VT_1 和 VT_4 导通信号，而给 VT_2 和 VT_3 关断信号，输出负载电压 $u_O = U_D$。在 $u_r < u_C$ 的各区间，给 VT_2 和 VT_3 导通信号，而给 VT_1 和 VT_4 关断信号，输出负载电压 $u_O = -U_D$。这样逆变电路输出的 u_O 为 2 个方向变化等幅不等宽的脉冲列。

（2）在 u_r 负半周，当 $u_r < u_C$ 的各区间，给 VT_2 和 VT_3 导通信号，而给 VT_1 和 VT_4 关断信号，输出负载电压 $u_O = -U_D$。当 $u_r > u_C$ 的各区间，给 VT_1 和 VT_4 导通信号，而给 VT_2 与 VT_3 关断信号，输出负载电压 $u_O = U_D$。

双极性 PWM 控制的输出 u_O 波形，如图 7-17 所示，它为 2 个方向变化等幅不等宽的脉冲列。这种控制方式特点如下。

① 同一半桥上下 2 个桥臂晶体管的驱动信号极性恰好相反，处于互补工作方式；

② 电感性负载时，若 VT_1 和 VT_4 处于通态，给 VT_1 和 VT_4 以关断信号，则 VT_1 和 VT_4 立即关断，而给 VT_2 和 VT_3 以导通信号，由于电感性负载电流不能突变，电流减小感生的电动势使 VT_2 和 VT_3 不可能立即导通，而使二极管 VD_2 和 VD_3 导通续流，如果续流能维持到下一次 VT_1 与 VT_4 重新导通，负载电流方向始终没有变，则 VT_2 和 VT_3 始终未导通。只有在负载电流较小无法连续续流情况下，在负载电流下降至零，VD_2 和 VD_3 续流完毕，VT_2 和 VT_3 导通，负载电流才反向流过负载。但是不论是 VD_2、VD_3 导通还是 VT_2、VT_3 导通，u_O 均为 $-U_D$，从 VT_2、VT_3 导通向 VT_1、VT_4 切换情况也类似。

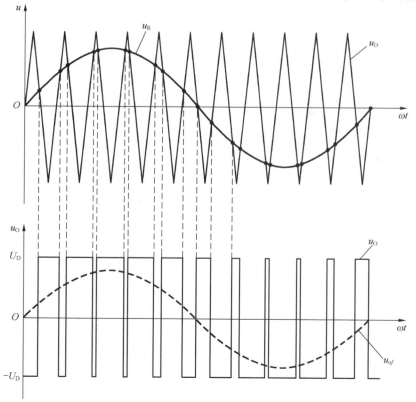

图7-17　双极性PWM控制方式原理波形

（三）三相桥式 PWM 变频电路的工作原理

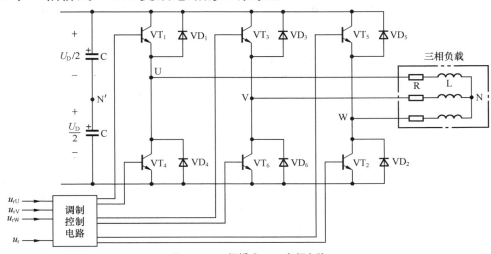

图7-18 三相桥式PWM变频电路

电路如图 7-18 所示，本电路采用 GTR 作为电压型三相桥式逆变电路的自关断开关器件，负载为电感性。从电路结构上看，三相桥式 PWM 变频电路只能选用双极性控制方式，其工作原理如下。

三相调制信号 u_{rU}、u_{rV} 和 u_{rW} 为相位依次相差 120° 的正弦波，而三相载波信号是公用一个正负方向变化的三角形波 u_C，如图 7-18 所示。U、V 和 W 相自关断开关器件的控制方法相同，现以 U 相为例：在 $u_{rU} > u_C$ 的各区间，给上桥臂电力晶体管 VT_1 以导通驱动信号，而给下桥臂 VT_4 以关断信号，于是 U 相输出电压相对直流电源 U_D 中性点 N' 为 $u_{UN'} = U_D/2$。在 $u_{rU} < u_C$ 的各区间，给 VT_1 以关断信号，VT_4 为导通信号，输出电压 $u_{UN} = -U_D/2$。图 7-19 所示的 u_{UN} 波型就是三相桥式 PWM 逆变电路，U 相输出的波形（相对 N' 点）。

图 7-18 电路中 $VD_1 \sim VD_6$ 二极管是为电感性负载换流过程提供续流回路，其他两相的控制原理与 U 相相同。三相桥式 PWM 变频电路的三相输出的 PWM 波形分别为 $u_{UN'}$、$u_{VN'}$ 和 $u_{WN'}$，如图 7-19 所示。U、V 和 W 三相之间的线电压 PWM 波形以及输出三相相对于负载中性点 N 的相电压 PWM 波形，读者可按下列计算式求得。

$$线电压 \begin{cases} u_{UV} = u_{UN'} - u_{VN'} \\ u_{VW} = u_{VN} - u_{WN} \\ u_{WU} = u_{WN'} - u_{UN'} \end{cases}$$

$$相电压 \begin{cases} u_{UN} = u_{UN'} - \dfrac{1}{3}(u_{UN'} + u_{VN'} + u_{WN'}) \\ u_{VN} = u_{VN'} - \dfrac{1}{3}(u_{UN'} + u_{VN'} + u_{WN'}) \\ u_{WN} = u_{WN'} - \dfrac{1}{3}(u_{UN'} + u_{VN'} + u_{WN'}) \end{cases}$$

在双极性 PWM 控制方式中，理论上要求同一相上下 2 个桥臂的开关管驱动信号相反，但实际上，为了防止上下 2 个桥臂直通造成直流电源的短路，通常要求先施加关断信号，经过 Δt 的延时才给另一个施加导通信号。延时时间的长短主要由自关断功率开关器件的关断时间决定。这个延时将会给输出 PWM 波形带来偏离正弦波的不利影响，所以在保证安全可靠换流前提下，延时时间应尽可能取小。

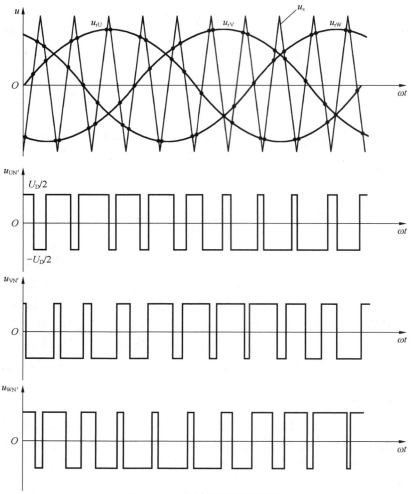

图7-19 三相桥式PWM变频波形

（四）PWM 变频电路的调制控制方式

在 PWM 变频电路中，载波频率 f_c 与调制信号频率 f_r 之比称为载波比，即 $N=f_c/f_r$。根据载波和调制信号波是否同步，PWM 逆变电路有异步调制和同步调制两种控制方式，现分别介绍如下。

1. 异步调制控制方式

当载波比 N 不是 3 的整数倍时，载波与调制信号波就存在不同步的调制，就是异步调制三相 PWM，如 $f_c = 10f_r$，载波比 $N=10$，不是 3 的整数倍。在异步调制控制方式中，通常 f_c 固定不变，逆变输出电压频率的调节是通过改变 f_r 的大小来实现的，所以载波比 N 也随时跟着变化，就难以同步。

异步调制控制方式的特点如下。

（1）控制相对简单。

（2）在调制信号的半个周期内，输出脉冲的个数不固定，脉冲相位也不固定，正负半周的脉冲不对称，而且半周期内前后 1/4 周期的脉冲也不对称，输出波形就偏离了正弦波。

（3）载波比 N 越大，半周期内调制的 PWM 波形脉冲数就越多，正负半周不对称和半周内前后 1/4 周期脉冲不对称的影响就越大，输出波形越接近正弦波。所以在采用异步调制控制方式时，要尽量提高载波频率 f_c，使不对称的影响尽量减小，输出波形接近正弦波。

2. 同步调制控制方式

在三相逆变电路中，当载波比 N 为 3 的整数倍时，载波与调制信号波能同步调制。图 7-20 所示为 $N=9$ 时的同步调制控制的三相 PWM 变频波形。

在同步调制控制方式中，通常保持载波比 N 不变，若要增高逆变输出电压的频率，必须同时增高 f_c 与 f，且保持载波比 N 不变，保持同步调制不变。

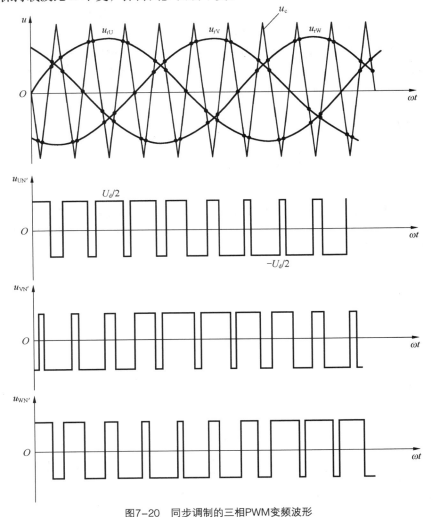

图7-20　同步调制的三相PWM变频波形

同步调制控制方式的特点如下。

（1）控制相对较复杂，通常采用微机控制。

（2）在调制信号的半个周期内，输出脉冲的个数是固定不变的，脉冲相位也是固定的。正负半周的脉冲对称，而且半个周期脉冲排列其左右也是对称的，输出波形等效于正弦。

　　但是，当逆变电路要求输出频率 f_o 很低时，由于半周期内输出脉冲的个数不变，所以由 PWM 调制而产生 f_o 附近的谐波频率也相应很低，这种低频谐波通常不易滤除，而对三相异步电动机造成不利影响，例如电动机噪声变大、震动加大等。

　　为了克服同步调制控制方式低频段的缺点，通常采用"分段同步调制"的方法，即把逆变电路的输出频率范围划分成若干个频率段，每个频率段内都保持载波比为恒定，而不同频率段所取的载波比不同。

　　（1）在输出高频率段时，取较小的载波比，这样载波频率不致过高，能在功率开关器件所允许的频率范围内。

　　（2）在输出频率为低频率段时，取较大的载波比，这样载波频率不致过低，谐波频率也较高且幅值也小，也易滤除，从而减小了对异步电动机的不利影响。

　　综上所述，同步调制方式效果比异步调制方式好，但同步调制控制方式较复杂，一般要用微机进行控制。有的电路在输出低频率段时采用异步调制方式，而在输出高频率段时换成同步调制控制方式。这种综合调制控制方式，其效果与分段同步调制方式相接近。

三、任务实施

（一）单相正弦波脉宽调制 SPWM 逆变电路

1. 所需仪器设备

（1）DJDK-1 型电力电子技术及电机控制实验装置（含 DJK01 电源控制屏、DJK02 三相变流桥路、DJK06 给定及实验器件、DJK09 单相调压与可调负载、DJK14 单相交直交变频原理、DJ21-1 电阻启动式单相交流异步电动机）1 套。

（2）示波器 1 台。

（3）螺丝刀 1 把。

（4）万用表 1 块。

（5）导线若干。

2. 测试前准备

（1）课前预习相关知识。

（2）清点相关材料、仪器和设备。

（3）填写任务单测试前准备部分。

3. 操作步骤及注意事项

（1）逆变控制电路调试。

主电路不接直流电源，打开控制电源开关，并将 DJK14 挂件左侧的选择开关拨到"测试"位置。

① 用示波器观察正弦调制波信号 U_r 的波形，测试其频率可调范围，记录在任务单相应表格中。

② 观察三角载波 U_c 的波形，测试其频率，记录在任务单相应表格中。

③ 改变正弦调制波信号 U_r 的频率，再测量三角载波 U_c 的频率，判断是同步调制还是异步调制，结果记录在任务单相应表格中。

④ 比较"PWM+"、"PWM-" 和"SPWM1"、"SPWM2"的区别，仔细观测同一相上下两管驱动信号之间的死区延迟时间。

（2）逆变电路调试。

① 观察 SPWM 波形。为了便于观察 SPWM 波，面板上设置了"测试"和"运行"选择开关，在"测试"状态下，三角载波 U_c 的频率为 180Hz 左右，此时可较清楚地观察到异步调制的 SPWM 波，通过示波器可比较清晰地观测 SPWM 波。

> 在此状态下不能带载运行，因载波比 N 太低，不利于设备的正常运行。在"运行"状态下，三角载波 U_c 频率为 10kHz 左右，因波形的宽窄快速变化致使无法用普通示波器观察到 SPWM 波形，通过带储存的数字示波器的存储功能也可较清晰地观测 SPWM 波形。

将 DJK14 挂件面板左侧的钮子开关拨到"测试"位置，用示波器观察测试点波形。

② 电阻性负载测试。首先将 DJK14 挂件面板左侧的钮子开关拨到"运行"位置，将正弦调制波信号 U_r 的频率调到最小。然后将输出接 DJK06 给定及实验器件中灯泡作为负载，主电路电源由 DJK09 提供的直流电源（通过调节单相交流自耦调压器，使整流后输出直流电压保持为 200V）接入，由小到大调节正弦调制波信号 U_r 的频率，观测负载电压的波形，并将波形及波形参数（幅值、频率）记录在任务单相应的表格中。

③ 电阻电感性负载测试。接入 DJK06 给定及实验器件和 DJK02 上的 100mH 电感串联组成的电阻电感性负载，然后接通主电路直流电源（由 DJK09 提供，通过调节交流侧的自耦调压器，使输出直流电压保持为 200V），由小到大调节正弦调制波信号 U_r 的频率观测负载电压的波形，并将波形及波形参数（幅值、频率）记录在任务单相应的表格中。

④ 电机负载测试（选做）。主电路输出接 DJ21-1 电阻启动式单相交流异步电动机，启动前必须先将正弦调制波信号 U_r 的频率调至最小，然后将主电路接通由 DJK09 提供的直流电源，并由小到大调节交流侧的自耦调压器输出的电压，观察电机的转速变化，并逐步由小到大调节正弦调制波信号 U_r 的频率，用示波器观察负载电压的波形，并用转速表测量电机的转速的变化，并将波形及波形参数（幅值、频率）记录在任务单相应的表格中。

4. 单相正弦波脉宽调制 SPWM 逆变电路任务单（见附表 22）

5. 任务实施标准

序号	内　容	配分	等　级	评分细则	得　分
1	示波器使用	10	10	使用错误 1 次扣 5 分	
2	逆变控制电路调试	15	15	调试过程错误扣 5 分 少测试或记录 1 个数据扣 2 分 没有结论或结论错误 1 个扣 2 分	
3	逆变电路调试	45	45	没观察 SPWM 波形观察扣 10 分 测试过程错误扣 10 分 少测试或少记录 1 个数据扣 2 分	
4	操作规范	20	20	违反操作规程 1 次扣 10 分 元件损坏 1 个扣 10 分 烧保险 1 次扣 5 分	
5	现场整理	10	10	经提示后将现场整理干净扣 5 分 不合格，本项 0 分	
			合计		

（二）三相正弦波脉宽调制 SPWM 电路调试

1．所需仪器设备

（1）DJDK-1 型电力电子技术及电机控制实验装置（含 DJK01 电源控制屏、DJK13 三相异步电动机变频调速控制、DJ24 三相异步电动机）1 套。

（2）示波器 1 台。

（3）导线若干。

2．测试前准备

（1）课前预习相关知识。

（2）清点相关材料、仪器和设备。

（3）填写任务单测试前准备部分。

3．操作步骤及注意事项

（1）三相正弦波脉宽调制 SPWM 波测试。

① 接通 DJK13 挂件电源，关闭电机开关，调制方式设定在 SPWM 方式（将控制部分 S、V、P 的 3 个端子都悬空），然后开启电源开关。

 打开 DJK13 电源开关前，确认开关 K 在 "关" 的位置；不允许将 "S"、"P" 插孔短接，否则会造成不可预料的后果。

② 点动 "增速" 按键，将频率设定在 0.5Hz，用示波器在 SPWM 部分观测三相正弦波信号（在测试点 "2、3、4"），观测三角载波信号（在测试点 "5"），三相 SPWM 调制信号（在测试点 "6、7、8"）；再点动 "转向" 按键，改变转动方向，观测上述各信号的相位关系变化，并记录在任务单相应表格中。

③ 逐渐升高频率，直至到达 50Hz 处，重复以上的步骤。

④ 将频率设置为 0.5～60Hz 的范围内改变，在测试点 "2、3、4" 中观测正弦波信号的频率和幅值的关系，并记录在任务单相应表格中。

（2）三相正弦波脉宽调制 SPWM 变频调速系统调试。

① 三相正弦波脉宽调制 SPWM 变频调速系统接线。将 DJ24 电动机与 DJK13 逆变输出部分连接，电动机接成三角形，关闭电机开关，将调制方式设定在 SPWM 方式（将 S、V、P 的三端子都悬空）。

② 三相正弦波脉宽调制 SPWM 变频调速系统调试。打开挂件电源开关，将运行频率退到零，关闭挂件电源开关。然后打开电机开关，接通挂件电源，增加频率、降低频率以及改变转向观测电机的转速变化，记录在任务单相应表格中。

 在频率不等于零的时候，不允许打开电机开关，以免发生危险。

4. 三相正弦波脉宽调制 SPWM 电路调试任务单（见附表 23）

5. 任务实施标准

序号	内　　　容	配分	等　　级	评 分 细 则	得　分
1	示波器使用	10	10	使用错误 1 次扣 5 分	
2	三相正弦波脉宽调制 SPWM 波测试	30	30	调试过程错误扣 10 分 少测试或少记录 1 个数据扣 2 分	
3	三相正弦波脉宽调制 SPWM 变频调速系统调试	30	30	接线错误 1 根扣 5 分 测试过程错误扣 10 分 少测试或少记录 1 个数据扣 2 分	
4	操作规范	20	20	违反操作规程 1 次扣 10 分 元件损坏 1 个扣 10 分 烧保险 1 次扣 5 分	
5	现场整理	10	10	经提示后将现场整理干净扣 5 分 不合格，本项 0 分	
合计					

四、总结与提升——SPWM 波形的生成

SPWM 的控制就是根据三角波载波和正弦调制波用比较器来确定它们的交点，在交点时刻对功率开关器件的通断进行控制。这个任务可以用模拟电子电路、数字电路或专用的大规模集成电路芯片等硬件电路来完成，但模拟电路结构复杂，难以实现精确的控制。微机控制技术的发展使得用软件生成的 SPWM 波形变得比较容易，目前 SPWM 波形的生成和控制多用微机来实现。下面主要介绍用软件生成 SPWM 波形的几种基本算法。

1. 自然采样法

以正弦波为调制波，等腰三角波为载波进行比较，在两个波形的自然交点时刻控制开关器件的通断，这就是自然采样法。其优点是所得 SPWM 波形最接近正弦波，但由于三角波与正弦波交点有任意性，脉冲中心在一个周期内不等距，从而脉宽表达式是一个超越方程，计算繁琐，难以实时控制。

2. 规则采样法

规则采样法是一种应用较广的工程实用方法，一般采用三角波作为载波。其原理就是用三角波对正弦波进行采样得到阶梯波，再以阶梯波与三角波的交点时刻控制开关器件的通断，从而实现 SPWM 法。当三角波只在其顶点（或底点）位置对正弦波进行采样时，由阶梯波与三角波的交点所确定的脉宽，在一个载波周期（即采样周期）内的位置是对称的，这种方法称为对称规则采样。当三角波既在其顶点又在底点时刻对正弦波进行采样时，由阶梯波与三角波的交点来确定脉宽，在一个载波周期（此时为采样周期的两倍）内的位置一般并不对称，这种方法称为非对称规则采样。

规则采样法是对自然采样法的改进，其主要优点就是计算简单，便于在线实时运算，其中非对称规则采样法因阶数多而更接近正弦。其缺点是直流电压利用率较低，线性控制范围较小。这两种方法均只适用于同步调制方式中。

　　计算 SPWM 的开关点，是 SPWM 信号生成中的一个难点，也是当前人们研究的一个热门课题，感兴趣的读者可参阅有关资料及专著。

五、习题与思考

1. 试说明 PWM 控制的基本原理。
2. PWM 逆变电路有何优点？
3. 单极性和双极性 PWM 有什么区别？
4. 什么叫异步调制？什么叫同步调制？两者各有什么特点？
5. 试说明 SPWM 的基本原理。

项目八

| * 拓展项目 |

随着电力电子技术应用的不断发展，对电力电子器件性能指标和可靠性的要求也日益苛刻，要求电力电子器件具有更大的电流密度、更高的工作温度、更强的散热能力、更高的工作电压、更低的通态压降、更快的开关时间。尽管以硅为半导体材料的双极型功率器件和场控型功率器件已趋于成熟，但是各种新结构和新工艺的引入，仍可使其性能得到进一步提高和改善，如 MCT、IGCT、IEGT 具有相当大的竞争力。由于环境、能源、社会和高效化的要求，未来电力电子设备和系统的应用热点将在变频调速、智能电网、汽车电子、信息和办公自动化、家用特种电源、牵引用特种电源、新能源、太阳能、风能及燃料电源等方面。

本项目将介绍几种新型的电力电子器件以及光伏发电中的电力电子技术 2 个任务。

任务一　认识新型电力电子器件

| 一、任务描述与目标 |

大功率晶体管和功率 MOSFET 问世，功率器件打开了高频应用的大门。绝缘门极晶体管 IGBT 问世，它综合了功率 MOSFET 和绝缘门极晶体管 IGBT 两者的功能。它的迅速发展，又激励人们对综合功率 MOSFET 和晶闸管两者功能的新型功率器件——MOSFET 门控晶闸管的研究。因此，当前功率器件研究工作的重点主要集中在研究现有功率器件的性能改进、MOS 门控晶闸管以及采用新型半导体材料制造新型的功率器件等。本次任务介绍集成门极换流晶闸管 IGCT、MOS 控制晶闸管 MCT 和发射极关断晶闸管 ETO，任务目标如下。

● 了解电力电子器件的发展趋势。

● 熟悉 IGCT、MCT 和 ETO 器件。
● 培养信息收集与检索、自我学习的能力。

二、相关知识

（一）集成门极换流晶闸管（IGCT）

集成门极换流晶闸管（Integrated Gate Commutated Thyristor，IGCT）是一种新型电力电子器件。它是将 GCT 芯片与门极驱动器在外围以低电感方式集成在一起，综合了晶体管的稳定关断能力和晶闸管低通态损耗的优点，在导通阶段发挥晶闸管的性能，关断阶段呈现晶体管的特性。IGCT 具有电流大、电压高、开关频率高、可靠性高、结构紧凑、损耗低等特点，而且成本低、成品率高，具有很好的应用前景。IGCT 不需要吸收电路，可以像晶闸管一样导通，像 IGBT 一样关断，并且具有最低的功率损耗。IGCT 在使用时只需将它连接到一个 20V 的电源和一根光纤就可以控制它的开通和关断。由于 IGCT 结构设计上采用了新技术，使得 IGCT 的开通损耗可以忽略不计，再加上它的低导通损耗，使得它可以在以往大功率半导体器件所无法满足的高频率下运行。其实物如图 8-1 所示。

图8-1   集成门极换流晶闸管

1. IGCT 的结构和工作原理

（1）IGCT 结构。IGCT 是 GCT 和集成门极驱动电路的合称，两者之间通过极低的阻抗连接而成。IGCT 内部由几千个小 GCT 元件组成，它们之间公用一个阳极，而阴极和门极则分别并联在一起，其目的就是利用门极实现器件的关断。GCT 是在 GTO 的结构上引入缓冲层、透明阳极和集成快速续流二极管结构形成的。因此 GCT 与 GTO 类似是 PNPN 四层，以及阳极、阴极和门极的三端器件。其结构和图形符号如图 8-2 所示。

按照 GCT 器件内部结构，IGCT 可以分为 3 类。

① 不对称型：半导体芯片在结构上是单纯的 PNPN 晶闸管结构，不具有承受反向电压的能力，也不能流过反向电流。在电压源变流器运行时，需要从外部并联续流二极管。

② 反向阻断型：GCT 在结构上是一个 PNPN 晶闸管与一个二极管的串联，电流只能一个方向（从阳极到阴极）流通，串联的二极管为这类器件提供了承受反向电压的能力，用于电流源型变流器。

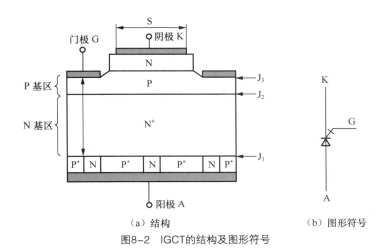

（a）结构 　　　　　　　　　（b）图形符号

图8-2 IGCT的结构及图形符号

③ 反向导通型：半导体芯片在结构上是一个 PNPN 晶闸管与一个续流二极管的反向并联，电流可以两个方向上流动不会承受反向电压，用于电压源型变流器。由于 GCT 与续流二极管集成在同一个芯片上，不需要从外部并联续流二极管，在结构上更加简洁，体积更小。

（2）IGCT 的工作原理。当 IGCT 工作在导通状态时，是一个像晶闸管一样的正反馈开关，其特点是携带电流能力强和通态压降低。在关断状态下，IGCT 门-阴极间的 PN 结提前进入反向偏置，并有效地退出工作，整个器件呈晶体管方式工作，该器件在这两种状态下的等效电路如图 8-3 所示。

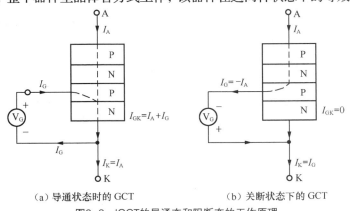

（a）导通状态时的 GCT 　　　　　（b）关断状态下的 GCT

图8-3 IGCT的导通态和阻断态的工作原理

IGCT 关断时，通过打开一个与阴极串联的开关（通常是 MOSFET），使 P 基极 N 发射极反偏，从而迅速阻止阴极注入，将整体的阳极电流强制转化成门极电流（通常在 1μs 内），这样便把 GTO 转化成为一个无接触基区的 PNP 晶体管，消除了阴极发射极子收缩效应。这样，它的最大关断电流比传统 GTO 的额定电流高出许多。

2. IGCT 的特性参数

（1）阻断参数。

① 正向断态重复峰值电压 U_{DRM}：IGCT 在阻断状态能承受的最大正向重复电压（门极加-2V 以上反向电压）。

② 反向断态重复峰值电压 U_{RRM}：IGCT 在阻断状态能承受的最大反向重复电压。对所有的不

对称型 IGCT，这个值在 17V 的范围内。

③ 断态重复峰值电流 I_{DRM}：IGCT 在重复峰值电压下的最大正向漏电流（门极加-2V 以上反向电压）。

④ 直流环节中间电压 U_{DClink}：在海平面、露天、环境宇宙射线情况下，100FIT 失效率时，IGCT 能够长久承受的直流电压（IFIT=100 小时出现一次）。

（2）通态参数。

① 最大通态平均电流 $I_{T(AV)M}$：正弦半波电流，壳温 85℃，IGCT 所能允许的最大平均电流。

② 最大通态电流有效值 I_{TRMS}：正弦半波电流，壳温 85℃，IGCT 所允许的最大电流有效值。

③ 最大不重复浪涌电流峰值 I_{TSM}：此值的大小与浪涌电流的持续时间有关。

④ 通态电压 U_T：规定通态电流和最大结温下，测得的 IGCT 通态管压降。通态电压值越小，意味着关断损耗越大，反之成立。

（二）MOS 控制晶闸管（MCT）

MOS 控制晶闸管（MOS-Controlled Thyristor，MCT）是一种新型 MOSFET 与晶闸管符合而成的器件。它采用集成电路工艺，在普通晶闸管结构中制作大量 MOS 器件，通过 MOS 器件的通断来控制晶闸管的导通与关断。MCT 既具有功率 MOSFET 输入阻抗高、驱动功率小、开关速度快的特性，又具有晶闸管高电压、大电路、低压降的优点。

1. MCT 的结构和工作原理

（1）MCT 的结构。MCT 可分为 P 型或 N 型，对称或不对称关断，单端或双端关断 FET 门极控制和不同的导通选择（包括光控导通）。所有这些类型都有一个共同特点，即通过关断 FET 使一个或两个晶闸管的发射极-基极结短路来完成 MCT 的关断。这里以 P 型不对称关断 MOS 门极的 MCT 为例进行说明。MCT 的内部结构、等效电路和电气符号如图 8-4 所示。该等效电路与一般的晶闸管双晶体管模型基本相同，只是加入了导通 FET 和关断 FET。

MCT 在晶闸管中采用集成电路工艺集成了一对 MOSFET（ON-FET 和 OFF-FET）来控制晶闸管的导通与关断，两组 MOSFET 的栅极连在一起，构成 MCT 的单门极。MCT 的等效电路和图形符号如图 8-4 所示。

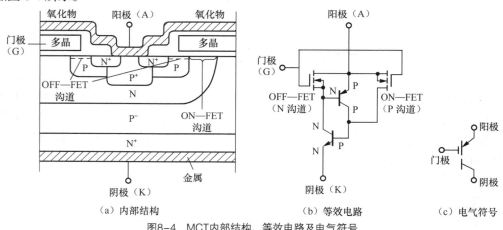

（a）内部结构　　　　（b）等效电路　　　　（c）电气符号

图8-4　MCT内部结构、等效电路及电气符号

（2）MCT 工作原理。

MCT 和晶闸管一样有 3 个极，阳极 A、阴极 K 和门极 G，但门极控制原理却不同。晶闸管是电流控制器件，而 MCT 是电压控制器件。晶闸管的控制信号加在门极和阴极两端，而 MCT 控制信号是加在门极与阳极两端。

P-MCT 的开通和关断过程如下。

① 当 MCT 门极相对于阳极加-5～-15V 的负脉冲电压时，ON-FET 导通，它的漏极电流使 NPN 晶体管导通，NPN 晶体管的集电极电流（空穴）使 PNP 晶体管导通，而 PNP 晶体管的集电极电流（电子）又促使了 NPN 晶体管的导通，这样的正反馈，使 MCT 迅速由截止转入导通，并处于擎住状态。

② 当 MCT 门极相对于阳极施加 10V 左右正脉冲电压时，OFF-FET 导通，它的漏极电流使 NPN 晶体管导通，PNP 晶体管的基极—发射极被短路，使 PNP 晶体管截止，从而破坏了晶体管的擎住条件，使 MCT 关断。

2. MCT 的主要参数

（1）断态峰值电压 U_{DRM}：指 MCT 断态下允许的最高 A-K 极间正向电压，又称击穿电压。

（2）正向阻断电压额定值 U_{DR}：指 MCT 可以在断态下安全工作的电压，又称最大允许关断电压，$U_{DR}=0.6U_{DRM}$。

（3）阴极连续电流 I_K：在某一结温下，器件允许连续通过的电流。

（4）阴极非重复峰值电流 I_{KSM}：通态下所允许流过器件的最大电流，一般 $I_{KSM} \geq I_K$，说明 MCT 瞬时过载能力很强。

（三）发射极关断晶闸管（ETO）

发射极关断晶闸管（Emitter Turn-off Thyristor，ETO），是美国乔治亚技术学院电力电子系统中心 2003 年研制的，是世界上容量最大的 MOS 控制型电力电子器件，它可看成是 GTO 的改良版，由 GTO 和 MOSFET 混合而成，因此既秉承了 GTO 的大功率特性，也改善其开关能力和控制特性，是满足高性能电能变换技术要求的新型大功率电力电子器件。通过特殊结构实现的单位增益关断技术大大改善了 ETO 的关断特性，提高了工作频率，增大了安全工作范围，同时使它更易于串并联使用，在不久的将来，ETO 有望取代晶闸管和 GTO 成为大功率电力电子应用领域中的主流器件。

1. ETO 的结构及工作原理

ETO 的结构原理图和电气符号如图 8-5 所示，它通过一对 MOSFET 来控制 GTO 的通断，其中 VQE 充当发射极开关与 GTO 串联，VQG 充当门极开关与 GTO 门极相连。

开启 ETO 时，先使 VQE 导通，VQG 关断，同时向 GTO 的门极注入电流，ETO 即导通。由于 GTO 的存在，通常的开启电流对于 ETO 仍然是必要的。导通需要的能量由 ETO 门极驱动器提供。在 ETO 的导通状态下一般要向 GTO 的门极提供一个小的直流电流信号，以确保 GTO 保持较低的通态损耗。

关断 ETO 时，导通 VQG，关断 VQE，切断 GTO 的阴极电流，GTO 阴极电流被强迫全部转换到门极电路而关断 ETO，这一过程持续时间非常短，因此关断速度很快。另外与 GTO 关断不同的是，ETO 的关断过程是电压控制型，其关断能量由阳极电流提供，因此 ETO 的门极驱动电路可做得很紧凑，并且消耗功率也很小。

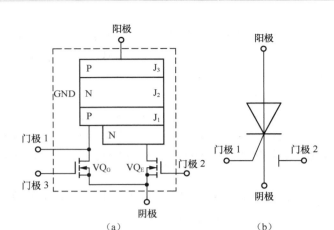

图8-5　ETO的结构原理图与电气符号

2. ETO 的主要工作特性

ETO 优良的特性主要来自其采用独特的硬驱动技术。在 ETO 中硬驱动是由 VQE 和 VQG 共同完成的，在硬驱动关断条件下，VQE 关断，VQG 导通，GTO 的阴极电流在阳极电压上升之前几乎瞬间全部换流到门极，这样 GTO 的发射结在关断过程中就会全部反偏，加速 ETO 均匀关断。因为硬驱动关断中门极电流与阳极电流相等，因此该过程也称为单位增益关断。在这种单位增益关断条件下，ETO 的关断过程实际上变为一个 PNP 晶体管导通的过程，它可进一步确保在整个关断的暂态过程中电流在 GTO 元中均匀分布，而不至于发生拥挤现象，因此可实现 ETO 无缓冲关断，其无缓冲关断过程波形如图 8-6 所示，其中 U_a 和 I_a 分别为阳极电压和阳极电流波形。

另外，在硬驱动关断条件下，关断时间大大缩短，关断电流在 GTO 元中分配均匀。因此，虽然单个 GTO 元的电流限制不变，但总电流却大大增加，因而采用硬驱动技术的 ETO 比普通 GTO 具有更宽的反向偏置安全工作区（RBSOA）。

由于硬驱动 GTO 能通过很大的门极电流迅速移除电荷，所以大大提高了 ETO 的工作速度，其速度可达 GTO 的 5～10 倍。对于关断过程，存储时间只有 1μs，而典型 GTO 的存储时间是 20μs 左右，加上电流下降时间缩短为只有 0.5μs 左右，因此 ETO 总的最小关断时间可低于 20μs，而典型 GTO 的最小关断时间大约是 80μs。另外，因为降低了 ETO 门极的杂散电感，注入的开通电流脉冲可以更高、更快，这样可进一步加速开通过程。型号为 ETO1045S 的 1kV 的 ETO 开通时间小于 20μs。假设开关最小和最大占空比分别为 10%、90%，则该 ETO 的最大开关频率可达 5kHz。

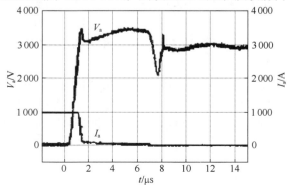

图8-6　ETO的关断波形

由于 MOSFET 是典型的电压控制型器件，而 ETO 的关断是由 MOSFET 控制的，因此关断 ETO 就像关断 IGBT 一样容易，只需要一个电压信号就可关断数千安培的电流。但是 ETO 的导通仍然属于电流型控制，同时需要一个额外的作驱动用的独立电源，不过 ETO 驱动电源需要的功率远低于 GTO，也小于 IGCT，因此应用很少，并且为了使设备更紧凑、方便用户使用，开发者还把 ETO 与其驱动板集成在一起，并提供板内独立电源和光纤接口，用户只需提供控制信号。

除改善 RBSOA、速度和驱动控制外，ETO 还有正向电流饱和能力，或称具有正向安全工作区（FBSOA），FBSOA 是由 VQE 产生的。假设 ETO 的门极开关 VQG 发挥着齐纳二极管的作用，它的等效开启电压是 U_Z，在正常导通方式下，作用于发射极开关 U_{QE} 上的电压通常小于（U_Z-U_{J1}），其中 U_{J1} 是 GTO 发射结的正向电压降。一旦电压达到（U_Z-U_{J1}），一部分 GTO 电流将流向门极通道。因为电流从门极流出会产生关断 ETO 的趋势，因此 ETO 的电流传导能力下降，电压降增加，这个过程将一直持续到阳极电流不再随 ETO 电压的增加而增加为止。

ETO 的正向电流饱和能力（FBSOA）的存在是超过 GTO 的一个显著优势，IGBT 也同样具有 FBSOA。正向电流饱和能力（FBSOA）在应用中有以下两大优点：一是在器件开启期间，动态的 di/dt 被门极驱动电路所控制，在大功率系统中会终将消除 di/dt 缓冲器；二是 FBSOA 器件具有重要的自电流限制和短路保护能力。

三、习题与思考

1. 简述 IGCT 的基本原理。
2. 简述 IGCT 与 MCT、ETO 的区别与联系。
3. 说出 IGCT、MCT、ETO 的中英文全称。
4. 通过查阅资料，你了解了其他哪些新型电力电子器件，请简要介绍。

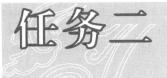

光伏发电中的电力电子技术

一、任务描述与目标

随着石化能源的日益枯竭及其转换过程给环境带来的污染和温室效应等问题，寻找可再生清洁能源已成为人类越来越紧迫的课题。太阳能显然是符合这一要求的能源之一，即是取之不尽、用之不竭的清洁能源。太阳能光伏发电是将太阳光辐射能直接转换为电能的方法，即太阳光辐射能经电池转换为电能，再经过能量存储、控制和能量变换，转换为便于人们使用的直流或交流电能。光伏发电已逐渐成为人们利用太阳能的主要手段之一，可以说从太阳能电池产生电势开始，直到大家能使用这一电能为止，整个过程就是运用电力电子技术对电能进行变换、处理的过程。因此，光伏发电是电力电子学与能源科学的一个结合点，是有待电力电子学开拓的新的应用领域。本节介绍的光伏直流变换电路、光伏逆变电路就是电力电子技术在光伏发电中的典型应用，任务目标如下。

- 了解光伏发电的基本概念及基本原理。
- 熟悉光伏发电的主要用途。
- 了解光伏发电中的电力电子技术。

二、相关知识

（一）光伏发电概述

1. 光伏发电概念及原理

光伏发电是利用半导体界面的光生伏特效应而将光能直接转变为电能的一种技术。这种技术的关键元件是太阳能电池。太阳能电池经过串联后进行封装保护可形成大面积的太阳电池组件，再配合上功率控制器等部件就形成了光伏发电装置。

光伏发电的基本原理是利用光射入半导体时所引起的光电效应。光伏电池的基本特性和二极管类似，可以用简单的 PN 结来说明，当具有适当能量的光照射半导体时，光与构成半导体的材料相互作用产生电子和空穴，如半导体中存在 PN 结，则电子向 N 型半导体扩散，空穴向 P 型半导体扩散，并分别聚集于两个电极部分，即负电荷和正电荷聚集于两端，如用导线连接这两个电极，就有电荷流动产生电能，这就是光生伏特效应，简称光伏效应。

2. 光伏发电的主要用途

光伏发电，理论上讲，光伏发电技术可以用于任何需要电源的场合，上至航天器，下至家用电源，大到兆瓦级电站，小到玩具，光伏电源无处不在。太阳能光伏发电的最基本元件是太阳能电池（片），有单晶硅、多晶硅、非晶硅和薄膜电池等。其中，单晶和多晶电池用量最大，非晶电池用于一些小系统和计算器辅助电源等。多晶硅电池效率在 16%～17%，单晶硅电池的效率在 18%～20%。光伏组件是由一个或多个太阳能电池片组成。

光伏发电产品主要用于三大方面：一是可为无电场提供电源；二是太阳能日用电子产品，如各类太阳能充电器、太阳能路灯和太阳能草地各种灯具等；三是并网发电，这在发达国家已经大面积推广实施。到 2009 年，中国并网发电还未开始全面推广，不过，2008 年北京奥运会部分用电是由太阳能发电和风力发电提供的。

3. 我国光伏发电的历史、现状及发展趋势

中国太阳电池的研究始于 1958 年，1959 年研制成功第 1 个有实用价值的太阳电池。中国光伏发电产业于 20 世纪 70 年代起步，1971 年 3 月首次成功地应用于我国第 2 颗卫星上，1973 年太阳电池开始在地面应用，1979 年开始生产单晶硅太阳电池。20 世纪 90 年代中期后光伏发电进入稳步发展时期，太阳电池及组件产量逐年稳步增加。经过 30 多年的努力，21 世纪初迎来了快速发展的新阶段。

中国的光伏产业的发展有 2 次跳跃，第一次是在 20 世纪 80 年代末，中国的改革开放正处于蓬勃发展时期，国内先后引进了多条太阳电池生产线，使中国的太阳电池生产能力由原来的 3 个小厂的几百千瓦一下子上升到 6 个厂的 4.5 兆瓦，引进的太阳电池生产设备和生产线的投资主要来自中央政府、地方政府、国家工业部委和国家大型企业。第二次光伏产业的大发展在 2000 年以后，主要是受到国际大环境的影响、国际项目/政府项目的启动和市场的拉动。2002 年由国家发改委负责实施的"光明工程"先导项目和"送电到乡"工程以及 2006 年实施的送电到村工程均采用了宇翔太阳

能光伏发电技术。在这些措施的有力拉动下，中国光伏发电产业迅猛发展的势头日渐明朗。

到 2007 年年底，中国光伏系统的累计装机容量达到 10 万千瓦（100MW），从事太阳能电池生产的企业达到 50 余家，太阳能电池生产能力达到 290 万千瓦（2900MW），太阳能电池年产量达到 1188MW，超过日本和欧洲，并已初步建立起从原材料生产到光伏系统建设等多个环节组成的完整产业链，特别是多晶硅材料生产取得了重大进展，突破了年产千吨大关，冲破了太阳能电池原材料生产的瓶颈制约，为中国光伏发电的规模化发展奠定了基础。2007 年是中国太阳能光伏产业快速发展的一年，受益于太阳能产业的长期利好，整个光伏产业出现了前所未有的投资热潮，但也存在诸如投资盲目、恶性竞争、创新不足等问题。

2009 年 6 月，由中广核能源开发有限责任公司、江苏百世德太阳能高科技有限公司和比利时 Enfinity 公司组建的联合体以 1.0928 元/度的价格，竞标成功我国首个光伏发电示范项目——甘肃敦煌 10 兆瓦并网光伏发电场项目，1.09 元/千瓦时电价的落定，标志着该上网电价不仅将成为国内后续并网光伏电站的重要基准参考价，同时亦是国内光伏发电补贴政策出台、国家大规模推广并网光伏发电的重要依据。

在今后的十几年中，中国光伏发电的市场将会由独立发电系统转向并网发电系统，包括沙漠电站和城市屋顶发电系统。中国太阳能光伏发电发展潜力巨大，配合积极稳定的政策扶持，到 2030 年光伏装机容量将达 1 亿千瓦，年发电量可达 1 300 亿千瓦时，相当于 30 多个大型煤电厂发电量。国家未来三年将投资 200 亿补贴光伏业，中国太阳能光伏发电又迎来了新一轮的快速增长，并吸引了更多的战略投资者融入到这个行业中来。

（二）光伏发电中的电力电子技术

太阳能光伏电池所发出的电能是随太阳光辐照度、环境温度、负载等变化而变化的不稳定直流电，还不能满足用电负载对电源品质要求，因此需要应用电力电子技术对其进行直流—直流（DC-DC）或直流—交流（DC-AC）变换，以获得稳定的高品质直流电或交流电供给负载或电网。

1. 典型光伏发电系统的基本结构

光伏发电系统分为独立光伏系统和并网光伏系统。

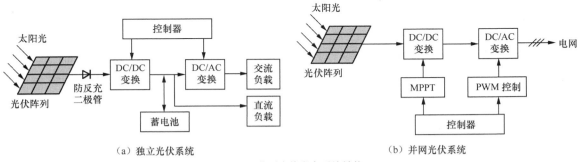

（a）独立光伏系统　　　　　　　　　　　　（b）并网光伏系统

图8-7　典型光伏发电系统结构

独立光伏发电也叫离网光伏发电，结构如图 8-7（a）所示，主要由太阳能电池组件、控制器、蓄电池组成，若要为交流负载供电，还需要配置交流逆变器。

并网光伏发电就是太阳能组件产生的直流电经过并网逆变器转换成符合市电电网要求的交流电之后直接接入公共电网，如图 8-7（b）所示，可以分为带蓄电池的和不带蓄电池的并网发电系统。带有蓄电池的并网发电系统具有可调度性，可以根据需要并入或退出电网，还具有备用电源的功能，当电网因故停电时可紧急供电。带有蓄电池的光伏并网发电系统常常安装在居民建筑；不带蓄电池的并网发电系统不具备可调度性和备用电源的功能，一般安装在较大型的系统上。并网光伏发电有集中式大型并网光伏电站，一般都是国家级电站，主要特点是将所发电能直接输送到电网，由电网统一调配向用户供电。但这种电站投资大、建设周期长、占地面积大，还没有太大发展。而分散式小型并网光伏，特别是光伏建筑一体化光伏发电，由于投资小、建设快、占地面积小、政策支持力度大等优点，是并网光伏发电的主流。

2. 光伏直流变换电路

光伏直流变换电路的主要功能是：实现"最大功率点跟踪（MPPT）"，即：随着天气（辐照度、温度）变化，实时调整负载的伏安特性使其相交于光伏电池伏安特性的最大功率输出点处，降低负载失配功率损失。

光伏电池是一种输出特性迥异于常规电源的直流电源，对电压接受型负载（如蓄电池）、电流接受型（如永磁直流电动机）、纯阻性负载 3 种不同类型的负载，其匹配特性也迥然相异。

光伏直流变换电路主要有脉冲宽度调制（PWM）和脉冲频率调制（PFM）两种方法，其中 PWM 为常用控制方法。光伏直流变换器主电路分直接变换和间接变换两大类，直接变换有 Buck（降压）变换器、Boost（升压）变换器等，间接变换有单端正激变换器、单端反激变换器等，其中 Buck 变换器、Boost 变换器主电路是最基本的变换器拓扑，由此可派生出多种组合结构。

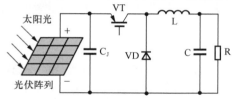

图8-8　Buck变换器主电路

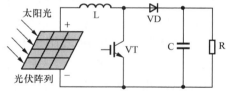

图8-9　Boost变换器主电路

Buck 变换器主电路如图 8-8 所示，VT、VD、L、C 组成降压斩波器，调节开关管 VT 的开通占空比可调节负载电压，以调节光伏阵列工作点。设置 C_S 是为了保证光伏阵列输出电流连续，以免发电功率损失。该电路具有结构简单、效率高、易控制的特点。

Boost 变换器主电路如图 8-9 所示，L、VT、VD、C 组成升压斩波器。当开关管 VT 开通时，L 储能；开关管 VT 关断时，L 所储磁能转化成的感应电压与光伏阵列输出电压串联相加向负载供电，开关管 VT 的开通占空比增大时输出电压增大。适当调节占空比，可调整光伏阵列输出电压，使其处于最大功率点电压，且该电路可将光伏阵列输出电压升高。该电路结构简单、效率高、易控制，但不能进行降压变换。

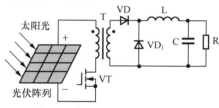

图8-10　单端正激变换器

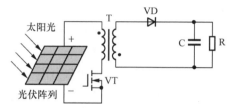

图8-11　单端反激变换器

单端正激变换器如图 8-10 所示，在 VT 开通时，光伏阵列经变压器 T 向 C、R 馈电，调节占空比或 T 的变比，可调节输出电压，多用于小容量的降压电路，需采取磁芯复位措施。

单端反激变换器如图 8-11 所示，在 VT 关断时，光伏阵列经变压器 T 向 C、R 馈电。它具有元件少、易实现多路输出的优点，但变压器的励磁电流仍为单向。

3. 光伏逆变电路

"逆变"是将直流电变换为极性周期改变的交流电。离网型光伏发电系统中的逆变器多采用电压源型逆变器。随着全控型电力电子器件和脉宽调制技术的进步，采用桥式主电路、以标准正弦波作为 PWM 调制波的正弦脉宽调制（SPWM）技术是目前应用最广泛的电压源逆变器控制技术，为了使逆变器输出电压滤波后尽量正弦化，出现了选择性消谐波等优化的 PWM 技术。在此基础上，进一步出现了以控制输出电流正弦化为目标的电流瞬时值滞环跟踪 PWM 控制技术和针对三相桥式电压型逆变器的电压空间矢量 PWM（SVPWM）技术。SVPWM 具有直流电压利用率高、动态响应快、开关损耗低、输出电压波形的总谐波畸变率低等优点，在三相电压型逆变器控制中的应用日益广泛。

（1）离网型光伏发电逆变电路。离网型光伏发电逆变电路一般采用电压源型逆变器，图 8-12 为单相全桥电压源型逆变器结构示意图。图中 C_s 为直流侧滤波电路，L_1、C_1 为交流输出滤波器，T 为变压器。

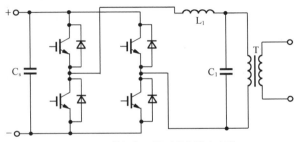

图8-12 单相电压源型逆变器主电路

离网型三相光伏发电系统中的逆变器主要有两种形式：一是采用图 8-12 所示的 3 个单相全控桥逆变器组合（例如并联）为三相电压源逆变器，其存在元器件多、成本高、体积大的缺点；二是采用三相桥式电压源型逆变器（见图 8-13），其利用 3 个桥臂构成的变换器取替三组单相全控桥逆变器，具有结构简单、成本低、体积小的优点，应用广泛。

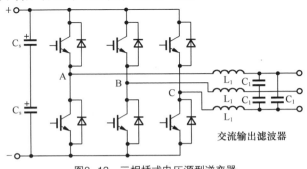

图8-13 三相桥式电压源型逆变器

（2）并网型光伏发电逆变器。并网型光伏发电逆变器电路的控制目标是使逆变器输出电压幅值、频率、相位与电网一致，输出电流波形谐波小，实现向电网无扰动平滑供电。

按功率级数，并网型光伏发电系统中的功率变换器有单极式、两级式两种结构，其中单极式结构简单，无 DC-DC 环节，光伏陈列直接经逆变器并网，但电网与光伏发电系统直流母线间无能量解耦环节，使实现 MPPT、逆变、并网控制的算法复杂。如图 8-7（b）为两级式，先通过前级的 DC-DC 变换实现 MPPT，然后再经后级的 DC-AC 变换进行逆变、并网控制，两级控制可以解耦，控制算法较为简单。

按逆变器输出与电网之间是否接有隔离变压器分为隔离型和非隔离型，隔离型不仅提高了安全性，且可通过选择隔离变压器变比调节电压变换范围，增大了直流母线电压的输入范围，故可根据场地要求进行光伏阵列优化设计。图 8-14 为有隔离变压器的电压型三相大功率并网逆变器的结构示意图。

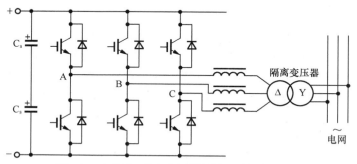

图8-14　电压型三相大功率并网逆变器的结构示意图

按控制方式分类，有电压源电压控制、电压源电流控制、电流源电压控制和电流源电流控制 4 种方法。以电流源为输入的逆变器，其直流侧需要串联一大电感提供较稳定的直流电流输入，但由于大电感往往会导致系统动态响应差，因此当前世界范围内大部分并网逆变器均采用以电压源输入为主的方式。

按照逆变器与市电并联运行的输出控制可分为电压控制和电流控制。如果逆变器的输出采用电流控制，则只需控制逆变器的输出电流以跟踪市电电压，即可达到并联运行的目的。由于其控制方法相对简单，因此使用比较广泛。

综合以上所述原因，光伏并网逆变器一般都采用电压源输入、电流源输出的控制方式。典型逆变电路有：单相直接逆变系统、半控桥逆变技术系统、多 DC-DC（MPPT）逆变系统，如图 8-15～图 8-17 所示。

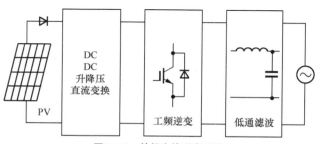

图8-15　单相直接逆变系统

4. 光伏发电中电力电子技术的发展

（1）光伏发电中的多电平逆变器。在交流大功率变换领域，常采用开关器件串/并联、多重化（功率变换装置串/并联）及多电平变换等技术以解决电力电子器件耐压与功率变换电压等级的矛盾，其中多电平变换技术已成为研究热点。传统的逆变器亦称为二电平逆变器，其在一个开关周期内逆变桥臂的相电压输出电平仅为二电平。多电平技术源于日本学者 1981 年提出的中点钳位型多电平逆变电路。目前，多电平逆变电路主要有二极管钳位型、电容钳位型和独立直流源级联型 3 种拓扑类型。光伏阵列可灵活组合，故光伏并网系统易实现 3 电平和级联方式并网以改善并网电流波形。为了解决阴影问题和光伏模块之间不匹配问题，一些学者提出采用二极管钳位型多电平逆变器、级联 H 桥型变换器实现独立控制每一个光伏模块，使其各自工作在最大功率点，从而提高系统效率，减少输出电压谐波。二极管钳位型三电平逆变器主电路如图 8-18 所示，级联型五电平变换器单臂电路如图 8-19 所示。

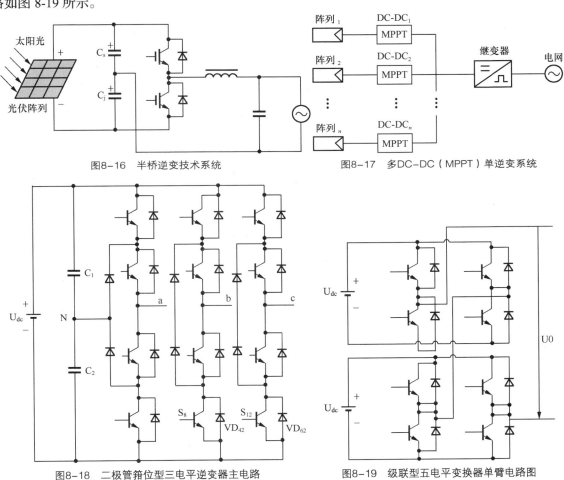

图8-16 半桥逆变技术系统

图8-17 多DC-DC（MPPT）单逆变系统

图8-18 二极管箝位型三电平逆变器主电路

图8-19 级联型五电平变换器单臂电路图

（2）Z 源光伏并网逆变器。目前，应用中的并网型光伏发电逆变电路拓扑以电压源型逆变器为主。电压源型、电流源型逆变器存在的共同缺点为：输出交流电压受到限制，桥臂开关器件的开关状态受限，均需加入相应死区时间。对传统逆变器直流侧的单级储能电路（并联电容或串联电感）采用如图 8-20 所示的 Z 源（阻抗源）储能网络替换，构成"Z 源逆变器"。

　　Z 源逆变器的直流侧储能电路是由电感、电容组成的对称交叉型阻抗源网络，其结合了传统电压源型、电流源

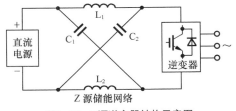

图8-20 Z源逆变器结构示意图

型逆变器直流侧缓冲和储能电路的特点，从而满足了逆变电路桥臂可开路和短路的条件，克服了传统逆变器的局限。因 Z 源逆变器可靠性高、效率高、结构简单，且具有升降压变换功能，故在光伏发电系统中应用前景广阔。

三、习题与思考

1. 简述光伏发电的基本原理。
2. 请简要说出单相电压源型逆变器与三相电压源逆变器的联系与差别。
3. 试说明离网光伏发电系统和并网光伏发电系统。
4. 请简要说出单相直接逆变系统的工作原理。
5. 光伏发电中哪些环节涉及电力电子技术？
6. 试说说你所了解的光伏发电的应用。

附 录

任务单

附表 1 　　　　　　　　　　　　　**晶闸管测试任务单**

班级：_____ 　组别：_____ 　学号：_____ 　姓名：_____ 　操作日期：_____

<table>
<tr><td colspan="3" align="center">测试前准备</td></tr>
<tr><td>序号</td><td>准备内容</td><td align="center">准备情况自查</td></tr>
<tr><td rowspan="3">1</td><td rowspan="3">知识准备</td><td>晶闸管外形是否熟悉　　　　　　　　　是□　　否□</td></tr>
<tr><td>晶闸管内部结构是否了解　　　　　　　是□　　否□</td></tr>
<tr><td>万用表晶闸管测试方法是否掌握　　　　是□　　否□</td></tr>
<tr><td rowspan="2">2</td><td rowspan="2">材料准备</td><td>晶闸管　　　　　　　　　　　　　1 个□　2 个□</td></tr>
<tr><td>万用表是否完好　　　　　　　　　　　是□　　否□</td></tr>
<tr><td colspan="3" align="center">测试过程记录</td></tr>
<tr><td>步骤</td><td>内容</td><td align="center">数据记录</td></tr>
<tr><td rowspan="2">1</td><td rowspan="2">观察外形</td><td>你的晶闸管是：□平板式　　　□小电流 TO-92 塑封式　　　□小电流螺旋式
　　　　　　　　□大电流螺旋式　□小电流 TO-220AB 型塑封式　□其他_____

外观判断管脚说明：_____

晶闸管型号_____

型号含义_____</td></tr>
</table>

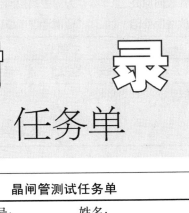

测试极间电阻并判断好坏（步骤 2）

被测晶闸管	R_{AK}（Ω）	R_{KA}（Ω）	R_{KG}（Ω）	R_{GK}（Ω）	结论
晶闸管 1					
晶闸管 2					

测试的管脚与外观判断的管脚是否相符　　　　是□　　　　否□

续表

步骤	内容	数 据 记 录		
3	收尾	晶闸管放回原处☐　　　　万用表挡位回位☐　　　　垃圾清理干净☐ 凳子放回原处☐　　　　台面清理干净☐		
验收				
完成时间		提前完成☐　　　按时完成☐　　　延期完成☐　　　未能完成☐		
完成质量		优秀☐　　　　良好☐　　　　中☐　　　　及格☐　　　　不及格☐ 　　　　　　　　　　　　教师签字：　　　　　　　日期：		

附表2　　　　　　　　　　晶闸管导通关断条件测试任务单

班级：_____　组别：_____　学号：_____　姓名：_____　操作日期：_____

		测试前准备				
序号	准备内容	准备情况自查				

序号	准备内容	准备情况自查
1	知识准备	① 晶闸管的3个极是否清楚　　　是□　否□ ② 本次测试目的是否清楚　　　是□　否□ ③ 本次测试接线图是否明白　　　是□　否□
2	材料准备	① 挂件是否具备　　　DJK01□　　DJK06□　　DJK07□　　DJK09□ ② 三相电源是否完好　　　是□　否□ ③ 连接电路的器件是否找到　　　电源接线端子□　　　单相自耦调压器□ 　　　　　　　　　　　　　　　整流及滤波□　　　　晶闸管□ 　　　　　　　　　　　　　　　电压表□　　　　　　电流表□ 　　　　　　　　　　　　　　　灯泡□　　　　　　　15V可调给定电压□ 　　　　　　　　　　　　　　　导线□

测试过程记录

步骤	内容	数 据 记 录
1	通电前检查	接线检查□　　　　　　　DJK06上的给定电位器 R_{P1} 沿逆时针旋到底□ S_2 拨到"接地"侧□　　单相调压器逆时针调到底□ 整流输出 U_o=_____V　　门极电压 U_g=_____V

步骤	内容	实验顺序	实验前灯泡	阳极电压	门极电压	实验后灯泡	结论
2	导通条件测试	1	暗	反向	反向		
		2	暗	反向	零		
		3	暗	反向	正向		
		4	暗	正向	反向		
		5	暗	正向	零		
		6	暗	正向	正向		
3	关断条件测试	实验顺序	实验前灯泡	阳极电压	门极电压	实验后灯泡	结论
		1	亮	正向	正向		
		2	亮	正向	零		
		3	亮	正向	反向		
		4	亮	正向（逐渐减小到接近于零）	断开		

电流从_____突然降到零。

续表

步骤	内容	数 据 记 录	
4	收尾	DJK01 电源开关关闭□ 单相自耦调压器逆时针调到底□ DJK06 上的给定电位器 R_{P1} 沿逆时针旋到底□ 台面清理干净□	接线全部拆除并整理好□ DJK06 电源开关关闭□ 凳子放回原处□ 垃圾清理干净□
验收			
完成时间	提前完成□　　　按时完成□　　　延期完成□　　　未能完成□		
完成质量	优秀□　　　良好□　　　中□　　　及格□　　　不及格□ 　　　　　　　　　　　　　教师签字：　　　　　　日期：		

附表3　　　　　　　　　　　　　单结晶体管测试任务单

班级：＿＿＿＿＿　组别：＿＿＿＿＿　学号：＿＿＿＿＿　姓名：＿＿＿＿＿＿　操作日期：＿＿＿＿＿＿＿＿

测试前准备		
序号	准备内容	准备情况自查
1	知识准备	单结晶体管外形是否熟悉　　　　　　　是□　　否□ 单结晶体管内部结构是否了解　　　　　是□　　否□ 万用表测试单结晶体管方法是否掌握　　是□　　否□
2	材料准备	单结晶体管　　　　　　　　　　　1个□　2个□ 万用表是否完好　　　　　　　　　　是□　　否□

测试过程记录		
步骤	内容	数 据 记 录
1	观察外形	单结晶体管型号＿＿＿＿＿＿＿＿＿＿＿＿＿＿＿＿＿ 型号含义＿＿＿＿＿＿＿＿＿＿＿＿＿＿＿＿＿＿＿＿＿
2	测量极间电阻	见下表

被测单结晶体管	阻值（Ω）	
	单结晶体管 1	单结晶体管 2
R_{eb1}		
R_{b1e}		
R_{eb2}		
R_{b2e}		
R_{b1b2}		
结论		

步骤	内容	
3	收尾	单结晶体管放回原处□　　　万用表挡位回位□　　　　垃圾清理干净□ 凳子放回原处□　　　　　　台面清理干净□

验收		
完成时间	提前完成□　　　按时完成□　　　延期完成□　　　未能完成□
完成质量	优秀□　　　　良好□　　　　中□　　　及格□　　　不及格□

教师签字：　　　　　　　　　　　　日期：

附表 4　　　　　　　　　　　　单结晶体管触发电路调试任务单

班级：_____　组别：_____　学号：_____　姓名：_____　操作日期：_____

		测试前准备		
序号	准备内容	准备情况自查		
1	知识准备	单结晶体管触发电路工作原理和各点理论波形是否清楚　　是□　　否□ 本次测试目的是否清楚　　是□　　否□ 本次测试接线是否明白　　是□　　否□		
2	材料准备	挂件是否具备　　　　DJK01□　　　　　　　　　　　DJK03-1□ 三相电源是否完好　　　是□　　　　　　　　　　　否□ DJK03-1 面板上与本次实训相关内容是否找到（外接 220V 电源□ 单结晶体管触发电路□　　　　　　DJK03-1 挂件电源开关□） 导线□　　　　　示波器□　　　　　示波器探头□		

		测试过程记录		
步骤	内容	数 据 记 录		
1	接线	DJK01 上电源选择开关是否打到"直流调速"　　　　是□　　否□ 交流电压（A、B）是否接到 DJK03-1 电源开关右下方的"外接 220V"端子 　　　　　　　　　　　　　　是□　　否□		

数据 1（4 点波形最密）

测试点	同步电压 u_2	1 点	2 点	3 点	4 点	5 点	GK
波形							
幅值							
频率							

数据 2（4 点波形最疏）

测试点	同步电压 u_2	1 点	2 点	3 点	4 点	5 点	GK
波形							
幅值							
频率							

分析总结两组波形的异同：

3	收尾	DJK03-1 挂件电源开关关闭□　　　　DJK01 电源开关关闭□ 接线全部拆除并整理好□　　　　　　示波器电源开关关闭□ 凳子放回原处□　　　　　台面清理干净□　　　　　垃圾清理干净□

（步骤 2 内容：单结晶体管触发电路调试）

续表

验收				
完成时间	提前完成□	按时完成□	延期完成□	未能完成□
完成质量	优秀□　　　良好□　　　中□　　　及格□　　　不及格□			
	教师签字：　　　　　　　日期：			

附表5 　　　　　　　　**单相半波可控整流电路电阻性负载调试任务单**

班级：_____ 　组别：_____ 　学号：_____ 　姓名：_____ 　操作日期：_____

		测试前准备
序号	准备内容	准备情况自查
1	知识准备	单相半波可控整流电路不同控制角时理论波形是否清楚　　是□　　否□ 本次测试接线图是否熟悉　　　　　　　　　　　　　　是□　　否□
2	材料准备	挂件是否具备　　　　　　DJK01□　　DJK02□　　DJK03-1□　　DJK06□ 三相电源是否完好　　　　　　　　　　　　　　　　　是□　　否□ 实训台上仪表是否找到　　　　　　　　　直流电压表□　　直流电流表□ DJK03-1面板上与本次实训相关内容是否找到（外接220V电源□ 　　　　　　　　　　单结晶体管触发电路□　　　　JK03-1挂件电源开关□） 导线□　　　　示波器□　　　　示波器探头□　　　　万用表□

		测试过程记录
步骤	内容	数 据 记 录
1	接线	DJK01上电源选择开关是否打到"直流调速"　　　　　是□　　否□ 交流电压（A、B）是否接到DJK03-1电源开关右下方的"外接220V"端子 　　　　　　　　　　　　　　　　　　　　　　　　是□　　否□ DJK02中"正桥触发脉冲"对应控制VS_1的触发脉冲G_1、K_1开关位置 　　　　　　　　　　　　　　　　　　　　　　断□　　通□
2	触发 电路 调试	触发电路移相范围_____。
3	调光 灯电 路调 试	灯泡亮度是否可调　　是□　　否□　　电压表读数的变化范围_____。 表格见下

灯泡亮度是否可调　是□　否□　电压表读数的变化范围_____。

α	0°或 最小值	30°	60°	90°	120°	150°	180° 或最大值
U_2（测量值）							
负载电压波形u_d							
晶闸管两端电压 波形u_T							
U_d（测量值）							
U_d（计算值）							

分析U_d测量值和计算值误差产生的原因。

续表

步骤	内容	数　据　记　录		
4	收尾	DJK03-1 挂件电源开关关闭□ 　　　　DJK01 电源开关关闭□ 接线全部拆除并整理好□ 　　　　示波器电源开关关闭□ 凳子放回原处□ 　　　　台面清理干净□ 　　　　垃圾清理干净□		
验收				
完成时间	提前完成□ 　　按时完成□ 　　延期完成□ 　　未能完成□			
完成质量	优秀□ 　　良好□ 　　中□ 　　及格□ 　　不及格□ 教师签字：　　　　　　　　日期：			

附表6　　　　　　　　单相半波可控整流电路电感性负载调试任务单

班级：_____　组别：_____　学号：_____　姓名：_____　操作日期：_____

		测试前准备
序号	准备内容	准备情况自查
1	知识准备	单相半波可控整流电路不同控制角时理论波形是否清楚　　是□　　否□ 本次测试接线图是否熟悉　　　　　　　　　　　　　　　是□　　否□
2	材料准备	挂件是否具备　　　DJK01□　　DJK02□　　DJK03-1□　　DJK06□　　D42□ 三相电源是否完好　　　　　　　　　　　　　　　　　是□　　否□ 实训台上仪表是否找到　　　　　　直流电压表□　　　直流电流表□ DJK03-1面板上与本次实训相关内容是否找到（外接220V电源□ 　　　　　　　单结晶体管触发电路□　　　　　　　DJK03-1挂件电源开关□） 导线□　　　　示波器□　　　　示波器探头□　　　　万用表□

		测试过程记录
步骤	内容	数 据 记 录
1	接线	DJK01上电源选择开关是否打到"直流调速"　　是□　否□ 交流电压（A、B）是否接到DJK03-1电源开关右下方的"外接220V"端子 　　　　　　　　　　　　　　　　　　　是□　否□ DJK02中"正桥触发脉冲"对应控制VS_1的触发脉冲G_1、K_1开关位置 　　　　　　　　　　　　　　　　　　　断□　通□ 二极管接线是否正确　　　　　　　　　　是□　否□ 与二极管连接的开关位置　　　　　　　　断□　通□ 负载电阻_____Ω
2	不接续流二极管电路调试	触发电路移相范围_____。 表格如下

不接续流二极管电路调试部分表格：

α	30°	60°	90°	120°	150°
U_2（测量值）					
负载电压波形 u_d					
U_d（测量值）					

续表

步骤	内容	数 据 记 录					
3	接续流二极管电路调试	α	30°	60°	90°	120°	150°
		U_2（测量值）					
		负载电压波形 u_d					
		U_d（测量值）					
		U_d（计算值）					
		1.总结接续流二极管和不接续流二极管时，输出电压波形和输出电压值的区别。 2.比较接续流二极管时，U_d测量值和计算值误差并分析原因。					
4	收尾	DJK03-1 挂件电源开关关闭□　　　　　　DJK01 电源开关关闭□ 接线全部拆除并整理好□　　　　　　　示波器电源开关关闭□ 凳子放回原处□　　　　　　　　台面清理干净□　　　　　　垃圾清理干净□					
验收							
完成时间		提前完成□　　　　按时完成□　　　　延期完成□　　　　未能完成□					
完成质量		优秀□　　　　良好□　　　　中□　　　　及格□　　　　不及格□ 　　　　　　　　　　　　　　教师签字：　　　　　　　日期：					

附表7　　　　　　　　　　　锯齿波同步触发电路调试任务单

班级：＿＿＿＿＿＿　　组别：＿＿＿＿＿＿　　学号：＿＿＿＿＿＿　　姓名：＿＿＿＿＿＿　　操作日期：＿＿＿＿＿＿＿＿＿

测试前准备		
序号	准备内容	准备情况自查
1	知识准备	锯齿波触发电路工作原理和各点理论波形是否清楚　　　是□　　否□ 本次测试目的是否清楚　　　是□　　否□ 本次测试接线是否明白　　　是□　　否□
2	材料准备	挂件是否具备　　　　　　　　　　　　DJK01□　　DJK03-1□ 三相电源是否完好　　　　　　　　　　　　　是□　　否□ DJK03-1面板上与本次实训相关内容是否找到（外接220V电源□ 　　　　　　锯齿波同步触发电路□　　　　　　DJK03-1挂件电源开关□） 导线□　　　　　　　　示波器□　　　　　　　　示波器探头□

测试过程记录		
步骤	内容	数 据 记 录
1	接线	DJK01上电源选择开关是否打到"直流调速"　　　　　是□　　否□ 交流电压（A、B）是否接到DJK03-1电源开关右下方的"外接220V"端子 　　　　　　　　　　　　　　　　是□　　否□
2	触发电路调试	<table><tr><td>测试点</td><td>波形</td><td>波形分析</td></tr><tr><td>同步电压</td><td></td><td>示波器读出电压峰值＿＿＿＿V 频率＿＿＿＿Hz</td></tr><tr><td>1点</td><td></td><td>波形幅值＿＿＿V；波形宽度＿＿＿ms； 波形形成的原因：</td></tr><tr><td>2点</td><td></td><td>锯齿波宽度＿＿＿ms（电角度＿＿＿°）； R_{P1}增大，波形斜率如何变化？</td></tr><tr><td>3点</td><td></td><td>波形幅值＿＿＿V；波形宽度＿＿＿ms； 调节R_{P2}，记录波形变化。</td></tr><tr><td>4点</td><td></td><td>波形幅值＿＿＿V；波形宽度＿＿＿ms（电角度＿＿＿°）； 调节R_{P2}，记录波形变化。</td></tr><tr><td>5点</td><td></td><td>波形幅值＿＿＿V；波形宽度＿＿＿ms（电角度＿＿＿°）； 调节R_{P2}，记录波形变化。</td></tr><tr><td>6点</td><td></td><td>波形幅值＿＿＿V；波形宽度＿＿＿ms（电角度＿＿＿°）； 调节R_{P2}，记录波形变化，该电路移相范围＿＿＿°。</td></tr><tr><td>GK</td><td></td><td>波形幅值＿＿＿V；波形宽度＿＿＿ms（电角度＿＿＿°）； 调节R_{P2}，记录波形变化。</td></tr></table>
3	收尾	DJK03-1挂件电源开关关闭□　　　　DJK01电源开关关闭□ 接线全部拆除并整理好□　　　　示波器电源开关关闭□ 凳子放回原处□　　　　　　台面清理干净□　　　　　垃圾清理干净□

续表

验收				
完成时间	提前完成□	按时完成□	延期完成□	未能完成□
完成质量	优秀□　　　良好□　　　中□　　　及格□　　　不及格□ 　　　　　　　　　　　　　教师签字：　　　　　　日期：			

附表 8   **西门子 TCA785 触发电路调试任务单**

班级：_____   组别：_____   学号：_____   姓名：_____   操作日期：_____

		测试前准备	
序号	准备内容		准备情况自查
1	知识准备	西门子 TCA 785 触发电路工作原理和各点理论波形是否清楚 是□ 否□ 本次测试目的是否清楚 是□ 否□ 本次测试接线是否明白 是□ 否□	
2	材料准备	挂件是否具备 DJK01□ DJK03-1□ 三相电源是否完好 是□ 否□ DJK03-1 面板上与本次实训相关内容是否找到（外接 220V 电源□ 单相晶闸管触发电路□ DJK03-1 挂件电源开关□） 导线□ 示波器□ 示波器探头□	

		测试过程记录	
步骤	内容		数 据 记 录
1	接线	DJK01 上电源选择开关是否打到"直流调速" 是□ 否□ 交流电压（A、B）是否接到 DJK03-1 电源开关右下方的"外接 220V"端子 是□ 否□	
2	触发电路调试	测试点 波形 波形分析	

触发电路调试 测试点表格：

测试点	波形	波形分析
同步电压		示波器读出电压峰值____ V 频率____ Hz
1 点		波形幅值____V；波形宽度____ms； 波形形成的原因：
2 点		波形幅值____V；波形宽度____ms； R_{P1} 增大，波形斜率如何变化？
3 点		3 点和 4 点波形相差____°；
		脉冲宽度____ms； 移相范围____°。

| 3 | 收尾 | DJK03-1 挂件电源开关关闭□   DJK01 电源开关关闭□
接线全部拆除并整理好□   示波器电源开关关闭□
凳子放回原处□   台面清理干净□   垃圾清理干净□ | |

		验收	
完成时间	提前完成□ 按时完成□ 延期完成□ 未能完成□		
完成质量	优秀□ 良好□ 中□ 及格□ 不及格□ 教师签字： 日期：		

附表9   **单相桥式全控整流电路电阻性负载调试任务单**

班级： _____   组别： _____   学号： _____   姓名： _____   操作日期： _____

		测试前准备
序号	准备内容	准备情况自查
1	知识准备	单相桥式全控整流电路不同控制角时理论波形是否清楚 是☐ 否☐ 本次测试接线图是否熟悉 是☐ 否☐
2	材料准备	挂件是否具备 DJK01☐ DJK02☐ DJK03-1☐ DJK06☐ 三相电源是否完好 是☐ 否☐ 实训台上仪表是否找到 直流电压表☐ 直流电流表☐ DJK03-1 面板上与本次实训相关内容是否找到（外接 220V 电源☐ 锯齿波同步触发电路☐ DJK03-1 挂件电源开关☐） 导线☐ 示波器☐ 示波器探头☐ 万用表☐

		测试过程记录
步骤	内容	数 据 记 录
1	接线	DJK01 上电源选择开关是否打到"直流调速" 是☐ 否☐ 交流电压（A、B）是否接到 DJK03-1 电源开关右下方的"外接 220V"端子 是☐ 否☐ DJK02 中"正桥触发脉冲"对应晶闸管的触发脉冲开关位置 断☐ 通☐
2	触发电路调试	控制电压 U_{ct} 调至零（将电位器 R_{P2} 顺时针旋到底）时，是否调节偏移电压 U_b（即调 R_{P3} 电位器），使 $\alpha=180°$ 是☐ 否☐
3	调光灯电路调试	灯泡亮度是否可调 是☐ 否☐ 电压表读数的变化范围_____。 （见下表） 分析 U_d 测量值和计算值误差产生的原因。

α	0°或最小值	30°	60°	90°	120°
U_2（测量值）					
负载电压波形 u_d					
晶闸管两端电压波形 u_T					
U_d（测量值）					
U_d（计算值）					

续表

步骤	内容	数 据 记 录		
4	收尾	DJK03-1 挂件电源开关关闭□　　　　DJK01 电源开关关闭□ 接线全部拆除并整理好□　　　　示波器电源开关关闭□ 凳子放回原处□　　　　台面清理干净□　　　　垃圾清理干净□		
验收				
完成时间		提前完成□　　　按时完成□　　　延期完成□　　　未能完成□		
完成质量		优秀□　　　良好□　　　中□　　　及格□　　　不及格□ 　　　　　　　　　　　教师签字：　　　　　　　　日期：		

附表 10　　　　**单相桥式全控整流电路电阻电感性负载调试任务单**

班级：_____　组别：_____　学号：_____　姓名：_____　操作日期：_____

		测试前准备
序号	准备内容	准备情况自查
1	知识准备	单相桥式全控整流电路不同控制角时理论波形是否清楚　　　是□　　否□ 本次测试接线图是否熟悉　　　　　　　　　　　　　　　是□　　否□
2	材料准备	挂件是否具备　　DJK01□　　DJK02□　　DJK03-1□　　DJK06□　　D42□ 三相电源是否完好　　　　　　　　　　　　　　　　　　是□　　否□ DJK03-1 面板上与本次实训相关内容是否找到（外接 220V 电源□ 　　　　　　锯齿波同步触发电路□　　　　　　　　DJK03-1 挂件电源开关□） 导线□　　　　　　　示波器□　　　　　　　示波器探头□

		测试过程记录
步骤	内容	数 据 记 录
1	接线	DJK01 上电源选择开关是否打到"直流调速"　　　　　　是□　　否□ 交流电压（A、B）是否接到 DJK03-1 电源开关右下方的"外接 220V"端子 　　　　　　　　　　　　　　　　　　　　　　　　　是□　　否□ DJK02 中"正桥触发脉冲"对应晶闸管的触发脉冲开关位置　断□　　通□ 二极管接线是否正确　　　　　　　　　　　　　　　　　是□　　否□ 与二极管连接的开关位置　　　　　　　　　　　　　　　断□　　通□ 负载电阻_____Ω

步骤	内容						
2	不接续流二极管电路调试	α	30°	60°	90°	120°	150°
		U_2（测量值）					
		负载电压波形 u_d					
		U_d（测量值）					

步骤	内容						
3	接续流二极管电路调试	α	30°	60°	90°	120°	150°
		U_2（测量值）					
		负载电压波形 u_d					
		U_d（测量值）					
		U_d（计算值）					

1.总结接续流二极管和不接续流二极管时，输出电压波形和输出电压值的区别。

2.比较接续流二极管时，U_d 测量值和计算值误差并分析原因。

续表

步骤	内容	数 据 记 录		
4	收尾	DJK03-1 挂件电源开关关闭□　　　　　DJK01 电源开关关闭□ 接线全部拆除并整理好□　　　　　　示波器电源开关关闭□ 凳子放回原处□　　　　　　　　　　台面清理干净□　　　　　　垃圾清理干净□		
验收				
完成时间		提前完成□　　　按时完成□　　　延期完成□　　　未能完成□		
完成质量		优秀□　　　良好□　　　中□　　　及格□　　　不及格□ 　　　　　　　　　　　　　　　教师签字：　　　　　日期：		

附表 11　　　　　　　　双向晶闸管测试任务单

班级：_____　　组别：_____　　学号：_____　　姓名：_____　　操作日期：_____

		测试前准备		

序号	准备内容	准备情况自查		
1	知识准备	双向晶闸管外形是否熟悉	是□	否□
		双向晶闸管内部结构是否了解	是□	否□
		用万用表测试双向晶闸管的方法是否掌握	是□	否□
2	材料准备	双向晶闸管	1 个□	2 个□
		万用表是否完好	是□	否□

测试过程记录

步骤	内容	数 据 记 录				
1	观察外形	你的双向晶闸管是 □平板式　　　□小电流 TO-92 塑封式　　　□小电流螺旋式 □大电流螺旋式　　□小电流 TO-220AB 型塑封式　□其他 外观判断管脚说明：_____ 双向晶闸管型号_____ 型号含义_____				

步骤	内容	被测双向晶闸管	R_{T1T2}（Ω）	R_{T2T1}（Ω）	R_{T1G}（Ω）	R_{GT1}（Ω）	结论
2	双向晶闸管管脚判别及测试	双向晶闸管 1					
		双向晶闸管 2					
		测试的管脚与外观判断的管脚是否相符　　　　　　是□　　　否□					

3	收尾	双向晶闸管放回原处□　　万用表挡位回位□　　　　垃圾清理干净□ 凳子放回原处□　　　　台面清理干净□

验收

完成时间	提前完成□　　　按时完成□　　　延期完成□　　　未能完成□
完成质量	优秀□　　　良好□　　　中□　　　及格□　　　不及格□ 教师签字：　　　　　　　　　　日期：

附表 12　　　　双向晶闸管实现的单相交流调压电路调试任务单

班级：_____　　组别：_____　　学号：_____　　姓名：_____　　操作日期：_____

测试前准备		
序号	准备内容	准备情况自查
1	知识准备	单相交流调压电路不同控制角时理论波形是否清楚　　是□　　否□ 本次测试接线图是否熟悉　　是□　　否□
2	材料准备	挂件是否具备　　　　　　　　　　　　　　　　　DJK01□　DJK22□ 三相电源是否完好　　　　　　　　　　　　是□　　否□ 实训台上仪表是否找到　　交流电压表□ DJK22 面板上与本次实训相关内容是否找到（交流调压电路□　　灯座□ 　　　　　　　　　移相控制电位器□　　　　　　　　电源开关□) 导线□　　　　示波器□　　　　示波器探头□　　　　万用表□

测试过程记录		
步骤	内容	数 据 记 录
1	接线	DJK01 上电源选择开关是否打到"直流调速"　　是□　　否□ 在负载两端并接的是否交流电压表　　是□　　否□
2	调光灯电路调试	灯泡亮度是否可调　　是□　否□　　电压表读数的变化范围_____。

α	30°	60°	90°	120°
U_i（测量值）				
电容两端电压波形				
触发信号波形				
负载电压波形				
晶闸管两端电压波形				
负载两端电压测量值				
负载两端电压计算值				

分析负载两端电压测量值和计算值误差产生的原因。

续表

步骤	内容	数 据 记 录		
3	收尾	DJK22 挂件电源开关关闭□　　　　DJK01 电源开关关闭□ 接线全部拆除并整理好□　　　　示波器电源开关关闭□ 凳子放回原处□　　　　台面清理干净□　　　　垃圾清理干净□		
验收				
完成时间		提前完成□　　　按时完成□　　　延期完成□　　　未能完成□		
完成质量		优秀□　　　良好□　　　中□　　　及格□　　　不及格□ 　　　　　　　　　　　教师签字：　　　　　　日期：		

附表 13　　　双向晶闸管实现的单相交流调压电路调试任务单

班级：_____　　组别：_____　　学号：_____　　姓名：_____　　操作日期：_____

		测试前准备		
序号	准备内容	准备情况自查		
1	知识准备	单相交流调压电路不同控制角时理论波形是否清楚　　　　是□　　否□ 本次测试接线图是否熟悉　　　　　　　　　　　　　　是□　　否□		
2	材料准备	挂件是否具备　　　DJK01□　　　DJK02□　　　DJK03-1□　　　D42□ 三相电源是否完好　　　　　　　　　　　　　　　是□　　否□ 实训台上仪表是否找到　　　交流电压表□　　　　　交流电流表□ DJK03-1 面板上与本次实训相关内容是否找到（外接 220V 电源□ 　　　　　　单相交流调压触发电路□　　　　DJK03-1 挂件电源开关□） 导线□　　　　示波器□　　　示波器探头□　　　万用表□		

		测试过程记录		
步骤	内容	数 据 记 录		
1	接线	DJK01 上电源选择开关是否打到"直流调速"　　　　　是□　　否□ 交流电压（A、B）是否接到 DJK03-1 的"外接 220V"端子　是□　　否□ DJK02 中对应晶闸管的触发脉冲开关位置　　　　　　断□　　通□ 在负载两端并接的是否交流电压表　　　　　　　　　是□　　否□ 电路中串接的是否为交流电流表　　　　　　　　　　是□　　否□		
2	触发 电路 调试	调节电位器 R_{P1}，观察锯齿波斜率是否变化　　　　　是□　　否□ R_{P1} 增大，锯齿波斜率　　　　　　　　　　　增大□　减小□ 调节 R_{P2}，输出脉冲是否移动　　　　　　　　　是□　　否□ 移相范围_____。 表格如下： | 测试点 | 波形 | | 同步电压 | | | 1 点 | | | 2 点 | | | 3 点 | | | 4 点 | | | 5 点 | | | 输出脉冲 | |		

续表

步骤	内容	数 据 记 录				
3	电阻性负载调试	电压表读数的变化范围＿＿＿＿＿＿＿。				

α	30°	60°	90°	120°
U_i（测量值）				
负载电压波形				
晶闸管两端电压波形				
负载两端电压测量值				
负载两端电压计算值				

分析负载两端电压测量值和计算值误差产生的原因。

步骤	内容	数 据 记 录		
4	电阻电感性负载调试	负载 电路＿＿＿A　　控制角 α＿＿＿＿。		

	$\alpha > \varphi$	$\alpha = \varphi$	$\alpha < \varphi$
负载两端电压波形			

步骤	内容	数 据 记 录
5	收尾	DJK22 挂件电源开关关闭□　　　　　DJK01 电源开关关闭□ 接线全部拆除并整理好□　　　　　示波器电源开关关闭□ 凳子放回原处□　　　　　台面清理干净□　　　　　垃圾清理干净□

验收

完成时间	提前完成□　　　按时完成□　　　延期完成□　　　未能完成□
完成质量	优秀□　　　良好□　　　中□　　　及格□　　　不及格□

教师签字：　　　　　　　　　日期：

附表 14 　　　　　　　　　　三相集成触发电路调试任务单

班级：_____ 组别：_____ 学号：_____ 姓名：_____ 操作日期：_____

测试前准备		
序号	准备内容	准备情况自查
1	知识准备	三相集成触发电路原理是否了解　　　　　　　　　是□　　否□ 实验设备是否了解　　　　　　　　　　　　　　是□　　否□ 示波器使用方法是否掌握　　　　　　　　　　　是□　　否□
2	材料准备	实验台挂件是否齐全（ DJK01□　　DJK02□　　DJK02-1□　　DJK06□ ） 导线□　　　　　　示波器□　　　　　　示波器探头□　　　　　万用表□

调试过程记录		
步骤	内容	数 据 记 录
1	接线	DJK06 "给定"下方的"地"是否与 DJK02-1 上的"移相控制电压 U_{ct}"的"地"连接　　　　　　　　　　　　　　　　　　　　　是□　　否□
2	三相集成触发电路调试	<table><tr><td></td><td>波形</td><td>参数记录</td></tr><tr><td>同步信号（a相）</td><td></td><td>峰值　　　　V</td></tr><tr><td>锯齿波（a相）</td><td></td><td>锯齿波宽度（电角度）____。 锯齿波斜率电位器顺时钟旋转，斜率 变大□　　变小□</td></tr></table> 调节给定电压，脉冲移相范围_____。 VS₁ 和 VS₄ 相位相差_____。 ，VS₁ 和 VS₁' 相位相差_____。
3	收尾	DJK02-1 挂件电源开关关闭□　　　　DJK01 电源开关关闭□ 接线全部拆除并整理好□　　　　　　示波器电源开关关闭□ 凳子放回原处□　　　　　　　　　　台面清理干净□　　　　　　垃圾清理干净□

验收				
完成时间	提前完成□　　　按时完成□　　　延期完成□　　　未能完成□			
完成质量	优秀□　　　　良好□　　　　中□　　　　及格□　　　　不及格□ 　　　　　　　　　　　教师签字：　　　　　　　　日期：			

附表 15　　　　　　　　　三相半波可控整流电路调试任务单

班级：_____　组别：_____　学号：_____　姓名：_____　操作日期：_____

测试前准备		
序号	准备内容	准备情况自查
1	知识准备	三相半波可控整流电路原理是否了解　　　　　　是□　　否□ 接线图是否明白　　　　　　　　　　　　　　是□　　否□ 操作步骤以及需要测试的波形和数据是否清楚　　是□　　否□
2	材料准备	实验台挂件是否齐全　　DJK01□　　　　DJK02□　　　　DJK02-1□ 　　　　　　　　　　　DJK06□　　　D42□ 导线□　　　　示波器□　　　　　示波器探头□　　　　万用表□

测试过程记录		
步骤	内容	数 据 记 录
1	接线	DJK01 上电源选择开关是否打到"直流调速"　　　　　　　　是□　　否□ DJK02 中"正桥触发脉冲"对应晶闸管的触发脉冲开关位置　断□　　通□ 移相控制电压是否调到零　　　　　　　　　　　　　　　是□　　否□ 负载电阻_____Ω

步骤 2　电阻性负载调试

α	0°或最小值	30°	60°	90°	120°
U_2（测量值）					
负载电压波形 u_d					
晶闸管两端电压波形 u_T					
U_d（测量值）					
U_d（计算值）					

分析 U_d 测量值和计算值误差产生的原因。

步骤 3　电阻电感性负载不接续流二极管调试

α	最小值（$\alpha=$___°）	中间值（$\alpha=$___°）	最大值（$\alpha=$___°）
U_2（测量值）			
负载电压波形 u_d			
U_d（测量值）			
I_d（测量值）			

续表

步骤	内容	数 据 记 录			
4	电阻电感性负载接续流二极管调试	α	最小值（$\alpha=$　°）	中间值（$\alpha=$　°）	最大值（$\alpha=$　°）
		U_2（测量值）			
		负载电压波形 u_d			
		U_d（测量值）			
		I_d（测量值）			
5	收尾	挂件电源开关关闭□　　　　　　DJK01 电源开关关闭□ 接线全部拆除并整理好□　　　　示波器电源开关关闭□ 凳子放回原处□　　　　台面清理干净□　　　　垃圾清理干净□			

验收					
完成时间	提前完成□　　　按时完成□　　　延期完成□　　　未能完成□				
完成质量	优秀□　　　　良好□　　　　中□　　　　及格□　　　　不及格□ 　　　　　　　　　　　教师签字：　　　　　　日期：				

附表 16　　　　　　　　三相桥式全控整流电路调试任务单

班级：_____　　组别：_____　　学号：_____　　姓名：_____　　操作日期：_____

测试前准备		
序号	准备内容	准备情况自查
1	知识准备	三相半波可控整流电路原理是否了解　　　　　　　　是☐　　否☐ 接线图是否明白　　　　　　　　　　　　　　　　是☐　　否☐ 示波器使用方法是否掌握　　　　　　　　　　　　是☐　　否☐
2	材料准备	实验台挂件是否齐全　　DJK01☐　　　DJK02☐　　　DJK02-1☐ 　　　　　　　　　　　　DJK06☐　　　D42☐ 导线☐　　　　示波器☐　　　　示波器探头☐　　　　万用表☐

测试过程记录		
步骤	内容	数 据 记 录
1	接线	DJK01 上电源选择开关是否打到"直流调速"　　　　　　　是☐　　否☐ DJK02 中"正桥触发脉冲"对应晶闸管的触发脉冲开关位置　断☐　　通☐ 移相控制电压是否调到零　　　　　　　　　　　　　　　是☐　　否☐ 负载电阻_____Ω

步骤 2　电阻性负载调试

α	0°或最小值	30°	60°	90°	120°
U_2（测量值）					
负载电压波形 u_d					
晶闸管两端电压波形 u_T					
U_d（测量值）					
U_d（计算值）					

分析 U_d 测量值和计算值误差产生的原因。

步骤 3　电阻电感性负载不接续流二极管调试

α	最小值（α=___°）	中间值（α=___°）	最大值（α=___°）
U_2（测量值）			
负载电压波形 u_d			
U_d（测量值）			
I_d（测量值）			

续表

步骤	内容	数 据 记 录			
4	电阻电感性负载接续流二极管调试	α	最小值（$\alpha=$＿°）	中间值（$\alpha=$＿°）	最大值（$\alpha=$＿°）
		U_2（测量值）			
		负载电压波形 u_d			
		U_d（测量值）			
		I_d（测量值）			
5	收尾	挂件电源开关关闭□　　　　　DJK01 电源开关关闭□ 接线全部拆除并整理好□　　　示波器电源开关关闭□ 凳子放回原处□　　　　　　　台面清理干净□　　　　　垃圾清理干净□			
验收					
完成时间		提前完成□　　　按时完成□　　　延期完成□　　　未能完成□			
完成质量		优秀□　　　　良好□　　　　　中□　　　　及格□　　　　不及格□ 　　　　　　　　　　　教师签字：　　　　　　　日期：			

附表 17　　　　　　　三相桥式全控有源逆变电路调试任务单

班级：_____　组别：_____　学号：_____　姓名：_____　操作日期：_____

		测试前准备			
序号	准备内容	准备情况自查			
1	知识准备	三相桥式全控有源逆变电路原理是否了解		是□	否□
		接线图是否明白		是□	否□
		操作步骤和需要测试的波形和数据是否清楚		是□	否□
2	材料准备	实验台挂件是否齐全　　DJK01□　　DJK02□　　DJK02-1□			
		DJK06□　　DJK10□　　D42□			
		导线□　　　　示波器□　　　　示波器探头□　　　　万用表□			

		测试过程记录			
步骤	内容	数 据 记 录			
1	接线	DJK01 上电源选择开关是否打到"直流调速"		是□	否□
		DJK02 中"正桥触发脉冲"对应晶闸管的触发脉冲开关位置		断□	通□
		移相控制电压是否调到零		是□	否□
		负载电阻_____Ω			

		α	30°	60°	90°
2	电路调试	U_2（测量值）			
		负载电压波形 u_d			
		晶闸管两端电压波形 u_T			
		U_d（测量值）			
		U_d（计算值）			

3	故障模拟	断开的是哪个晶闸管的触发脉冲？_____ 整流输出电压 u_d 和晶闸管两端电压 u_T 的波形：

4	收尾	挂件电源开关关闭□　　　　DJK01 电源开关关闭□
		接线全部拆除并整理好□　　示波器电源开关关闭□
		凳子放回原处□　　　　台面清理干净□　　　　垃圾清理干净□

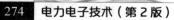
续表

验收				
完成时间	提前完成□	按时完成□	延期完成□	未能完成□
完成质量	优秀□	良好□	中□ 及格□	不及格□
			教师签字：	日期：

附表 18　　　　　GTR、MOSFET、IGBT、GTO 测试任务单

班级：_____　组别：_____　学号：_____　姓名：_____　操作日期：_____

测试前准备		
序号	准备内容	准备情况自查
1	知识准备	GTR、MOSFET、IGBT、GTO 外形是否熟悉　　是□　否□ GTR、MOSFET、IGBT、GTO 内部结构是否了解　　是□　否□ 万用表 GTR、MOSFET、IGBT、GTO 测试方法是否掌握　　是□　否□
2	材料准备	GTR□　　　　MOSFET□　　　　IGBT□　　　　GTO□ 万用表是否完好　　是□　否□

测试过程记录		
步骤	内容	数 据 记 录
1	观察外形	你的 GTR 型号是_____，型号含义_____ 外观判断管脚说明：_____ 你的 MOSFET 型号是_____，型号含义_____ 外观判断管脚说明：_____ 你的 IGBT 型号是_____，型号含义_____ 外观判断管脚说明：_____ 你的 GTO 型号是_____，型号含义_____ 外观判断管脚说明：_____

步骤 2　内容：器件管脚及好坏测试

被测器件	R_{be}	R_{eb}	R_{bc}	R_{cb}	R_{ce}	R_{ec}	结论
GTR							

测试的管脚与外观判断的管脚是否相符　　是□　否□

被测器件	R_{GD}	R_{DG}	R_{GS}	R_{SG}	结论
MOSFET					

测试的管脚与外观判断的管脚是否相符　　是□　否□

被测器件	R_{Ge}	R_{eG}	R_{Gc}	R_{cG}	R_{ce}	R_{ec}	结论
IGBT							

测试的管脚与外观判断的管脚是否相符　　是□　否□

被测器件	R_{AK}	R_{KA}	R_{GK}	R_{KG}	R_{AG}	R_{GA}	结论
GTO							

测试的管脚与外观判断的管脚是否相符　　是□　否□

续表

步骤	内容	数 据 记 录
3	器件性能测试	

被测器件	I_{ceo}	U_{ces}	U_{bes}	I_c	I_b	$h_{FE} = I_c / I_b$	放大能力
GTR							
结论：							

被测器件	GS 短接后 R_{SD}	GS 短接时 R_{DS}	G 充电后 R_{DS}	G 放电后 R_{DS}
MOSFET				
结论：				

被测器件	R_{CE}	IGBT 触发后 R_{CE}	IGBT 阻断后 R_{CE}
IGBT			
结论：			

被测器件	触发特性	关断能力	β_{OFF} 值
GTO			
结论：			

步骤	内容	数据记录
4	收尾	4 个器件全部放回原处□　　万用表挡位回位□　　垃圾清理干净□ 凳子放回原处□　　台面清理干净□

验收

完成时间	提前完成□　　按时完成□　　延期完成□　　未能完成□
完成质量	优秀□　　良好□　　中□　　及格□　　不及格□ 　　　　　　　　　　教师签字：　　　　　　日期：

附表 19　　　　　　　　**直流斩波电路调试任务单**

班级：_____　组别：_____　学号：_____　姓名：_____　操作日期：_____

测试前准备								
序号	准备内容	准备情况自查						
1	知识准备	直流斩波电路工作原理和各点理论波形是否清楚　　　　是□　　否□						
		本次测试目的是否清楚　　　　是□　　否□						
		本次测试接线是否明白　　　　是□　　否□						
2	材料准备	挂件是否具备　　DJK01□　　　　DJK09□　　　　　DJK20□　　　　D42□						
		三相电源是否完好　　　　　　　　　　是□　　否□						
		DJK09 面板上与本次实训相关内容是否找到（单相自耦调压器□　整流与滤波电路□）						
		导线□　　　　　　示波器□　　　　　　　示波器探头□						

测试过程记录									
步骤	内容	数 据 记 录							
1	控制与驱动电路的测试	Ur（V）	1.4	1.6	1.8	2.0	2.2	2.4	2.5
		11（A）占空比（%）							
		14（B）占空比（%）							
		PWM 占空比（%）							

观测点	A（11 脚）	B（14 脚）	PWM
波形类型			
幅值 A（V）			
频率 f（Hz）			

步骤	内容	
2	输入直流电源测试	通电前自耦调压器旋钮是否在最小位置　　　　　　是□　　否□
		直流电压＝_____V

3　三种典型的直流斩波电路测试

①降压斩波电路（Buck Chopper）调试记录

直流斩波电路输入直流电压 U_i＝_____V；计算 U_o 最大值 U_{omax}＝_____V；当负载电流最大值限制在 200mA 以内时，负载电阻 R 最小值 R_{min}＝_____Ω，电路中实际接的负载电阻＝_____Ω。

U_r（V）	1.4	1.6	1.8	2.0	2.2	2.4	2.5
占空比 α（%）							
U_i（V）							
U_o（V）							

续表

步骤	内容	数 据 记 录
3	三种典型的直流斩波电路测试	②升压斩波电路（Boost Chopper）调试记录 直流斩波电路输入直流电压 Ui=_____V；计算 Uo 最大值 Uomax=_____V；当负载电流最大值限制在 200mA 以内时，负载电阻 R 最小值 Rmin=_____Ω，电路中实际接的负载电阻=_____Ω。 ③升降压斩波电路（Boost-Buck Chopper）调试记录 直流斩波电路输入直流电压 U_i=_____V；计算 U_o 最大值 U_{omax}=_____V；当负载电流最大值限制在 200mA 以内时，负载电阻 R 最小值 R_{min}=_____Ω，电路中实际接的负载电阻=_____Ω。

②升压斩波电路（Boost Chopper）调试记录

U_r（V）	1.4	1.6	1.8	2.0	2.2	2.4	2.5
占空比 α（%）							
U_i（V）							
U_o（V）							

③升降压斩波电路（Boost-Buck Chopper）调试记录

U_r（V）	1.4	1.6	1.8	2.0	2.2	2.4	2.5
占空比 α（%）							
U_i（V）							
U_o（V）							

步骤	内容	数 据 记 录
4	收尾	挂件电源开关关闭□　　　　　　DJK01 电源开关关闭□ 接线全部拆除并整理好□　　　示波器电源开关关闭□ 凳子放回原处□　　　　台面清理干净□　　　　　垃圾清理干净□

验 收				
完成时间	提前完成□　　　按时完成□　　　延期完成□　　　未能完成□			
完成质量	优秀□　　　良好□　　　中□　　　及格□　　　不及格□ 　　　　　　　　　　　　　　教师签字：　　　　　　　日期：			

附表 20 　　　　　　　　**数字移相触发电路调试任务单**

班级：	组别：	学号：	姓名：	操作日期：

测试前准备		
序号	准备内容	准备情况自查
1	知识准备	数字移相触发电路工作原理和各点理论波形是否清楚　　是□　　否□ 本次测试目的是否清楚　　是□　　否□ 本次测试接线是否明白　　是□　　否□
2	材料准备	三相电源是否完好　　是□　　否□ 实验板板上与本次实训相关内容是否找到（三相电源□　　CD4046□ 　　　　　　　　给定电位器□　　　　　　　　数字移相触发电路□） 导线□　　　　　　　示波器□　　　　　　　示波器探头□

测试过程记录		
步骤	内容	数 据 记 录
1	接线	给定电位器是否逆时针旋到底　　是□　　否□ 电源相序是否正确　　是□　　否□
2	波形观察	<table><tr><td>测试点</td><td>波形</td><td>波形分析</td></tr><tr><td>CD4046 的 "4" 脚</td><td></td><td>顺时钟调节给定电位器时，波形如何变化？</td></tr><tr><td>u_a</td><td></td><td>波形频率＿＿＿＿Hz 波形峰值＿＿＿＿ V</td></tr><tr><td>5 孔</td><td></td><td>波形幅值＿＿＿＿ V 波形宽度＿＿＿＿ ms</td></tr><tr><td>6 孔</td><td></td><td rowspan="2">6 孔和 7 孔之间相位差为＿＿＿。</td></tr><tr><td>7 孔</td><td></td></tr><tr><td>VS_1</td><td></td><td rowspan="2">VS_1 和 VS_4 相位差为＿＿＿。</td></tr><tr><td>VS_4</td><td></td></tr><tr><td>给定电位器顺时钟旋到底时 u_a 与 VS_1 点波形</td><td></td><td rowspan="2">移相范围＿＿＿。</td></tr><tr><td>给定电位器逆时钟旋到底时 u_a 与 VS_1 点波形</td><td></td></tr></table>

续表

步骤	内容	数 据 记 录		
3	收尾	电源开关关闭□	接线全部拆除并整理好□	示波器电源开关关闭□
		凳子放回原处□	台面清理干净□	垃圾清理干净□
		验收		
完成时间		提前完成□ 按时完成□ 延期完成□ 未能完成□		
完成质量		优秀□ 良好□ 中□ 及格□ 不及格□		
		教师签字： 日期：		

附表 21　　　　　　　　　中频感应加热电源调试任务单

班级：＿＿＿＿＿　组别：＿＿＿＿＿　学号：＿＿＿＿＿　姓名：＿＿＿＿＿　操作日期：＿＿＿＿＿＿＿

测试前准备		
序号	准备内容	准备情况自查
1	知识准备	中频感应加热电源电路工作原理和各点理论波形是否清楚　　是□　　否□ 本次测试目的是否清楚　　是□　　否□ 本次测试接线是否明白　　是□　　否□
2	材料准备	感应加热设备中相关模块是否找到　　启动控制电路□　　整流主电路□ 　　逆变主电路□　　整流触发电路□　　逆变触发电路□ 　　电压电流控制电路□　　开关、按钮、指示灯、仪表□ 三相电源是否完好　　是□　　否□ 加热用钢元　　1根□　　无□ 导线□　　示波器□　　示波器探头□

测试过程记录		
步骤	内容	数　据　记　录
1	整流部分调试	电源相序是否为正相序　　是□　　否□ S_1、S_3拨到检查位置时，3端输出　　高电平□　　低电平□ S_1、S_3拨到工作位置时，3端输出　　高电平□　　低电平□ 整流触发电路的移相范围＿＿＿＿＿。 整流触发电路各点波形是否正确　　是□　　否□
2	逆变部分调试	逆变脉冲是否正常　　是□　　否□ 逆变电路启动是否成功　　是□　　否□ 中频电压和直流电压比值为　　　　。 过压保护动作值整定为＿＿＿＿V；限压反馈值整定为＿＿＿＿ V。 过压保护动作值整定为＿＿＿＿ A；限压反馈值整定为＿＿＿＿ A。
3	感应加热	加热过程中，水温最高＿＿＿＿＿℃。 钢元表面发红时，钢元温度＿＿＿＿＿，加热过程 ＿＿＿＿＿分钟。
4	收尾	电源开关关闭□　　钢元已经冷却□　　水泵电源开关关闭□ 接线全部拆除并整理好□　　示波器电源开关关闭□ 凳子放回原处□　　台面清理干净□　　垃圾清理干净□

验收	
完成时间	提前完成□　　按时完成□　　延期完成□　　未能完成□
完成质量	优秀□　　良好□　　中□　　及格□　　不及格□ 　　　　　　　　教师签字：　　　　　　　　日期：

附表 22　　　　　**单相正弦波脉宽调制 SPWM 逆变电路任务单**

班级：_____　　组别：_____　　学号：_____　　姓名：_____　　操作日期：_____

测试前准备		
序号	**准备内容**	**准备情况自查**
1	知识准备	单相正弦波脉宽调制 SPWM 逆变电路工作原理是否清楚　　是□　　否□ 本次测试目的是否清楚　　是□　　否□ 本次测试接线是否明白　　是□　　否□
2	材料准备	挂件是否具备　DJK01□　DJK02□　　DJK06□　　DJK09□　　DJK14□　DJ21-1□ 三相电源是否完好　　是□　　否□ DJK09 面板上与本次实训相关内容是否找到（单相自耦调压器　整流与滤波电路□） DJK14 面板上与本次实训相关内容是否找到（电源开关□　　驱动电路□　　主电路□ 　　　　控制电路□　　运行测试选择开关□　　正弦波频率调节电位器□） 导线□　　　　　　示波器□　　　　　　示波器探头□

测试过程记录

步骤	内容		数 据 记 录

步骤 1　逆变控制电路调试

DJK14 挂箱"运行""测试"选择开关位置　　　　　运行□　　测试□

正弦波调制波信号 U_r 频率可调范围_____Hz

		U_r 频率 1		U_r 频率 1		U_r 频率 1	
		波形	频率	波形	频率	波形	频率
	U_c						
	U_r						
	结论	同步调制□ 异步调制□		同步调制□ 异步调制□		同步调制□ 异步调制□	

步骤 2　逆变电路调试　SPWM 波形观察

DJK14 挂箱"运行""测试"选择开关位置　　　　　运行□　　测试□

是否清楚地观察到了异步调制的 SPWM 波　　　　是□　　　　否□

此时三角载波 U_c 的频率为_____Hz

续表

步骤	内容	数 据 记 录					
2	逆变电路调试	电阻性负载测试	DJK14 挂箱"运行""测试"选择开关位置 测试前正弦调制波信号 U_r 的频率是否调到最小		运行□　　测试□ 是□　　　否□		
			U_r频率（Hz）	10	20	30	40	50
			负载电压波形					
			幅值					
			频率					
		电阻电感性负载测试	DJK14 挂箱"运行""测试"选择开关位置 测试前正弦调制波信号 U_r 的频率是否调到最小		运行□　　测试□ 是□　　　否□		
			U_r频率（Hz）	10	20	30	40	50
			负载电压波形					
			幅值					
			频率					
		电机负载测试（选做）	DJK14 挂箱"运行""测试"选择开关位置 测试前正弦调制波信号 U_r 的频率是否调到最小		运行□　　测试□ 是□　　　否□		
			U_r频率（Hz）	10	20	30	40	50
			负载电压波形					
			幅值					
			频率					
			电机转速					
3	收尾	挂件电源开关关闭□　　　　　DJK01 电源开关关闭□ 接线全部拆除并整理好□　　　示波器电源开关关闭□ 凳子放回原处□　　　　　　　台面清理干净□　　　　　　　垃圾清理干净□					

验收					
完成时间	提前完成□	按时完成□	延期完成□	未能完成□	
完成质量	优秀□	良好□	中□	及格□	不及格□
	教师签字：　　　　　　　　　　　　　　　　日期：				

附表 23　　　**三相正弦波脉宽调制 SPWM 电路调试任务单**

班级：_____　组别：_____　学号：_____　姓名：_____　操作日期：_____

测试前准备		
序号	准备内容	准备情况自查
1	知识准备	三相正弦波脉宽调制 SPWM 电路工作原理是否清楚　　　　　是☐　　否☐ 本次测试目的是否清楚　　　　　　　　　　　　　　　　　是☐　　否☐ 本次测试接线是否明白　　　　　　　　　　　　　　　　　是☐　　否☐
2	材料准备	挂件是否具备　　　DJK01☐　　　　　DJK13☐　　　　三相异步电动机☐ 三相电源是否完好　　　　　　　　　　　　　　　　　是☐　　否☐ DJK13 面板上与本次实训相关内容是否找到（转向、增速、减速按键☐ SPWM 正弦波脉宽调制控制方式☐　　　　　包含含整流、滤波、逆变电路的主电路） 导线☐　　　　　　　　　　示波器☐　　　　　　　　示波器探头☐

测试过程记录		
步骤	内容	数 据 记 录

步骤 1　内容：三相正弦波脉宽调制 SPWM 波测试

打开 DJK13 电源开关前，确认开关 K 在"关"的位置，S、V、P 的三个端子都悬空
　　　　　　　　　　　　　　　　　　　是☐　　否☐

测试点		2	3	4	5	6	7	8
正向	波形							
	幅值							
	频率							
反向	波形							
	幅值							
	频率							

频率（Hz）		10	20	30	40	50
2 点	波形					
	幅值					
	频率					
3 点	波形					
	幅值					
	频率					
4 点	波形					
	幅值					
	频率					

续表

<table>
<tr><td>步骤</td><td>内容</td><td>数 据 记 录</td></tr>
<tr><td>2</td><td>三相正弦波脉宽调制 SPWM 变频调速系统调试</td><td>打开电机开关前，确认电源频率是否为 0　　是□　否□
<table><tr><td>频率（Hz）</td><td>10</td><td>20</td><td>30</td><td>40</td><td>50</td></tr><tr><td>电机转速</td><td></td><td></td><td></td><td></td><td></td></tr></table></td></tr>
<tr><td>3</td><td>收尾</td><td>挂件电源开关关闭□　DJK01 电源开关关闭□
接线全部拆除并整理好□　示波器电源开关关闭□
凳子放回原处□　台面清理干净□　垃圾清理干净□</td></tr>
<tr><td colspan="3">验收</td></tr>
<tr><td colspan="2">完成时间</td><td>提前完成□　按时完成□　延期完成□　未能完成□</td></tr>
<tr><td colspan="2">完成质量</td><td>优秀□　良好□　中□　及格□　不及格□
教师签字：　　日期：</td></tr>
</table>

参考文献

[1] 徐立娟，张莹. 电力电子技术. 北京：高等教育出版社，2006.

[2] 徐立娟，张莹. 电力电子技术. 北京：人民邮电出版社，2010.

[3] 王兆安，刘进军. 电力电子技术（第5版）. 北京：机械工业出版社，2012.

[4] 张静之，刘建华. 电力电子技术. 北京：机械工业出版社，2010.

[5] 黄家善，王廷才. 电力电子技术. 北京：机械工业出版社，2007.

[6] 莫正康. 半导体变流技术（第2版）. 北京：机械工业出版社，2003.

[7] 张兴，曹仁贤. 太阳能光伏并网发电及其逆变控制. 北京：机械工业出版社，2012

[8] 黄家善. 电力电子技术. 北京：机械工业出版社，2005.

[9] 刘毓敏等. 实用开关电源维修技术. 北京：高等教育出版社，2004.

[10] 曲学基，王增福，曲敬铠. 新编高频开关稳压电源. 北京：机械工业出版社，2005.

[11] 高玉奎. 电力电子技术问答. 北京：中国电力出版社，2004.

[12] 吴桂秀. 新型电子元器件检测. 杭州：浙江科学技术出版社，2005.

[13] 潘天明. 工频和中频感应炉. 北京：冶金工业出版社，1983.

[14] 杨思俊，朱伯年. 晶闸管中频电源基本知识. 杭州：浙江科学技术出版社，1989.

[15] 李序葆，赵永键. 电力电子器件及其应用. 北京：机械工业出版社，2003.

[16] 吴小华，李玉忍，杨军. 电力电子技术典型题解析及自测试题. 西安：西北工业大学出版社，2003.

[17] 于飞，张晓锋，李槐树. 新型大功率器件ETO及其应用.《电力电子技术》第二期，2004.

[18] 王兆安，张明勋. 电力电子设备设计和应用手册. 北京：机械工业出版社，2002.

[19] 吴忠智，吴加林. 变频器应用手册. 北京：机械工业出版社，1998.

[20] 电气技师手册编委会. 电气技师手册. 福州：福建科学技术出版社，2004.

[21] 王宏华. 光伏发电中的电力电子技术.《机械制造与自动化》第10期，2010.